高职高专机电类专业系列教材

机械制造工艺与装备

主　编　张本升　李晓星
副主编　滕淑珍　韦志钢

机 械 工 业 出 版 社

本书为高职高专机电类专业系列教材，内容共分九章：第一章铸造，第二章锻压，第三章电焊与气焊，第四章金属切削机床基本常识与刀具，第五章常用金属切削机床加工原理与装备，第六章零件加工工艺规程制订，第七章夹具设计基础，第八章典型零件的加工工艺与装备，第九章特种加工与机械装配常识。

本书可作为高职高专机电类专业教材，也可作为各类成人高校、中等职业学校和高等技校相关专业的教材，并可供工程技术人员参考。

本书配有电子课件，凡使用本书作教材的教师可登录机械工业出版社教育服务网（http://www.cmpedu.com），注册后免费下载。咨询电话：010-88379375。

图书在版编目（CIP）数据

机械制造工艺与装备/张本升，李晓星主编. —北京：机械工业出版社，2018.6（2024.9重印）

高职高专机电类专业系列教材

ISBN 978-7-111-59975-3

Ⅰ.①机… Ⅱ.①张… ②李… Ⅲ.①机械制造工艺-高等职业教育-教材 Ⅳ.①TH16

中国版本图书馆CIP数据核字（2018）第101304号

机械工业出版社（北京市百万庄大街22号 邮政编码100037）
策划编辑：王英杰 责任编辑：王英杰 武 晋 王莉娜
责任校对：刘雅娜 封面设计：陈 沛
责任印制：单爱军
北京虎彩文化传播有限公司印刷
2024年9月第1版第4次印刷
184mm×260mm · 14.75印张 · 362千字
标准书号：ISBN 978-7-111-59975-3
定价：45.00元

电话服务
客服电话：010-88361066
010-88379833
010-68326294
封底无防伪标均为盗版

网络服务
机 工 官 网：www.cmpbook.com
机 工 官 博：weibo.com/cmp1952
金 书 网：www.golden-book.com
机工教育服务网：www.cmpedu.com

前　言

本书是根据《国家中长期教育改革和发展规划纲要》的部署，为促进高职院校学生全面发展，以培养生产、建设、管理、服务第一线的高素质技能型专门人才为目标编写而成的。高职高专教材应主动适应“十三五”期间职业教育应用型人才培养的指导思想和教学改革要求，响应“大众创业，万众创新”，推进工学结合，校企一体的高职人才培养创新模式。编者结合 10 多年来职业教育教材的现状，在广泛吸收、借鉴兄弟院校教学改革成果和编者 30 多年教学经验的基础上编写了本书。

为了使本书有较大的适应性，内容取材遵循通俗、易懂，注重职业教育适用加应用的原则，既保证了基本知识内容，又能适应理论课时减少后课堂教学改革的需要，充分体现课程结构的科学性、应用性及综合性。

本书通过优化整合，采用现行国家标准，结合职业技术院校学生的现有知识结构特点和课程的地位及要求而编写，内容取材精练，深入浅出，体现学以致用，以应用为主，适应目前工学结合、校企一体的新形势要求。

不同的职业技术院校对不同的专业，具有不同的课程要求，在选用本书时，可结合本院校具体情况适当取舍。为方便学生自学与检测和方便教师组织教学，本书收集了 70 个加工动画与生产加工录像及微课，均通过二维码在线表达，每章末的思考与练习题目包括填空、判断、选择、简答、计算、画图与编制零件加工工艺卡，并在电子课件中给出了参考解答。各章知识点小结全面，技能目标清晰，配套丰富美观的 PPT 课件、100 个任意选择的自测题，非常方便学生的学习、知识理解与检测，方便教师对教学的组织与备课。

本书均以实际工作为背景，以培养学生解决工程实际问题的能力为目标，以大多数学生所能接受的程度为限，对于不同类型的成形工艺，做到精选内容，举一反三。加工工艺用二维码展示，有利于拓展学生知识面，使学生能够很好地理解所学知识，激发其学习的热情，培养他们创新的理念，引导学生学会运用所学知识解决零件成形的加工工艺实际问题，以适应未来的就业形势要求。

本书由浙江工贸职业技术学院张本升、李晓星任主编，参加编写的还有浙江工贸职业技术学院滕淑珍、韦志钢，温州职业技术学院潘周光，黑龙江交通职业技术学院刘勇，浙江长城减速器厂虞培清。全书由张本升统稿。

本书在编写过程中，得到了有关院校和企业的大力支持、协助及同行专家的指点，他们对本书提出了许多宝贵的意见，在此表示衷心的感谢！

鉴于编者水平有限，书中难免有欠妥之处，欢迎同行和广大读者批评指正。

编　者

目 录

绪　论

机械制造就是人类按所需目的，运用知识和技能，应用设备和工具，采用有效的方法，将原材料转化为机械产品并投放市场的全过程。

机械制造业是对原材料进行加工或再加工以及装配的总称。机械制造是一个国家经济持续增长的根本动力，是完成机械制造活动所施行的一切手段的总和。机械制造工艺包括毛坯的成形工艺、零件的加工工艺、机器的装配工艺与工艺装备的设计制造等。例如图 0-1a 所示的卷扬机是最常用的一般机械，图 0-1b 所示为卷扬机结构。

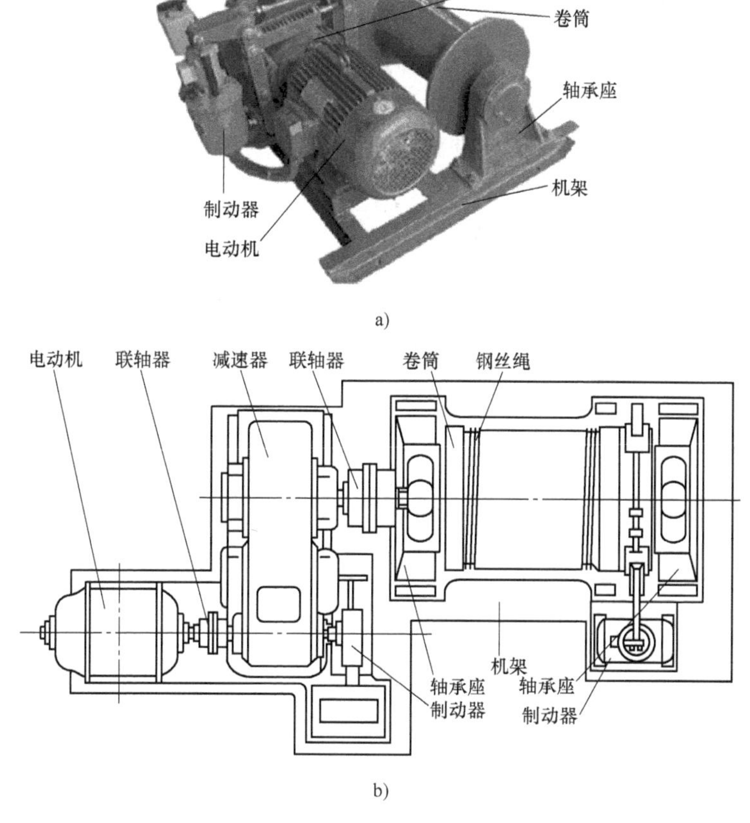

图 0-1　卷扬机及其结构

卷扬机广泛应用在国民经济的许多领域，该机械的各部件是通过不同的生产方式制造的，与机械制造工艺与装备都有密切的关系。卷扬机的电动机、制动器、联轴器、减速器、轴承都是由专业生产厂家进行专门化批量生产的，卷筒、轴承座和机架等则需要根据该机械的具体工作要求由厂家自行设计制造。无论是专业厂家生产还是自行设计制造，每个零件都有各自的生产工艺，而采用的生产工艺不同，零件的精度和生产成本也不同，经济效益也存在很大差别。

“机械制造工艺与装备”课程研究的就是怎样为一般、常用零件选用合适的制造方法。例如，卷扬机的电动机外壳、减速器箱体、卷筒、轴承座这些零件基本上选择铸造后再进行切削加工；电动机转子的硅钢片采用冲裁加工；联轴器、减速器的齿轮和轴通常采用锻造后再进行切削加工；机架则采用焊接技术生产。

1. 本课程的研究内容

本课程主要研究零件的毛坯成形工艺技术、零件的切削加工工艺技术、机械的装配工艺技术及所用的设备。毛坯生产制造方法主要有铸造、锻压、焊接等；切削加工方法主要有车削、铣削、刨削、镗削、钻削与磨削等。零件是机械制造的基础，零件的成形约占机械制造总量的75%，是“机械制造工艺与装备”课程研究的核心内容。

2. 本课程的性质、特点与学习目的

“机械制造工艺与装备”课程是机械类专业的一门主干专业技术课程，其最大特点是涉及的知识面广，操作的灵活性大，实践性与综合性强。学习本课程时，要重视实践性教学，如金工实习、生产车间参观、各类机械展会参观和生产实习等。认识各种机械的实践活动是学习本课程的重要环节，不容忽视。本课程的学习目的如下：

1）建立机械制造系统的基本概念，认识并了解机械制造的生产过程。

2）掌握各类零件毛坯生产的选用方法。

3）掌握常用零件的金属切削加工方法及适应该加工方法的热处理方法，以及这些加工方法所能达到的精度等级和表面粗糙度。

4）理解零件切削加工过程的基本规律，并能结合具体的零件使用技术要求选择合理的刀具和切削用量。

5）了解金属切削机床的功能、结构和传动系统，能根据工件的结构和表面形状合理地选择金属切削机床和加工方法。

6）对特种加工方法有一定认识，初步树立经济、成本、安全与环保，效率与效益等方面的工程意识。

第一章

铸　造

技能目标

1. 会为常用零件选择材料和造型方法。
2. 能判别铸件的常见缺陷和铸件结构工艺性的优劣。
3. 能分析合金的铸造性能。
4. 能进行铸造方法好坏的比较。

铸造是将液态金属浇注到与零件形状相同的铸型空腔中，冷却凝固后，获得毛坯或零件的方法。

铸造生产在机械制造业中的地位

第一节　铸造的特点与合金的铸造性能

一、铸造的特点

铸造是生产零件毛坯的主要方法之一，尤其对于有些脆性金属或合金材料（各种铸铁件、有色合金铸件等）的零件毛坯，铸造几乎是唯一的加工方法。与其他加工方法相比，铸造的优点是：

1）铸件几乎不受金属材料品种、尺寸大小和重量的限制。铸件材料可以是各种铸铁、铸钢、铝合金、铜合金、镁合金、钛合金、锌合金和各种特殊合金材料；铸件可以小至几克，大到数百吨；铸件壁厚可以从 0.5mm 到 1m；铸件长度可以从几毫米到十几米。

2）铸件与机器零件的形状和尺寸可以做到最为接近，因而切削加工余量可以减到最小，这就减少了金属材料的消耗量，节约了加工工时。

3）能够制造各种尺寸和形状的零件或毛坯，从最简单的平板、圆柱体到内腔复杂的物体。特别适用于生产具有复杂内腔的零件毛坯，如各种箱体、缸体、叶片、叶轮等。

4）设备投资少，成本低，原材料来源广泛。废料（浇口、冒口、废铸件）可以再次直接熔化使用。

5）铸造工艺灵活，生产率高，既可以手工生产，也可以机械化生产。

铸造的缺点是：铸造生产目前还存在着不少问题，如用同种金属材料制成的零件，力学性能不如锻件高，这主要是因为铸件内部晶粒粗大，常有缩孔、缩松、气孔等缺陷；铸件质量不够稳定，废品率往往比其他成形方法高。

二、合金的铸造性能

合金的铸造性能是指合金在铸造成形过程中获得外形准确、内部健全铸件的能力，主要指合金的流动性及合金的收缩特性等。这些性能对于能否获得合格的铸件是非常重要的。

1. 流动性

流动性是指金属液本身的流动能力。合金液的流动性好，容易浇满型腔，获得轮廓清晰、尺寸完整的铸件；合金液的流动性不好，则易产生浇不足、冷隔、气孔和夹渣等缺陷。在常用的合金中，灰铸铁、硅黄铜的流动性最好，铸钢流动性最差。影响流动性的因素很多，其中主要是合金的化学成分、浇注温度和铸型的填充条件等。

2. 收缩性

液态铸造合金在冷却凝固过程中体积和尺寸不断减小的现象称为收缩。收缩是铸造合金本身的物理性质，是铸件中许多缺陷（缩孔、缩松、内应力、变形和裂纹等）产生的基本原因。合金液从浇入型腔冷却到室温要经历液态收缩、凝固收缩和固态收缩三个阶段。液态收缩收缩量最大，钢液温度每下降 100℃，收缩率为 1.6%左右。

合金的液态收缩和凝固收缩表现为合金的体积缩小，通常用体积收缩率来表示，它们是铸件产生缩孔、缩松缺陷的基本原因。合金的固态收缩虽然也存在体积变化，但它只引起铸件外部尺寸的变化，因此通常用线收缩率来表示。固态收缩是铸件产生内应力、变形和裂纹等缺陷的根源。

合金的化学成分、浇注温度及铸件结构是影响合金收缩的主要因素。铸件的形状、尺寸和工艺条件不同，实际收缩量也有所不同。灰铸铁的线收缩率为 0.8%~1.0%，铝合金的线收缩率为 1.0%~1.5%，青铜的线收缩率为 1.25%~1.5%，铸钢的线收缩率为 1.8%~2.0%。

另外，合金液在冷却成铸件的过程中出现的各部分化学成分不均匀的现象，即偏析性、吸气性和氧化性也对铸造性能有不利影响。

三、常用合金的铸造性能

1. 铸铁

铸铁是极其重要的铸造合金，具有良好的铸造性能。

（1）灰铸铁　灰铸铁流动性好，可浇注出形状复杂的薄壁铸件，并且收缩率小，产生缩孔和裂纹的倾向较小，故一般不设置冒口（用于浇注的时候排出空气、杂质等）和冷铁（用来控制铸件收缩和获得定向凝固），使铸造工艺简化；浇注温度较低，对型砂的要求不高，可采用湿型［砂型（芯）无须烘干］浇注。因此，使用灰铸铁铸造时设备简单，操作方便，成本低。

灰铸铁 HT100~HT350，通常熔点为 1270~1380 ℃，浇注温度控制在 1380~1420℃。

（2）球墨铸铁　球墨铸铁由于浇注前需要经过球化处理，使铁液温度降低，流动性有所降低，且球墨铸铁收缩率比灰铸铁大。因此，应采取加大浇注截面、快速浇注、顺序凝固的工艺措施，以防止缺陷产生。

（3）可锻铸铁　可锻铸铁熔点高，流动性较差，收缩性也较大。在铸造工艺上应采取提高浇注温度，提高砂型的耐火性、退让性及增设冒口等措施以防止和减少冷隔、缩孔和裂纹等缺陷。

2. 铸钢

铸钢的流动性差，收缩性大，容易产生偏析、氧化、吸气等现象，并且熔点高。因此，应选用耐火性好、强度高和退让性好的型砂，并采用干型浇注。另外，应在厚壁处设冒口和冷铁，以实现顺序凝固。

纯铁的密度为 7.8g/cm^3，熔点为 1538℃，随着铁中含碳量的增加，熔点有所下降。通常铸钢的熔点为 1400～1440℃，浇注温度控制在 1450～1480℃。

3. 有色金属

（1）铜合金　铜合金的熔点较低，流动性好，收缩性较大。铜合金应采用玻璃屑、食盐、萤石和硼砂等作为熔剂，使氧化物和非金属夹杂物浮于金属液表面，起保护作用并利于排渣。

纯铜的密度为 8.9g/cm^3，熔点为 1083℃，通常铜合金的浇注温度控制在 1100～1150℃。

由于黄铜中的锌元素本身就是良好的脱氧剂，所以熔化黄铜时，不需另加熔剂和脱氧剂。

（2）铝合金　铝合金的流动性很好，收缩率稍高于铸铁，在液态下也极易氧化和吸气。为了减缓铝液的氧化和吸气，可加入 KCl、NaCl 作为熔剂将铝液覆盖，与炉气隔离。为了排出铝液中已吸入的氢气，在出炉之前要进行精炼。

铜合金、铝合金由于浇注温度低，对型砂的耐火性要求不高，可以用细砂造型，以获得较高的表面质量。

纯铝的密度为 2.7g/cm^3，熔点为 660℃左右，通常铝合金的浇注温度控制在 670～700℃。

铜合金、铝合金的凝固收缩率比灰铸铁大，因此除锡青铜外，一般都需设置冒口使其顺序凝固，以便补缩，防止缩孔产生。

四、铸件的结构工艺性

在进行铸件设计时，不但要保证其工作性能和力学性能的要求，还必须认真考虑铸造工艺性对结构的要求。铸造工艺性的好坏对铸件质量、生产率及生产成本都有很大的影响。铸件结构工艺性应从以下六方面加以重视。

1. 铸件应有合理而均匀的壁厚

从考虑合金的流动性来看，铸件的壁厚不能太薄，否则易产生浇不足、冷隔等缺陷。在一定的铸造条件下，铸造合金能充满铸型的最小厚度称为铸造合金的最小壁厚。各种铸造合金砂型铸件的最小壁厚可从表 1-1 中查到。

表 1-1　铸造合金砂型铸件的最小壁厚　（单位：mm）

铸件尺寸	灰铸铁	球墨铸铁	可锻铸铁	铸钢	铝合金	铜合金
<200×200	4～6	6	5	8	3	3～5
200×200～500×500	6～10	12	8	10～12	4	6～8
>500×500	15～20	—	—	15～20	6	—

铸件的壁也不能太厚，否则在铸件中心部位的晶粒粗大，易产生缩孔与缩松等缺陷，反而使强度下降。

此外，铸件各部分的壁厚应力求均匀。这是因为铸件各部分冷却速度差别较大，形成热应力，使厚薄连接处产生裂纹，而壁厚处易形成金属聚集的热节，易产生缩孔、缩松等缺陷。

2. 铸件结构应有适当的圆角

一般情况下，铸件上各转角处都应为圆角，这对于防止铸造缺陷、提高铸件结构强度都有很重要的作用。铸造圆角还有利于造型，减少取模掉砂，并使铸件外形美观。因此，铸件结构壁转角都采用圆角，如图 1-1a 所示。图 1-1b 所示为不合理结构。

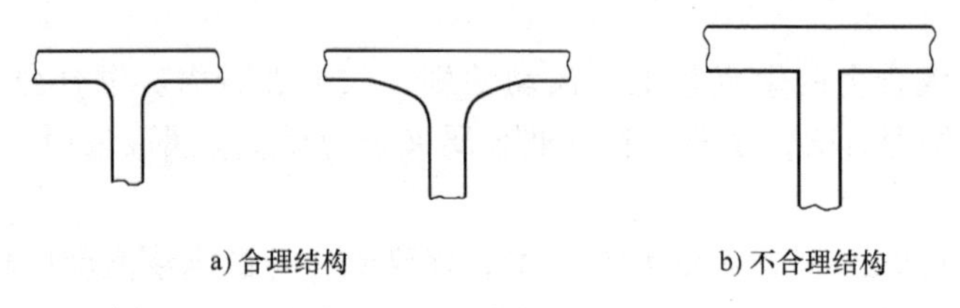

图 1-1　铸件结构

3. 铸件结构应避免交叉和锐角过渡

为减小铸件内的热节，防止铸件产生缩孔、缩松、应力过度集中等缺陷，铸件壁的过渡处应尽量避免锐角（图 1-2a），而应采用图 1-2b 所示结构。此外，对于中、小型铸件可选用交错过渡，对于大型铸件则宜用环形过渡，应避免交叉过渡。

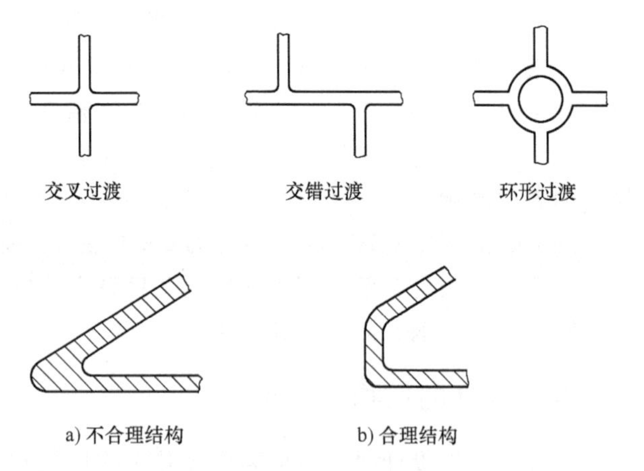

图 1-2　铸件过渡结构

4. 铸件厚壁与薄壁间的连接要逐步过渡

对于互相连接的结构转角处，当壁厚 t 相等时，内圆角半径为 r，外圆角半径应为 $r+t$，如图 1-3a 所示；当壁厚不相等时，水平壁厚为 t_1，垂直或斜壁壁厚为 t 时，应采取逐渐过渡的方式连接，避免壁厚突变（图 1-3b），防止产生应力集中和裂纹，外圆角半径 r 应尽可能大些，内圆角可采用斜线连接，如图 1-3a 所示。

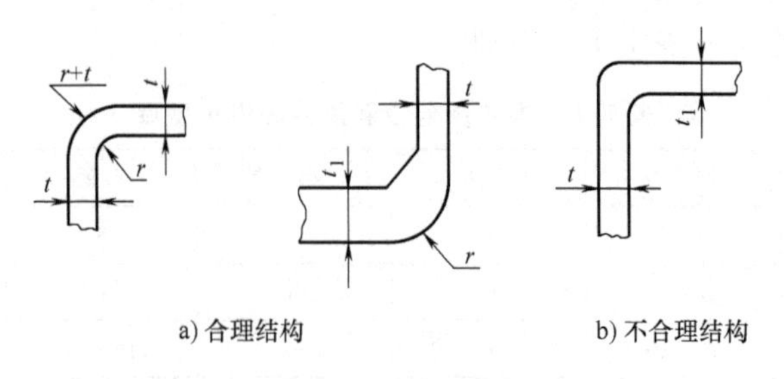

图 1-3　不同壁厚过渡

5. 铸件应避免过大的水平面

铸件上大的水平面（图 1-4a）不利于金属的流动与填充，易产生浇不足、冷隔等缺陷。

平面型腔的上表面由于受液体金属长时间的烘烤，易产生夹砂。此外，大的水平面也不利于气体和非金属夹杂物的排除。避免过大的水平面的合理结构如图 1-4b 所示。

6. 铸件应有合理的起模斜度

凡垂直于分型面的表面，都必须制作起模斜度。起模斜度可使起模省力，起模时型腔表面不易损坏，延长模型寿命；同时还由于起模或制芯时，模型或芯盒的松动量减少，可提高铸件的制造精度。另外，起模斜度还可以使铸件外表美观。

铸件起模斜度的大小随铸件垂直壁的高度而不同，高度越小，起模斜度越大。

采用金属型或机器造型时，起模斜度可取 0.5°~1°；采用木模或手工造型时，起模斜度可取 1°~3°；此外铸件内部内侧的起模斜度应大于外侧的起模斜度。起模斜度如图 1-5 所示。

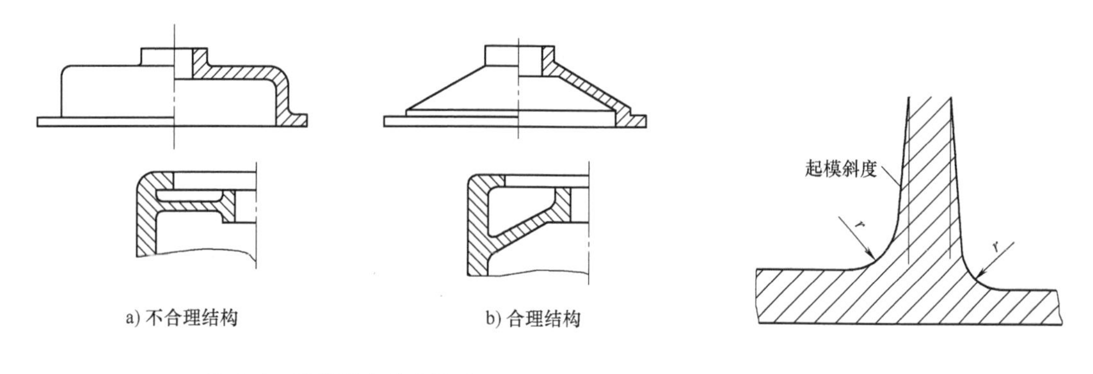

图 1-4　避免过大的水平面

图 1-5　起模斜度

第二节　砂型铸造

砂型铸造
概述分 19

砂型铸造是生产中广泛应用的铸造方法，主要工序为制造模样、制备造型材料、造型、造芯、合型、熔炼、浇注、落砂、清理与检验等，其基本工艺过程如图 1-6 所示。

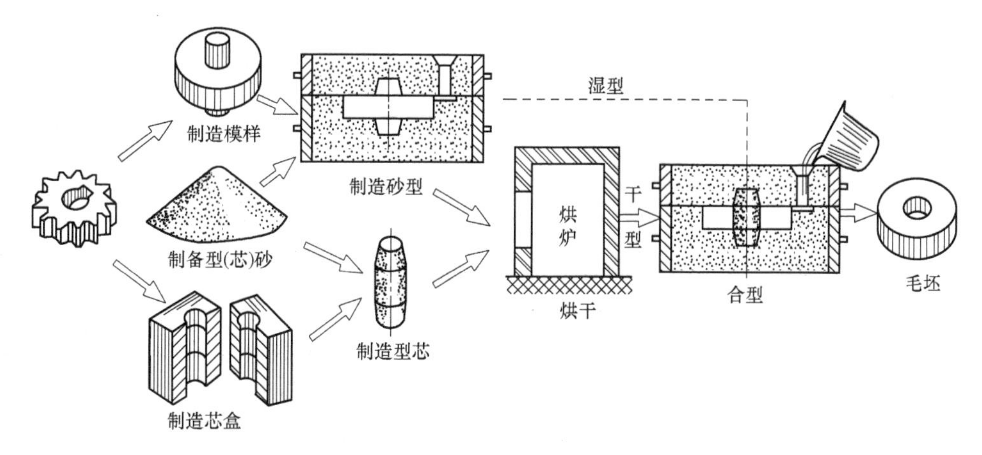

图 1-6　砂型铸造的工艺过程

一、造型材料与性能

1. 材料

制作砂型的材料为型砂或芯砂，统称为造型材料。一般来说，生产1t铸件需要4~5t原砂。原砂多为天然的石英砂（SiO_2），黏结剂一般为黏土、水玻璃、树脂等，另含少量矿物杂质。

2. 性能

（1）强度　型砂制成砂型后受到外力作用而不破坏的性能称为强度。也就是指铸型在制造、搬运及浇注时，不致破坏的能力。型砂强度低，则可能发生塌箱、掉砂，甚至被液态金属冲毁，造成砂眼、夹砂等缺陷。

型砂的粒度越细、黏土含量越高、紧实度越大，则强度越高。

（2）透气性　造型材料具有使气体通过的性能称为透气性。砂型透气性不良，浇注时产生的气体就不能顺利排出，使铸件产生气孔。

（3）耐火性　型砂在高温作用下抗软化、抗烧结的性能称为耐火性。型砂耐火性差时，砂粒易粘附在铸件表面，使清理和切削加工困难。

型砂中石英含量高而杂质少时，其耐火性好；圆形和大颗粒的砂粒耐火性也好。

为防止粘砂，可在型砂中掺入少量煤粉或在型腔和型芯表面涂上一层涂料。

（4）退让性　退让性是指铸件在冷却、凝固收缩时不阻碍收缩的能力。退让性差时，铸件收缩受阻，易产生内应力，使铸件变形甚至出现裂纹。

型砂中黏土含量越高，高温时越容易发生烧结，退让性越差。在型砂中加入少量木屑，或采用其他黏结剂，如油和树脂，可改善退让性。

此外，还需考虑型砂的回用性、发气性和出砂性等。回用性良好的型砂便于重复使用，型砂耗费量小；发气性差的型砂浇注时自身产生的气体少，铸件不易产生气孔；出砂性好的型砂浇注冷却后残留强度低，铸件易于清理。

二、造型方法及其特点和应用

将型砂制作成砂型的过程称为造型。造型方法可按砂箱特征和模样特征区分。

1. 按砂箱特征区分

按砂箱特征不同，造型方法可分为两箱造型、三箱造型、脱箱造型、地坑造型等。

连杆的整体模造型实例

（1）两箱造型　两箱造型时砂型由成对的上型和下型构成，操作简单，适用于各种生产批量和各种尺寸大小的铸件，如图1-7所示。

（2）三箱造型　零件的外形结构出现两个大截面之间夹着一个小截面时，若只用一个分型面、两个砂箱造型，则不能起模。必须将砂型沿两个最大截面分型，即用两个分型面、三个砂箱造型，同时还应将模样分成两块或多块，才能将其从砂型中取出。三箱造型操作较复杂，比两箱造型多了一个分型面，同时也就增加了一次错箱的可能性，从而降低了铸件的精度。

法兰座的三箱造型实例

三箱造型适用于单件和中、小批量生产，零件形状复杂且具有两个分型面的情况，如图1-8所示。

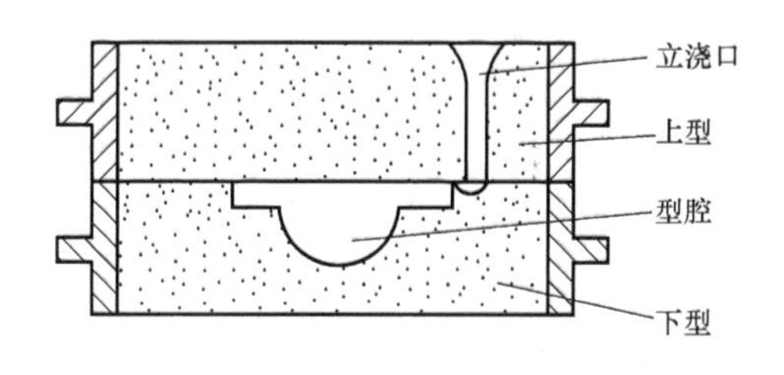

图 1-7 两箱造型

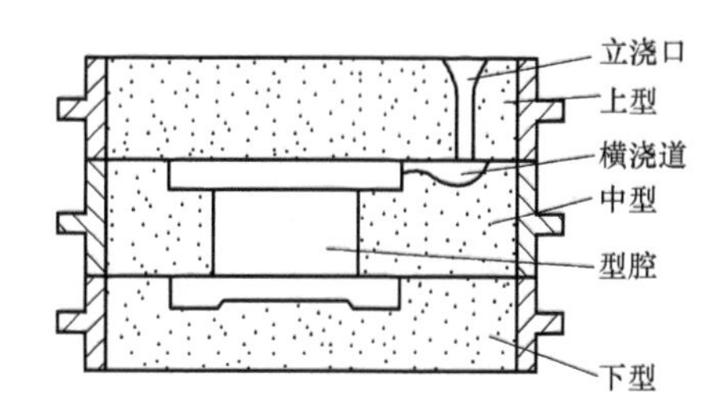

图 1-8 三箱造型

（3）脱箱造型 脱箱造型是采用活动砂箱来造型，在铸型合型后，将砂型脱出，重新用于造型，一个砂箱可制造出多个砂型。浇注时为防止错箱，需用型砂将铸型周围填紧，也可在铸型上套箱。

平板的地坑造型实例

脱箱造型适用于生产小型铸件，如图 1-9 所示。

（4）地坑造型 地坑造型是利用车间地面砂床作为铸件下型的造型方法，如图 1-10 所示。大铸件需在砂床下面铺以焦炭，埋上出气管。

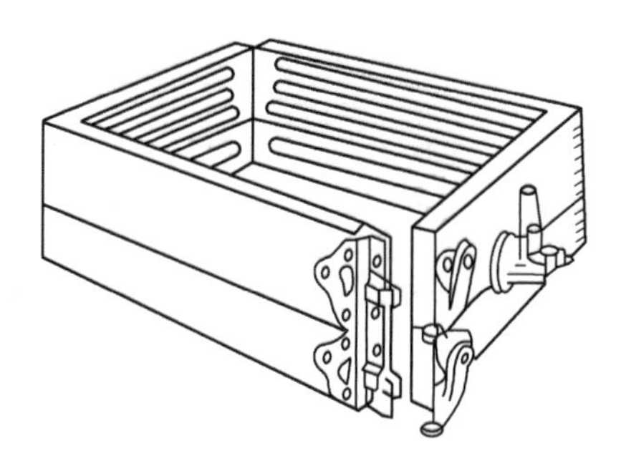

图 1-9 脱箱造型

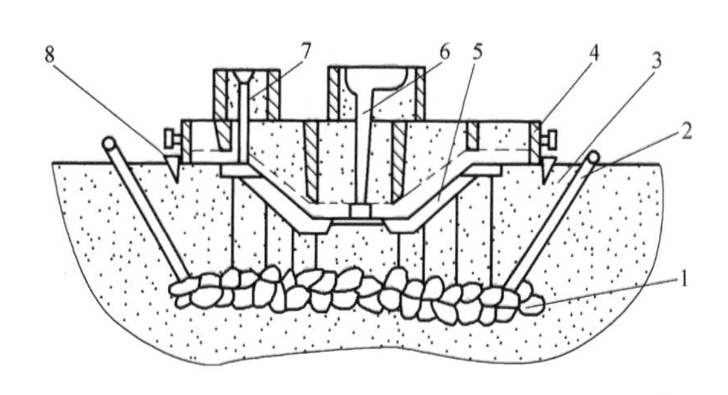

图 1-10 地坑造型

1—焦炭 2—气管 3—型砂 4—上半型 5—型腔
6—浇口杯与直浇道 7—出气口 8—定位楔

地坑造型适用于砂箱不足或生产批量不大，质量要求不高的大中型铸件，如砂箱、压铁、栅栏等。

2. 按模样特征区分

按模样特征不同，造型方法可分为整体模造型、假箱造型、分模造型、活块造型、刮板造型等。

（1）整体模造型 用整体模进行造型的方法称为整体模造型，如图 1-11 所示。

当零件外形轮廓的最大截面位于其一端时，可将其端面作为分型面进行造型，因零件端面以下没有妨碍起模的部分，故可将模样做成与零件形状相适应的整体结构，称为整体模。

整体模造型的特点是：采用整体模造型，整个型腔在一个砂箱内形成，分型面是平面，铸型简单，操作方便，不会错箱。

整体模造型适用于铸件最大截面靠一端，且为平面的铸件。

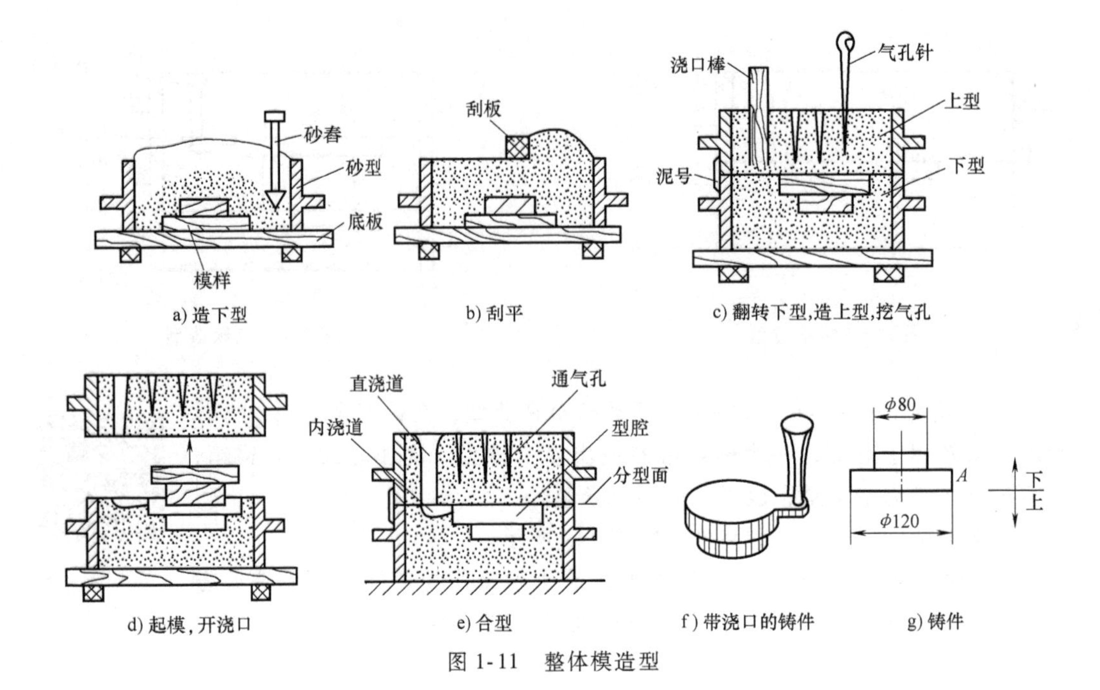

图 1-11　整体模造型

（2）假箱造型　在造型前预先做个假箱，然后在假箱上制下型，因假箱不参与浇注，故称假箱造型，如图 1-12 所示。

假箱造型
手柄铸造

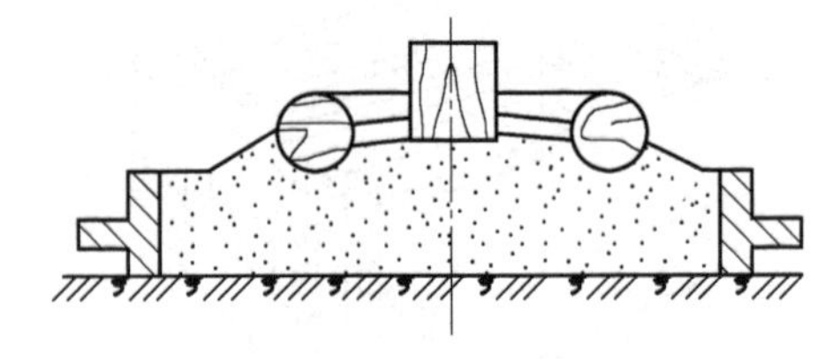

图 1-12　假箱造型

（3）分模造型　将模样沿铸件中间的最大截面分做成两半，型腔位于上、下两个砂箱内的造型，称为分模造型，如图 1-13 所示。

支承台的
分模造型实例

分模造型的特点是模样的分模面与铸型的分型面重合，造型简单省力，起模方便。分模造型尤其适合需要用水平型芯形成内孔的铸件，因为它使下芯操作方便，浇注时型芯产生的气体很容易由分型面排出。

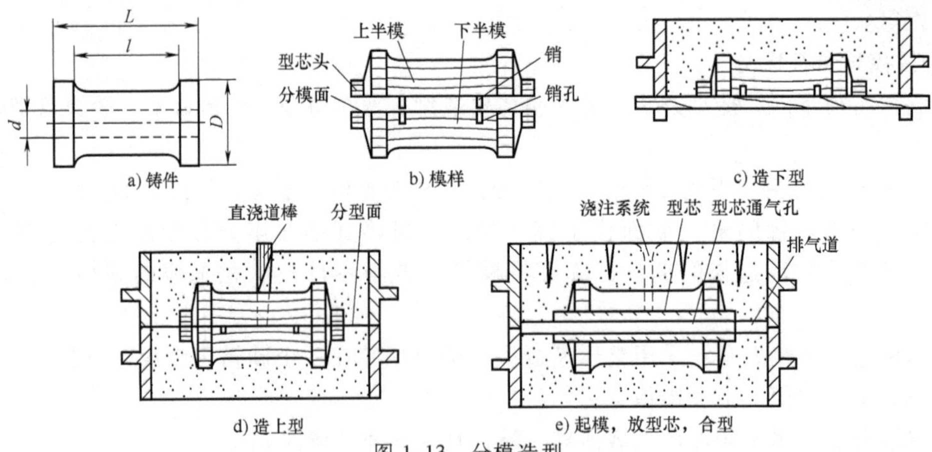

图 1-13　分模造型

需要指出的是，分模面是依铸件外形的最大截面而定的，模样的两半并非一定是大小对称的。

短导轨的活块造型实例

（4）活块造型　当零件的外形上有局部妨碍起模的凸台或肋板时，可将模样上的这部分做成活动的，称为活块。这种造型方法称为活块造型，如图 1-14 所示。

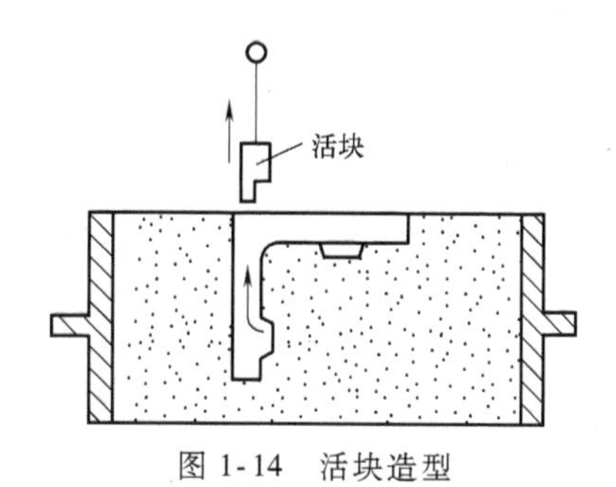

图 1-14　活块造型

模样上的活块部分与模样主体用销或燕尾榫连接，起模时先取出模样主体，然后再从侧面取出活块。

活块造型操作困难，铸件精度较差，生产率低，主要用于单件、小批生产。

（5）刮板造型　为节省制造实体模样所需的材料和工时，可用与铸件截面形状相应的刮板来造型，这种造型方法称为刮板造型，如图 1-15 所示。刮板造型适用于回转体形或等截面形状的大、中型铸件，如带轮、简单气缸盖、弯管等。

刮板分为绕轴线旋转刮板和沿导轨往复移动刮板两类。

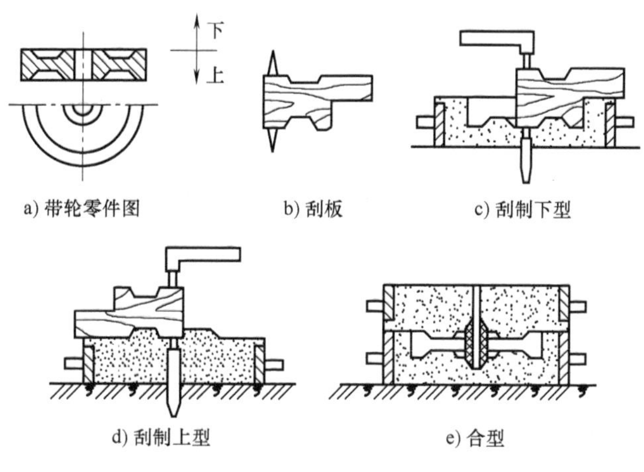

图 1-15　刮板造型

以上介绍了几种围绕解决不同形状模样起模而产生的造型方法。这些基本造型方法不一定单独使用，实际上往往是在一个铸件上综合应用多种造型方法。

三、浇注系统

浇注时，金属液注入铸型型腔内所经过的通道称为浇注系统。浇注系统包括浇口杯、直浇道、横浇道和内浇道。砂型铸造的浇注系统如图 1-16 所示。

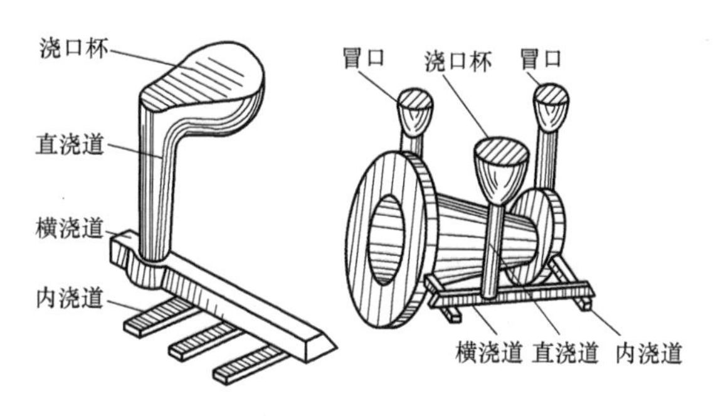

图 1-16　砂型铸造的浇注系统

1. 浇口杯

浇口杯是服务于铸造的基础组成部分，是铸造工艺装备的组成部件之一。

浇口杯主要用于引导金属液进入型腔的通道，能减少金属流对铸型的直接冲击并能浮渣。如果浇口杯安排得不合理，就可能使铸件产生气孔、砂眼、夹渣、缩孔、裂纹和浇不足等缺陷。

正确选择浇口杯的结构和尺寸，以及在铸件上合理地安置浇口杯，是一项很重要的工作。

2. 直浇道

直浇道是浇注系统中的垂直通道，通常带有一定的锥度，其作用是从浇口杯向下引导金属液进入型腔。直浇道通过其高度产生静压力可提供足够的压力，使金属液在重力作用下克服流动过程中的各种阻力，从而充满型腔的各个部分，并可防止气体和杂质进入型腔。

3. 横浇道

横浇道是直浇道的末端到内浇道前段的连接通道。横浇道主要起挡渣作用，其截面多为梯形，常做在上型内，位于内浇道之上。金属液由直浇道流入横浇道时，流动方向急剧改变，就容易引起冲砂和卷入气体。横浇道的作用正是减轻冲击作用，能较平稳地把金属液导入横浇道，以减少冲砂的危害。

4. 内浇道

内浇道直接和型腔相连，其主要作用是控制金属液流入型腔的速度和方向，使之平稳地充满型腔。其横截面常为扁平的梯形，在下型的分型面上。

为了保证浇注时金属液能平稳连续地注入型腔，并把熔渣等杂质阻挡在型腔以外，一般应使内浇道截面积的总和小于横浇道截面积的总和，而横浇道截面积的总和则应小于直浇道截面积的总和。

5. 冒口

冒口主要是对铸件最后冷却部位的收缩提供金属液进行补缩，以使铸件的缩孔集中在冒口内，故冒口尺寸要足够大。同时，冒口还有排气和集渣的作用。

四、铸件的常见缺陷与修补

1. 铸件常见缺陷

铸件缺陷的种类很多，应该根据具体情况综合分析，找出原因，再采取相应的措施加以防止。铸件清理后检验的项目主要有外观、尺寸、力学性能及内部缺陷等方面的检验，最基本的是外观检查和内部缺陷检验。常见的铸件缺陷及其预防措施参见表1-2。

铸件缺陷

2. 铸件修补方法

有缺陷的铸件应在保证质量的前提下尽量修复，对铸件进行修补常采用以下几种方法。

（1）气焊和电弧焊修补　气焊和电弧焊常用于修补裂纹、气孔、缩孔、冷隔、砂眼等。焊补可达到与铸件本体相近的力学性能，为确保焊补质量，焊补前应将缺陷处的粘砂、氧化皮等夹杂物去除，开出坡口至露出新的金属光泽，以防未焊透、夹渣等。

表 1-2 常见的铸件缺陷及其预防措施

缺陷名称	缺陷特征	预防措施
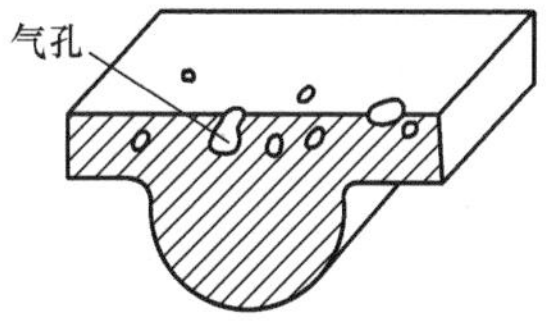 气孔	在铸件内部、表面或近表面处，有大小不等的光滑孔眼，形状有圆形、长方形及不规则形，有单个、聚集成片等不同状态，颜色为白色或带一层暗色，有时覆有一层氧化皮	降低熔炼时金属液的吸气量；减少砂型在浇注过程中的发气量；改进铸件结构；提高砂型和型芯的透气性，使铸型内的气体能顺利排出
 缩孔	在铸件厚断面、两交界面的内部及厚断面和薄断面交界处的内部或表面，形状不规则，孔内表面粗糙不平，晶粒粗大	壁厚小且均匀的铸件要采用同时凝固，壁厚大且不均匀的铸件采用由薄向厚的顺序凝固，合理设置冒口和冷铁
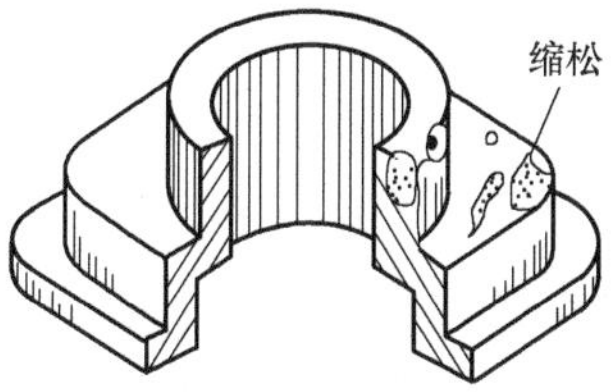 缩松	铸件内部微小而不连贯的缩孔，聚集在一处或多处，晶粒粗大，各晶粒间存在很小的孔眼，水压试验时渗水	壁间连接处尽量减小热节；尽量降低金属液浇注温度和浇注速度
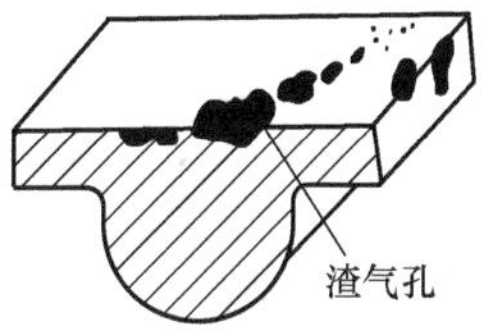 渣气孔	铸件内部或表面形状不规则的孔，孔内表面不光滑，内部全部或部分充塞着熔渣	提高金属液的浇注温度；降低熔渣黏性；提高浇注系统的挡渣能力；增大铸件内圆角
 热裂	在铸件上有穿透或不穿透的裂纹，开裂处金属表皮氧化	严格控制金属液中的硫、磷含量；铸件壁厚尽量均匀；提高型砂和型芯的退让性；浇道与冒口不应阻碍铸件收缩；避免壁厚的突然改变
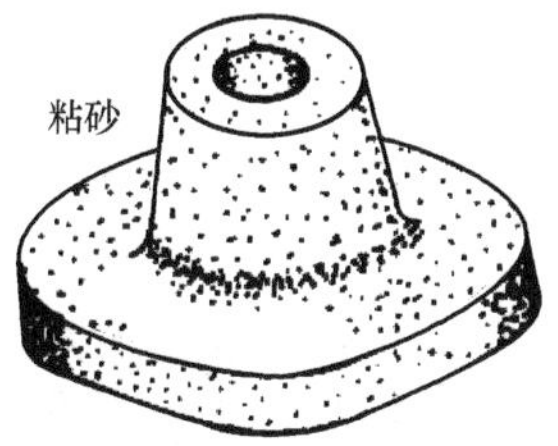 粘砂	在铸件表面上，全部或部分覆盖着一层金属（或金属氧化物）与砂（或涂料）的混合物或一层过烧结构的型砂，致使铸件表面粗糙	减小砂粒间隙；适当降低金属液的浇注温度；提高型砂、芯砂的耐火性
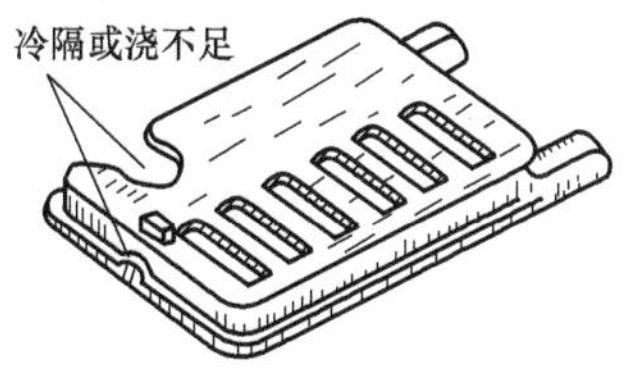 冷隔或浇不足	由于金属液未完全充满型腔而产生的铸件缺肉	提高金属液的浇注温度和浇注速度；防止断流、跑火

（2）金属喷镀　金属喷镀是在铸件缺陷处喷镀一层金属，采用先进的等离子喷镀效果较好。

（3）填腻修补　填腻修补是用腻子填补孔洞缺陷，不能改变铸件的质量，只可用于装饰铸件。

第三节　特种铸造

砂型铸造是铸造生产中使用最广泛的铸造方法，可根据具体情况采用新工艺、新技术和实现机械化、自动化生产来进一步改善劳动条件、降低劳动强度和提高劳动生产率，并且可在一定程度上提高铸件质量。但是，砂型铸造要消耗较多造型材料，工序繁多，实现机械化、自动化生产比较困难，并且由于砂型铸造中影响质量的因素太多，铸件的尺寸精度、表面粗糙度和内部质量的提高都受到较多的限制，加之砂型铸造的环境粉尘与噪声对工人的身心健康影响较大，对环境存在一定的污染，因此生产中不得不寻求其他铸造方法来满足某些特殊要求。一般将普通砂型铸造以外的铸造方法统称为特种铸造。下面简要介绍几种较为常用的特种铸造方法。

一、熔模铸造

熔模铸造是用易熔的蜡料制成模样，然后在表面涂敷多层耐火材料结壳后，将蜡模加热熔化，排出蜡液，得到一个中空的型壳，经烧结硬化后，即获得无分型面的整体铸型的一种铸造方法。熔模铸造的工艺过程如图 1-17 所示。

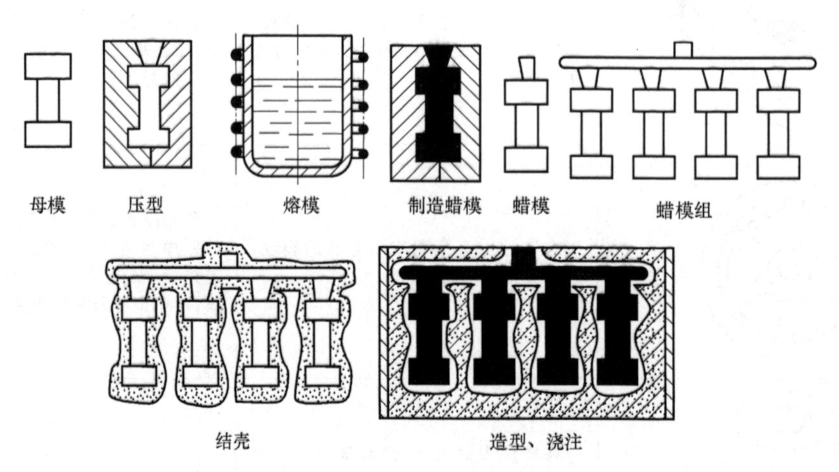

图 1-17　熔模铸造的工艺过程

熔模铸造的特点主要体现在两个方面：一是铸件的精度及表面质量高，尺寸公差等级可达 IT8～IT6，表面粗糙度值可达 $Ra6.3$～$Ra1.6\mu m$，减少了切削加工量，节约了金属材料；二是能铸出各种合金铸件，以及形状复杂的薄壁铸件。

金属型铸造生产过程（1）

二、金属型铸造

将金属液浇入金属铸型以获得铸件的工艺过程，称为金属型铸造。由于金属型可以重复使用几百次甚至几千次，所以又称为永久型铸造。

1. 结构类型

制造金属铸型最常用的材料为铜合金、铝合金、铸铁和铸钢。铸件的内腔可用金属型芯或砂芯来制成。

金属型的结构类型可分为整体式、垂直分型式、水平分型式和复合分型式，后三种如图1-18所示。

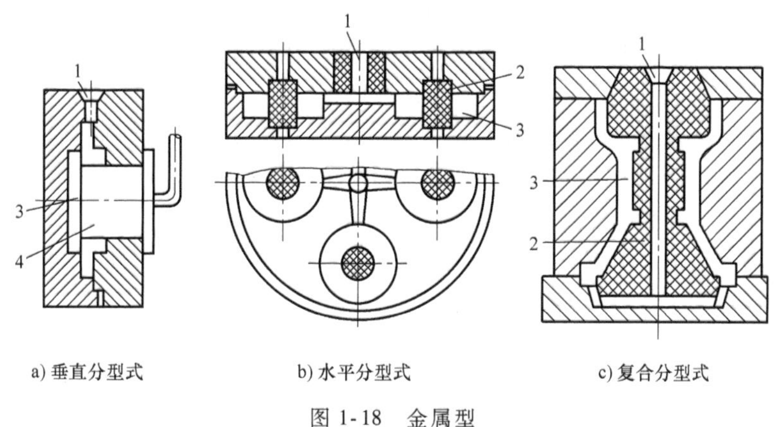

图 1-18 金属型

1—浇口 2—砂芯 3—型腔 4—金属芯

2. 工艺特点及应用

(1) 工艺特点 金属型铸造的优点是铸件组织细密，精度高，尺寸公差等级可达 IT9～IT7，表面粗糙度值可达 $Ra12.5 \sim Ra1.6\mu m$，从而减少加工余量，节约材料，节省加工工时；缺点是制作金属型成本高，生产周期长，冷却时没有退让性，铸件易产生浇不足、冷隔、裂纹等缺陷，铸铁容易出现硬脆的白口组织，因此铸造工艺要求严格，浇注前应将金属型预热，以减缓铸件的冷却速度。

(2) 应用 金属型铸造主要适用于大批量生产的中小型有色金属铸件，如汽车、拖拉机、内燃机的铝活塞、气缸体、气缸盖、油泵壳体，以及铜合金轴瓦、轴套等。

三、压力铸造

压力铸造生产过程

压力铸造是熔融金属在高压下高速充型，并在压力下凝固的铸造方法。

1. 特点

压力铸造的特点是高速和高压。所有的铸造方法中，压力铸造的生产率最高，每小时可铸几百件。压铸件的尺寸公差等级可达 IT10～IT6，表面粗糙度值可达 $Ra12.5 \sim Ra1.6\mu m$。压力铸造可以铸造薄壁复杂铸件，并可直接铸出小孔、螺纹、齿轮等，所得铸件的组织致密、强度高。压力铸造的缺点是由于金属液的充填速度高，铸型内的气体很难排除，所以压铸件内常有小气孔，常存在于表皮下面。压力铸造铸型结构复杂，设备投资大，成本高。

2. 应用

压力铸造广泛用于不需进行切削加工，大批量生产的薄壁、复杂、小型的有色金属铸件，如铝合金气缸体、气缸盖、仪表壳等。

因压力铸造在高压下会形成气孔，如果对铸件进行热处理加热，气体膨胀会使铸件表面突起或变形，因此压铸件不能进行热处理，压力铸造不适于高熔点合金，如钢、铸铁等。

四、离心铸造

离心铸造是将熔融金属浇入绕水平、倾斜或垂直轴旋转的铸型，在离心力作用下，凝固成形的铸件轴线与旋转铸型轴线重合的铸造方法。铸件多为简单的圆筒形，不用型芯形成圆筒内孔。离心铸造大多用于铸造中空的铸件，通常使用金属型。

1. 分类

根据旋转轴所处的空间位置不同，离心铸造分为立式离心铸造和卧式离心铸造两类。

（1）立式离心铸造　立式离心铸造铸型是绕垂直轴旋转的，铸件的自由表面是抛物线形，主要应用于生产高度小于直径的圆环类铸件，如图 1-19 所示。

（2）卧式离心铸造　卧式离心铸造铸型是绕水平轴旋转的，主要应用于生产长度大于直径的套筒或管类铸件，如图 1-20 所示。

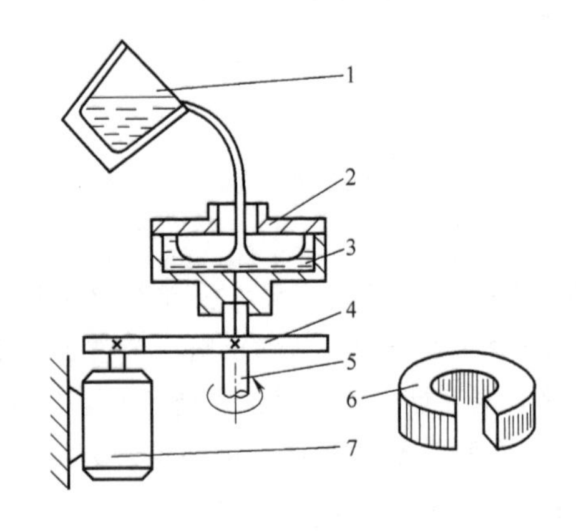

图 1-19　立式离心铸造

1—浇包　2—铸型　3—液体金属　4—减速机构
5—旋转轴　6—铸件　7—电动机

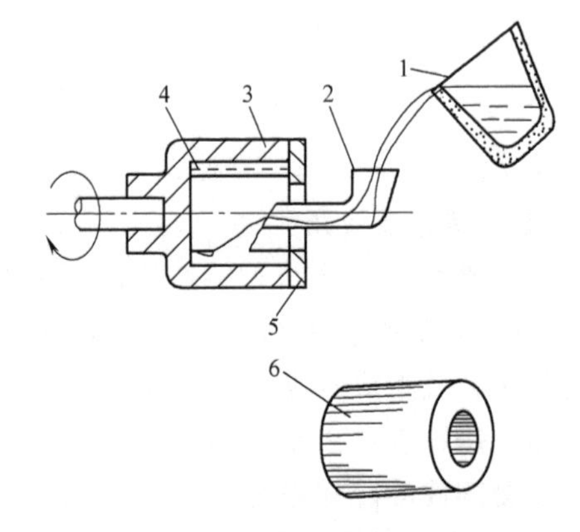

图 1-20　卧式离心铸造

1—浇包　2—浇注槽　3—铸型
4—液体金属　5—端盖　6—铸件

2. 离心铸造的特点

离心铸造生产的空心圆筒形铸件可省去型芯和浇注系统，省工、省料；在离心力的作用下，液体金属中的气体、熔渣等夹杂物由于其密度较小而集中在铸件内表面，金属的结晶则从外向内呈方向性结晶，因而铸件表面组织致密，无缩孔、缩松、气孔、夹渣等缺陷，铸件质量较好。离心铸造的缺点是铸件内表面较粗糙，尺寸不易控制，对内孔要切削加工的零件，应增大加工余量。

离心铸造特点

3. 应用

由于采用离心铸造可获得均匀的壁厚，主要用来浇注气缸套、轴套等圆筒形零件，如铸铁水管、缸套和活塞环坯料等。也可用来制造钢套镶铜的双金属轴承，使两种合金牢固地连接成一体，以节约昂贵的铜合金。

五、各种铸造方法的比较

以上各种铸造方法都有其优、缺点和最适宜的应用范围。例如砂型铸造尽管有不少缺点，但其适应性强，所用设备比较简单，因此它仍然是当前生产中最基本的铸造方法。特种铸造方法仅在一定条件下才能显示其优越性。因此，在选择铸造方法时，必须根据合金的种类、铸件的大小与形状、批量、质量、车间设备及技术状况等进行全面分析，综合比较，选择经济合理的方法。表 1-3 为常用铸造方法的比较。

表 1-3 常用铸造方法的比较

适用范围	砂型铸造	熔模铸造	金属型铸造	压力铸造	离心铸造
适用合金的范围	不限制	以碳钢和合金钢为主	以有色金属为主	用于有色金属及合金	多用于黑色金属、铜合金
适用铸件的大小及质量范围	不限制	一般<25kg	中小件，铸钢可达数吨	一般中小型铸件	中小型铸件
适用铸件的最小壁厚范围/mm	灰铸铁 3，铸钢 5，有色金属 3	通常 0.7，孔 $\phi1.5 \sim \phi2.0$	铝合金 2~3，铸铁>4，铸钢>5	铜合金<2，其他 0.5~1，孔 $\phi0.7$	最小内孔为 $\phi7$
表面粗糙度值 Ra/μm	粗糙	6.3~1.6	12.5~1.6	6.3~1.6	—
尺寸公差等级	IT13~IT11	IT8~IT6	IT9~IT7	IT10~IT6	—
金属利用率	70%	90%	70%	95%	70%~90%
铸件内部质量	晶粒粗大	晶粒细小	晶粒细小	晶粒细小	晶粒细小
生产率(适当机械化、自动化)	可达 240 箱/h	中等	中等	高	高
应用举例	各类铸件	刀具、机械叶片、测量仪表、电器零件等	发动机、汽车、飞机、拖拉机、电器零件等	汽车、电器仪表、照相器材、国防工业零件等	各种套、环、筒、辊、叶轮等

小 结

本章主要介绍了铸造的特点、合金的铸造性能、铸件的结构工艺性、砂型铸造造型材料与性能、铸造的常用造型方法、砂型铸造主要工序、浇注系统、铸件的常见缺陷与修补、特种铸造等。

铸造是将液态金属浇注到具有与零件形状相同的铸型空腔中，冷却凝固后，获得毛坯或零件的方法。

铸件结构工艺性能包括：应有合理的壁厚、足够的结构圆角、起模斜度；应避免交叉和锐角连接；避免过大的水平面；注意厚壁与薄壁间的连接要逐步过渡。

砂型铸造的主要工序为制造模样、制备造型材料、造型、造芯、合型、熔炼、浇注、落砂、清理与检验等。

砂型铸造浇注系统包括浇口杯、直浇道、横浇道和内浇道。

特种铸造包括熔模铸造、金属型铸造、压力铸造和离心铸造等。

思考与练习

一、名词解释

1. 透气性
2. 耐火性
3. 退让性
4. 整体模造型
5. 假箱造型
6. 分模造型

二、填空题

1. 合金的流动性不好，则易产生浇不足、__________、气孔和夹渣等缺陷。
2. 固态收缩是铸件产生内应力、__________和裂纹等缺陷的根源。
3. 使用灰铸铁铸造时设备简单、__________、成本低。
4. 铸钢流动性差，收缩性大，容易产生偏析、__________、吸气等现象，并且熔点高。
5. 按砂箱特征不同，造型方法有两箱造型、三箱造型、__________、地坑造型等。
6. 按模样特征不同，造型方法包括整体模造型、假箱造型、__________、活块造型、刮板造型等。
7. 浇注系统包括浇口杯、__________、横浇道和内浇道。
8. 气焊和电弧焊常用于修补裂纹、__________、缩孔、冷隔、砂眼等。

三、简答题

1. 铸造的优点有哪些？
2. 铸件的结构工艺性应注意哪些方面？
3. 砂型铸造制作工序有哪些？
4. 离心铸造的缺点有哪些？

四、判断题

1. （　　）内浇道截面积的总和小于横浇道截面积的总和。
2. （　　）横浇道截面积的总和应小于直浇道截面积的总和。
3. （　　）铸件内部内侧的斜度应大于外侧。
4. （　　）在常用的合金中，铸钢的线收缩率小。
5. （　　）在常用的合金中，灰铸铁的线收缩率小。
6. （　　）在常用的合金中，灰铸铁的流动性好。
7. （　　）在常用的合金中，铸钢的流动性差。

五、单项选择题

1. 生产率高的铸造方法为________。

A. 砂型铸造　B. 金属型铸造　C. 压力铸造　D. 熔模铸造

2. 通常灰铸铁的浇注温度控制在________。

A. 670~700℃　B. 1100~1150℃　C. 1450~1480℃　D. 1380~1420℃

3. 通常铸钢的浇注温度控制在__________。

A. 1450~1480℃　B. 1083~1200℃　C. 800~1600℃　D. 1270~1380℃

第二章

锻　　压

技能目标

1. 能选择锻压方法及制订自由锻工艺规程。
2. 能选择锻造设备和进行锻件缺陷分析。
3. 会判别锻件结构工艺性的优劣。

锻压是对坯料施加外力，使其产生塑性变形而改变尺寸、形状及性能，用以制造毛坯、机械零件的成形加工方法。锻压成形包括锻造成形和冲压成形两类。

常用的锻压方法有自由锻、模锻、拉深、轧制、挤压和拉拔等，如图 2-1 所示。

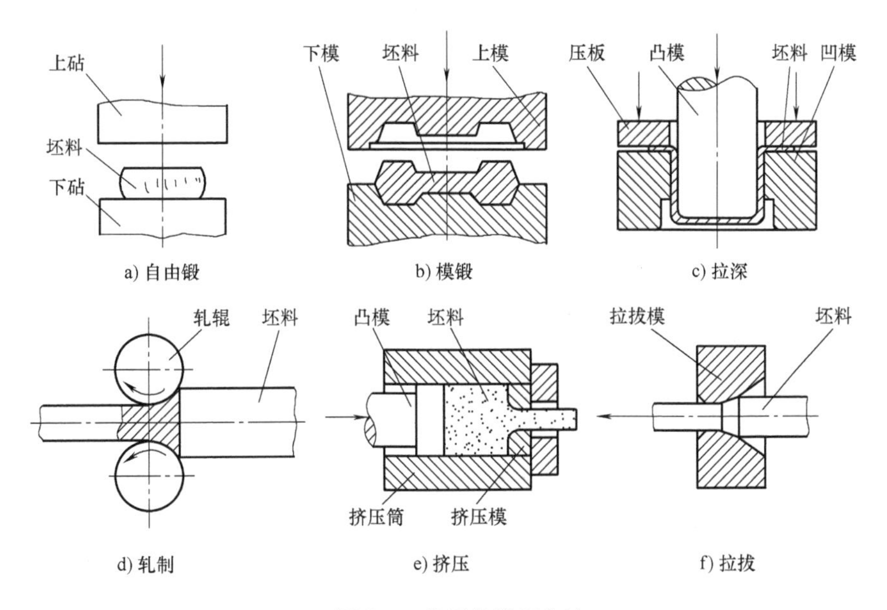

图 2-1　常用的锻压方法

塑性变形是锻压成形的基础，钢和有色金属都具有较好的塑性，都可进行锻压加工；铸铁的塑性差，不能进行锻压加工。

第一节　锻　　造

锻造是利用锻压机械对金属坯料施加压力，使其产生塑性变形，以获得具有一定力学性能、一定形状和尺寸的锻件。锻造用料主要是各种成分的碳素钢和合金钢，其次是各种有色金属。

一、锻造的特点与工艺

1. 特点

锻造生产与其他加工方法相比，具有以下特点：

1）改善锻件的内部组织，提高工件的力学性能。锻造能使锻件中的气孔及缩松被压实，细化晶粒，当纤维组织沿着零件轮廓合理分布时，能提高零件的强度、塑性和韧性。

2）具有较高的劳动生产率，节约金属材料。一些精密模锻件的尺寸精度和表面粗糙度能接近成品零件的要求，只需少量甚至不需切削加工即可达到成品零件要求，从而减少金属的损耗。

3）适用范围广。既可进行单件小批生产，又可进行大批大量生产。

锻造的不足之处是不能锻造外形复杂和空腔的工件。

2. 锻造温度范围

锻造温度范围指的是合理的始锻温度和终锻温度之间的一段温度间隔。

（1）始锻温度　始锻温度是指锻件开始锻造时的温度。一般来说始锻温度高一些，可使金属的塑性提高，延长锻造时间。但是，当加热温度超过一定限度时，会使金属产生过热和过烧的缺陷，从而影响锻件的质量甚至造成废品。对于优质碳素钢锻件，含碳量越高，始锻温度越低。合金钢的始锻温度一般要比相同含碳量的碳钢低些。一般碳素钢的始锻温度为1250℃左右。

（2）终锻温度　终锻温度是指锻件终止锻造时的温度。一般来说要求终锻温度低一些，这样可以延长锻造时间，减少加热次数。但终锻温度过低，金属会产生加工硬化，甚至发生开裂。若终锻温度过高（即在高温时停锻），锻件的内部晶粒比较粗大，会降低锻件的力学性能。一般碳素钢的合理终锻温度为800℃左右。

钢材的具体锻造温度范围与钢旳具体型号有关，金属在加热和锻造时的温度可用热电高温计或光学高温计测量，经验丰富的操作者常用观察锻件颜色的方法进行判断。

3. 加热速度

加热速度是指锻件在单位时间内温度上升的速度，也可以用单位时间内工件热透的厚度来表示。工件在加热时，其热量自工件表面逐渐传到内部，因此工件表面升温较快，内部升温较慢。提高工件的加热速度可提高生产率，同时可以降低工件的烧损和表面脱碳，以及减少燃料的消耗。但过快的加热速度会使工件表面热量来不及传给心部，结果会因锻件受热不均匀而产生很大的热应力，增大产生裂纹的可能性。

确定锻件加热速度的原则是在避免因温差应力而产生裂纹的前提下，能在最短的时间内达到合理的始锻温度。对于一些导热性较差的高碳钢、高合金钢或断面尺寸较大的工件，应首先进行低温预热，然后再进行快速加热；而对于一些导热性较好的低碳钢、低合金钢或断面尺寸较小的工件，则可不经预热而直接加热到始锻温度。

4. 锻件的冷却方法

正确的加热和合理的锻造能获得高质量的锻件。但如果锻造后冷却不当，也将影响锻件的质量，如使锻件产生翘曲、裂纹及表面过硬等，严重的还会使锻件报废。因此，正确选择冷却方法、严格遵守冷却规范，也是锻造生产中的重要环节。

按照冷却速度的快慢，常用的锻件冷却方法有如下 3 种。

（1）空冷　将锻件单独或成堆放置于工作场地上，使其在空气中自然冷却，称为空冷。这种方法冷却速度快，适用于低碳钢、中碳钢等小型锻件。

（2）坑冷　将锻件置于坑内或埋入黄沙、石灰或煤渣中而缓慢冷却，称为坑冷。这种方法冷却速度较慢，适用于低合金钢及截面尺寸较大的锻件。

（3）炉冷　将锻件放入温度为 500~700℃ 的炉内，保温一定的时间，然后随炉冷却，称为炉冷。这种方法冷却速度最慢，适用于高合金钢及大型锻件。

二、自由锻

自由锻是只用简单的通用性工具或在锻造设备的上、下砧间，直接使坯料变形而获得所需几何形状及内部质量锻件的锻造工艺。

自由锻是工厂中广泛采用的锻造方法，主要适用于单件小批生产，也是大型及特大型锻件的唯一生产方式。自由锻的不足之处是锻件精度低、生产率低、操作工人的工作环境差、劳动强度大。

1. 自由锻设备

自由锻常用的设备有加热炉、空气锤、水压机及工具等。

（1）加热炉　锻造的锻件坯料必须预先在加热炉中加热。加热炉的种类很多，目前在一般中小型的工厂中，多采用以烟煤作为燃料的火焰反射炉。

（2）空气锤　空气锤的规格用锤头落下部分的质量来表示，它表示一定的锻造能力。常用空气锤的规格为 40~1000kg，适用于小中型锻件的生产。

（3）水压机　水压机工作时利用高压水为动力，以静压力作用在锻件上，使锻件产生变形。其常用吨位为 5~150t，用于锻造中大型锻件。目前世界上最大的水压机为 16000t，它在四川德阳中国第二重型集团锻造分厂水压机车间将重 150t 的大型钢锭，在 10min 之内便完成了翻转、拔长、变形等工艺的要求。

（4）常用工具　自由锻常用工具有冲头、手锤、剁刀、夹钳、V 形垫铁和漏盘等，用于完成不同的加工要求。

2. 自由锻工序

自由锻的基本工序有镦粗、拔长、冲孔、马杠扩孔、心轴拔长、弯曲、切割、错移等，见表 2-1。

表 2-1　自由锻的基本工序

工序	图　例	工序	图　例
镦粗	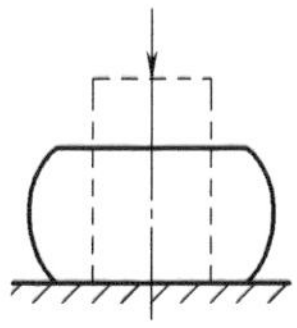	拔长	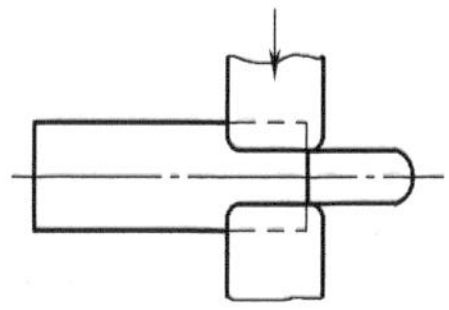

（续）

工序	图　例	工序	图　例
冲孔	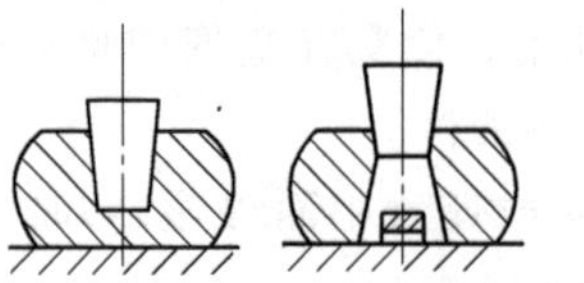	马杠扩孔	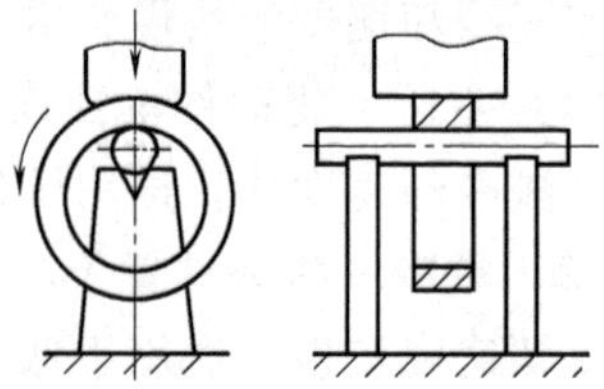
心轴拔长	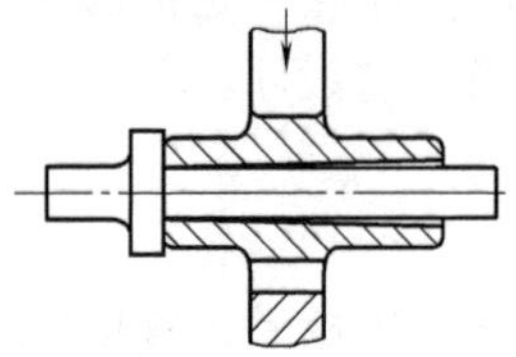	弯曲	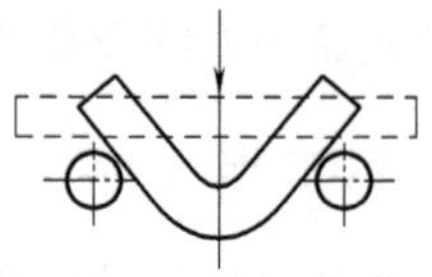
切割	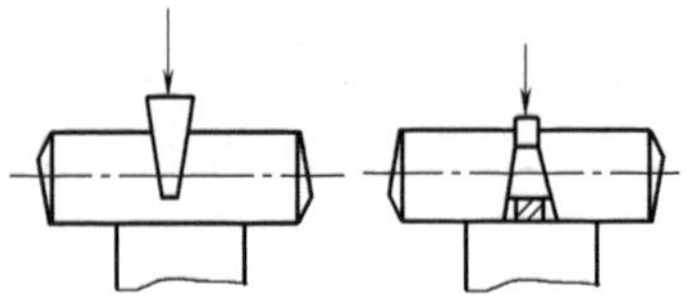	错移	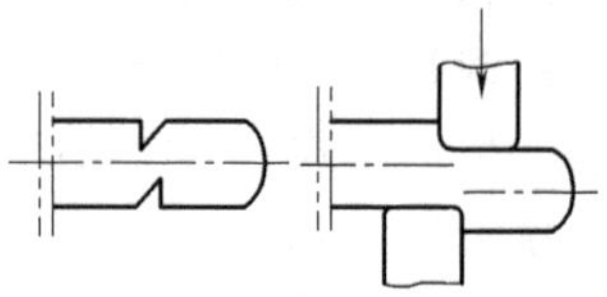

(1) 镦粗　镦粗是指降低坯料高度，增大坯料截面的锻造工序。例如齿轮坯、圆盘类零件毛坯都是用截面积较小的坯料，镦粗成截面积较大、高度较小的锻件。

镦粗可分为整体镦粗和局部镦粗。镦粗时为了防止坯料产生纵向弯曲，坯料镦粗部分的高度应不大于坯料直径的 2.5 倍。局部镦粗时，可只对镦粗部分局部加热，以限制变形范围。

(2) 拔长　拔长是指缩小坯料横截面积、增加坯料长度的锻造工序，主要适用于锻制光轴、台阶轴、连杆、拉杆等较长的锻件。拔长时需用夹钳将坯料钳牢，锤击时应绕轴线不断地翻转坯料。当采用反复 90°翻转时，操作比较方便，但变形不均匀。采用沿螺旋线翻转时，坯料变形和温度变化较均匀，但操作不方便。

为防止坯料产生弯曲与折叠，每次拔长时，应注意坯料宽度和厚度的比例，并掌握好坯料的送进量。

对于套筒、圆环类零件，可在心轴上拔长。在心轴上拔长，可使锻件外径减小，长度增加。

(3) 冲孔　冲孔是指用冲子在坯料上冲出通孔或不通孔的锻造工序。冲孔常用于齿轮、套筒和圆环等锻件。冲孔的方法有单面冲孔和双面冲孔两种。

冲孔前，通常先将坯料镦粗，以减小冲孔的深度并保持端面平整。冲孔后大部分锻件需扩孔或修整。

(4) 马杠扩孔　马杠扩孔是指利用马杠对空心毛坯进行扩孔的锻造工序。扩孔后，毛坯的外径和内径增大，壁厚变薄而长度不变。

(5) 心轴拔长　心轴拔长是指利用心轴对空心毛坯进行拔长的锻造工序。这种工艺只减小毛坯外径而不增大内径，使毛坯壁厚变薄，长度增加。

（6）弯曲　弯曲是指将锻件弯曲成一定角度或形状的锻造工序。弯曲变形时，金属的纤维组织未被切断，并沿锻件的外形连续分布，力学性能没有降低。

（7）切割　切割是指用剁刀将坯料切断或部分割开的锻造工序。切割的方法有单面切割、双面切割和四面切割。

（8）错移　错移是指将坯料的一部分相对另一部分错开，但仍保持轴线平行的锻造工序。

3. 自由锻工艺规程的制订

一般在锻造前，先根据零件图加放余量后绘制锻件图，然后确定锻件所用坯料的重量和规格，再制订锻造工艺。

自由锻工艺规程的主要内容是根据零件图绘制锻件图、计算坯料的质量和尺寸、确定锻造工序、选择锻造设备、确定坯料加热规范和填写工艺卡等。

（1）绘制锻件图　锻件图是制订锻造工艺规程和检验工件的依据，绘制时主要考虑余块、余量及锻件公差。

1）某些零件上的精细结构，如键槽、齿槽、退刀槽以及小孔、不通孔、台阶等难以用自由锻锻出，必须添加一部分金属以简化锻件形状，这部分添加的金属称为余块，如图 2-2 所示。余块在切削加工时将被去除。

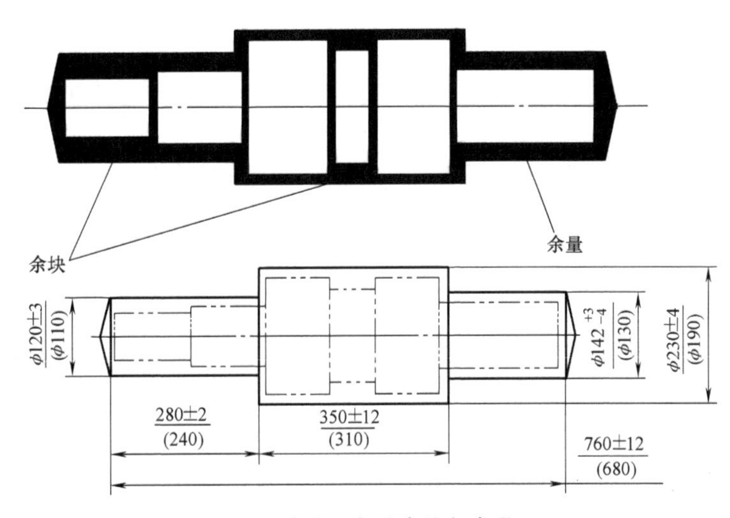

图 2-2　锻件的各种余块与余量

2）自由锻的精度较低，表面质量差，锻件表面应留有加工余量，余量大小与零件形状、尺寸等因素有关，数值应根据生产的具体情况确定。

3）锻件公差是锻件名义尺寸的允许变动量，公差数值可查相关国家标准。

（2）确定坯料的尺寸　确定坯料的尺寸时，首先根据锻件所用材料的牌号、密度计算出所需坯料的质量或体积，然后再结合供料规格进行下料。

【例 1】　如图 2-2 所示锻件图，该锻件所需圆钢的质量为多少？

解： 所需钢的质量计算式为

$$m=\rho V$$

所需体积为

$$V=\frac{\pi}{4}\times(0.123^2\text{m}^2\times0.282\text{m}+0.234^2\text{m}^2\times0.362\text{m}+0.145^2\text{m}^2\times0.128\text{m})=0.021\text{m}^3$$

所需圆钢的质量为

$$m=\rho V=0.021\text{m}^3\times7800\text{kg/m}^3=164\text{kg}$$

（3）选择锻造工序　锻造工序需根据不同的自由锻锻件形状选择。工艺规程的内容还包括所用的工装夹具、加热设备、锻造设备等。一般自由锻锻件的形状见表 2-2。

表 2-2　一般自由锻锻件的形状

锻件类型	锻　件　形　状
盘、圆环类锻件	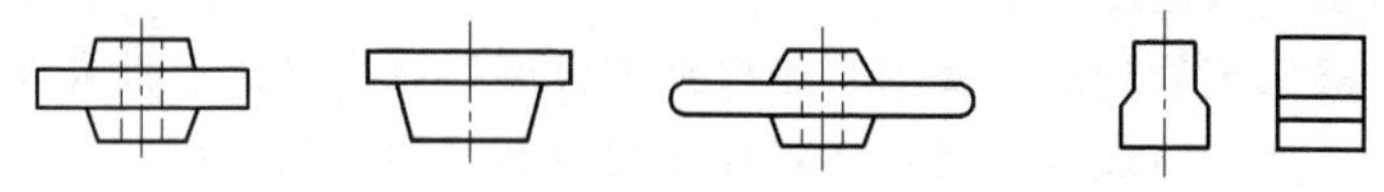
空心类锻件	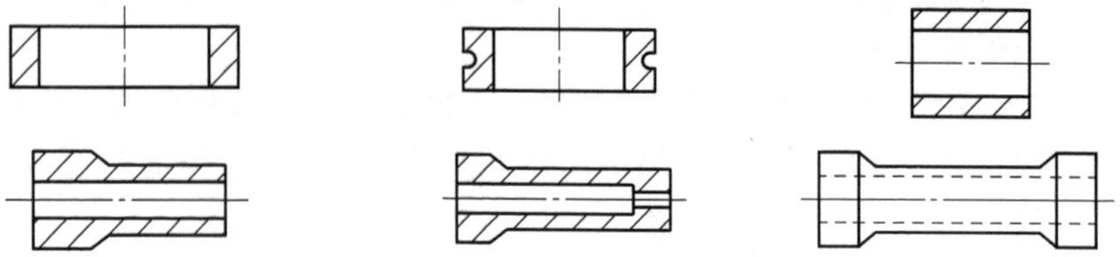
杆轴类锻件	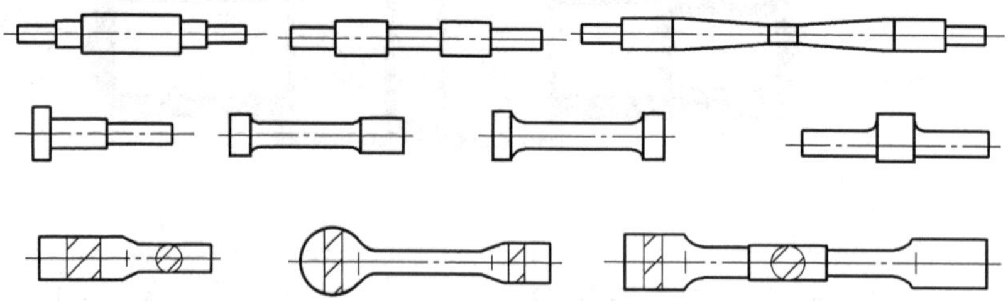

1）盘、圆环类锻件。盘、圆环类锻件包括各种圆盘、齿轮等，其特点是横向尺寸大于高度尺寸，或者二者相近。其锻造基本工序是镦粗，其中带孔的锻件需冲孔。

2）空心类锻件。空心类锻件包括各种圆环、齿圈、轴承环和各种圆筒、缸体、空心轴等。锻造空心件的基本工序有镦粗、冲孔、马杠扩孔、心轴拔长等。

3）杆轴类锻件。杆轴类锻件包括各种圆形截面传动轴、轧辊、立柱、拉杆等，还包括矩形、方形、工字形截面的摇杆、杠杆、推杆、连杆等。锻造杆轴的基本工序是拔长，但对于截面尺寸相差大的锻件，为满足锻造比的要求，则需采取镦粗—拔长工序。

4）曲轴类锻件。曲轴类锻件包括单拐和多拐的各种曲轴。目前锻造曲轴的工艺有自由锻、模锻等。

5）弯曲类锻件。弯曲类锻件包括各种具有弯曲轴线的锻件，如吊钩、弯杆、曲柄等，基本工序是拔长、弯曲。

6）复杂形状锻件。复杂形状锻件包括阀体、叉杆、十字轴等，锻造难度大，应根据锻件的形状特点，采用适当工序组合来锻造。

（4）工序卡编制　工序卡的内容包括所用加热设备、加热规范、加热火次、冷却规范、锻造设备、工具和锻后热处理等。

4. 自由锻锻件的结构设计

自由锻锻件的结构设计原则是在满足使用性能的条件下，锻件形状应尽量简单，易于锻造。自由锻锻件的结构工艺性见表2-3。

表2-3 自由锻锻件的结构工艺性

工　艺	工艺性差	工艺性好
避免锥面与斜面等结构	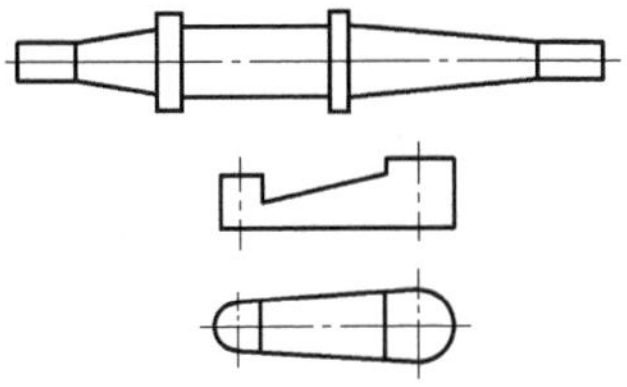	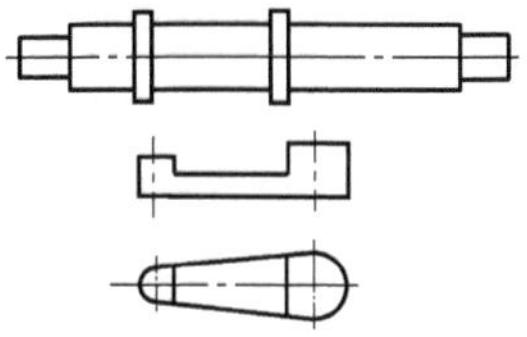
避免加肋板及工字形、椭圆形等复杂表面	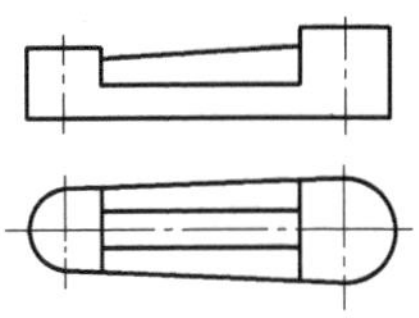	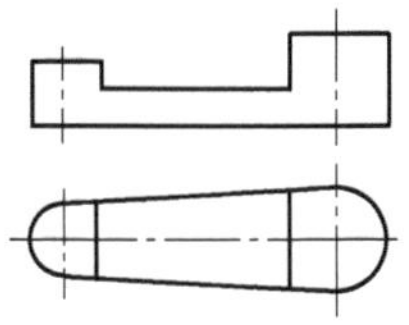
避免非平面交接结构	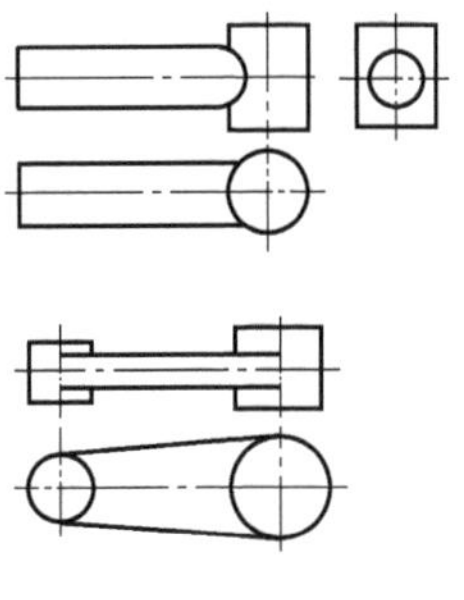	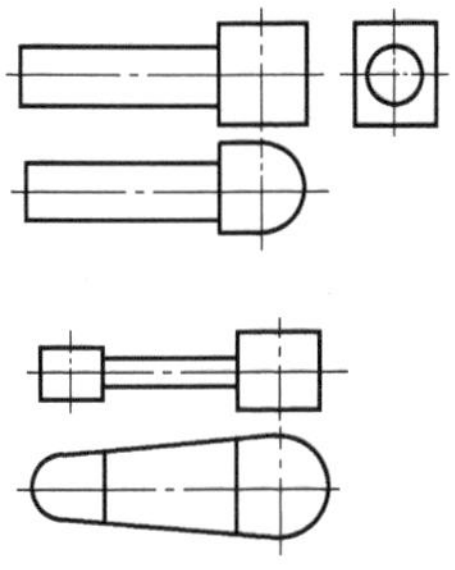

5. 自由锻锻件的缺陷分析

自由锻过程中，常见的锻件缺陷有裂纹、末端凹陷、轴心裂纹和夹层等。

裂纹是由于坯料质量不好、加热不充分、锻造温度过低、锻件冷却不当或锻造方法有误而产生的。在锻造过程中发现细小的裂纹，可用气割或砂轮除去；如果发现裂纹处于深部而无法焊补时，该锻件只能报废。末端凹陷和轴心裂纹是由于坯料内部未热透或坯料整个截面未锻透，变形只产生在坯料表面而造成的。

夹层是在拔长时，由于送进量小于压下量而产生的缺陷。

三、模锻

模锻是在高强度金属锻模上预先制出与锻件形状一致的模膛，使坯料在模膛内受压变形，获得锻件的锻造方法。

根据所使用的锻造设备不同，模锻可分为锤上模锻、胎模锻和压力机上模锻等。

1. 锤上模锻

锤上模锻是在专用的模锻设备上进行锻造，所用的锻模紧固在锤头（或滑块）与砧座

（或工作台）上，砧座通常与模锻设备的机架连接成整体，而锤头在导向性好的导轨中运动。

（1）特点与应用　锻件在模膛中是在一定速度下，被多次连续锤击而逐步成形的。锤头的行程、打击速度均可调节，以方便进行制坯工作。由于惯性作用，金属在上模模膛中具有更好的充填效果。

锤上模锻的适应性广，可生产多种类型的锻件，可以单膛模锻，也可以多膛模锻。由于锤上模锻打击速度较快，对变形速度较敏感的低塑性材料（如镁合金等），进行锤上模锻不如在压力机上模锻的效果好。

（2）组成　锤上模锻所用的锻模由上模和下模等组成。由于锻件从坯料到成形要经过多次变形，才能得到符合要求的形状和尺寸，所以锻模一般有几个模膛。图 2-3 所示为锤上模锻示意图。

（3）分类　锤上模锻模膛分为模锻模膛和制坯模膛两类。

1）模锻模膛。模锻模膛根据功能分为预锻模膛和终锻模膛两种。

① 终锻模膛。终锻模膛的功用是使坯料最终变形到所要求的锻件形状和尺寸。

终锻模膛的形状应和锻件的形状相同，考虑到锻件的收缩，终锻模膛的尺寸应比锻件尺寸放大一个收缩量，一般钢件的收缩率取 1.5%。

模锻件终锻后沿模膛四周有飞边。对于具有通孔的锻件，由于不可能靠上、下模的凸起部分把金属完全挤压掉，终锻后在孔内留有一薄层金属，称为连皮，例如在图 2-4a 中，齿轮坯模锻件出模后就存在飞边和连皮。

只有把冲孔连皮和飞边冲掉后才能得到有通孔的齿轮坯模锻件，如图 2-4b 所示。连皮与飞边可在压力机上用切边模切除。

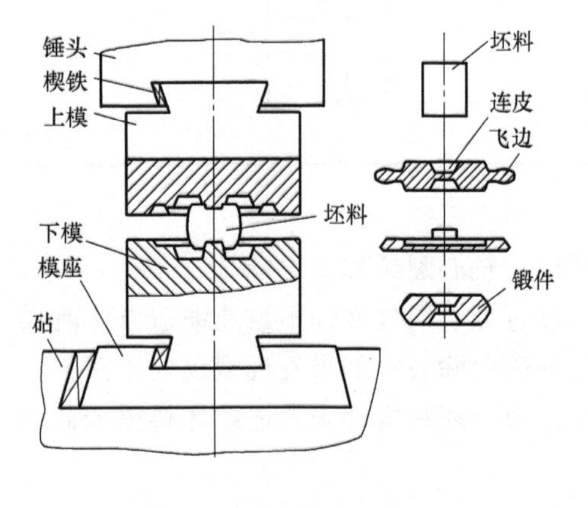

图 2-3　锤上模锻示意图

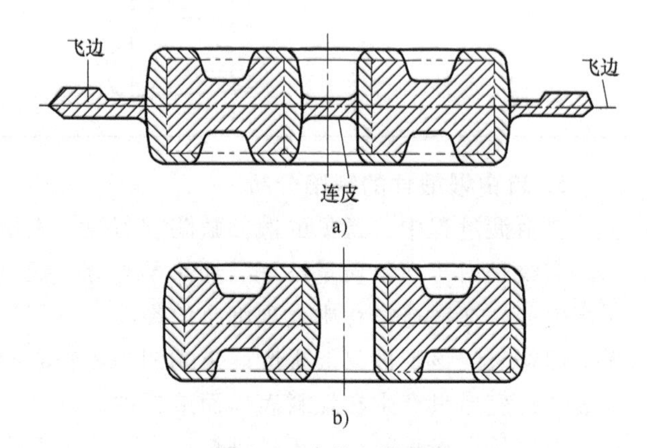

图 2-4　齿轮坯模锻件

终锻模膛一般布置在锻模的居中位置，使锤击力比较集中，锻件受力均匀，可防止偏心、错移等缺陷。

② 预锻模膛。预锻模膛是用以获得与锻件相近的尺寸与形状的模膛。其主要作用一是减少终锻模膛的磨损，延长其使用寿命；二是改善金属在终锻模膛中的流动情况，使金属易于充满终锻模膛。预锻模膛常用于形状复杂的锻件成形。

2）制坯模膛。对于形状复杂的模锻件，原始坯料进入模膛前，先放到制坯模膛制坯，按锻件最终形状做初步变形，使金属合理分布并充满模膛。制坯模膛应经几次变形，简单地说就是将坯料锻成模膛形状，如图 2-5 中的拔长模膛、滚压模膛、弯曲模膛等。

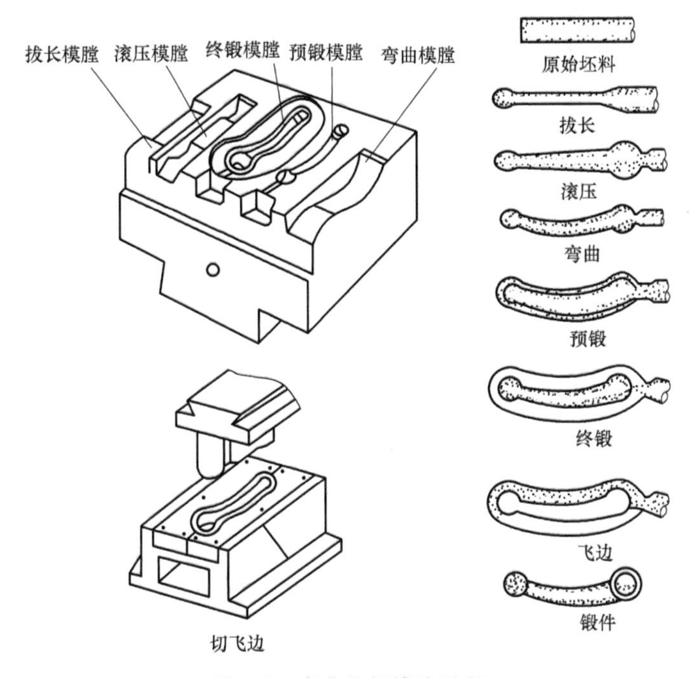

图 2-5　弯曲连杆锻造过程

（4）模锻件的结构　在进行模锻件结构设计时应注意以下几个方面：

1）分型面选择。分型面应能保证锻件易于从模膛中取出，应选在最大截面上。

2）模锻斜度。垂直于分型面的锻件表面上必须留有一定的斜度，如图 2-6a 所示。外斜度值一般取 5°～10°；内斜度要比外斜度取大一些，取 7°～15°。

3）锻件圆角。模锻件所有的交角均需做成圆角，便于金属充满模膛，避免尖角产生应力集中，减缓锻模尖角处的磨损。钢制模锻件外圆角半径 r 取 1.5～12mm，内圆角半径 R 为外圆角半径的 2 倍左右，如图 2-6b 所示。

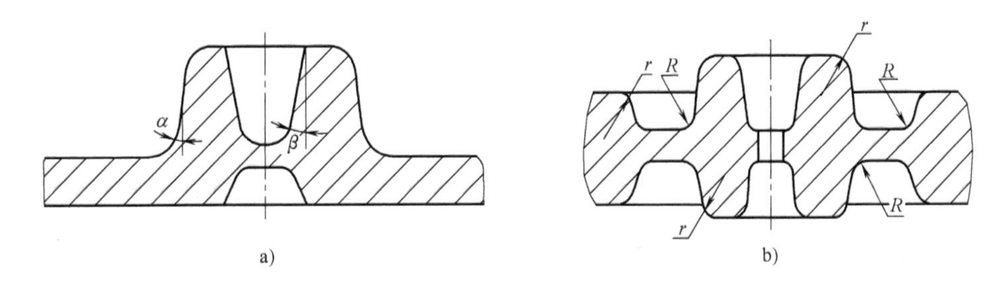

图 2-6　模锻斜度与锻件圆角半径

4）尽量避免模锻件具有薄壁、高肋、凸起等结构，如图 2-7 所示。

5）应避免有深孔或多孔结构。

2. 胎模锻

胎模锻是在自由锻设备上使用可移动模具生产模锻件的一种锻造方法。使用胎模锻时胎

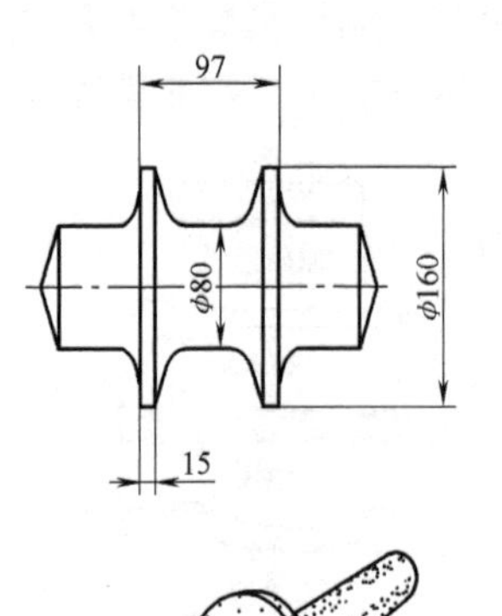

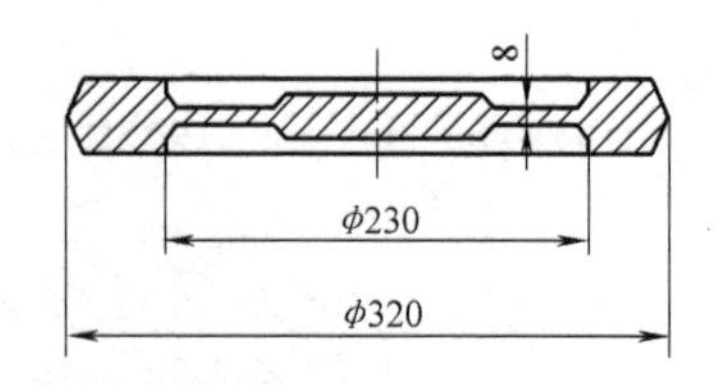

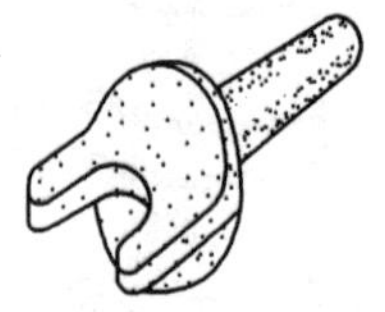

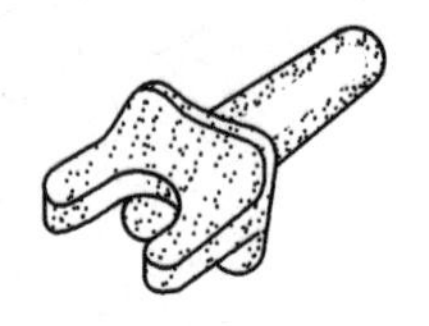

图 2-7 避免模锻件有薄壁、高肋、凸起等结构

模不固定在锤头或砧座上，而是在使用时随时放在下砧上进行锻造。

（1）类型 常用的胎模主要有扣模、套筒模和合模三种类型。

1）扣模。扣模（图 2-8a）一般由上扣模和下扣模组成；或只有下扣模，用上砧代替上扣模。扣模既可制坯，也可成形，具有平直侧面的杆状非旋转体锻件多数用这种模制作。

2）套筒模。套筒模（图 2-8b、c）的锻模成套筒形，主要用于端面有凸台或凹坑的齿轮、法兰盘等回转体类零件的制坯与最后成形。

套筒模有开式和闭式两种结构。开式套筒模只有下模，上模由上砧代替，锻造时常产生小飞边，这种模主要用于端面平整的回转体锻件。闭式套筒模一般由上模、套筒、垫块等组成，坯料在封闭的模膛中变形，无飞边但会产生纵向毛刺。

3）合模。合模由上模和下模两部分组成，如图 2-8d 所示。为了使上、下模吻合，不使锻件产生错模现象，常采用导柱定位。合模多用于生产形状较复杂的非回转体锻件，如连杆、叉形件等的锻件。

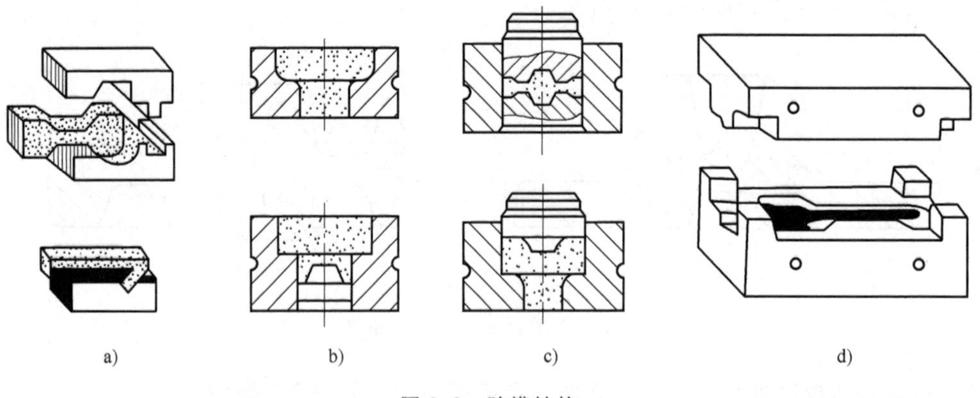

图 2-8 胎模结构

（2）特点与应用 与自由锻相比，胎模锻的主要优点是锻件质量好，生产率高，余块少，金属用料省等。胎模锻时，通常先用自由锻方法制坯，然后再用胎模成形。因其生产方

式灵活多样，设备工具比较简单，故在中小批量生产锻件时广泛采用。

3. 模锻工艺规程的制订

模锻工艺规程包括备料、绘制锻件图、计算坯料尺寸、制造胎模、确定模锻工步、选择设备及安排修整工序等。

图 2-9a 所示为法兰盘胎膜锻件。其锻造过程是：下料，如图 2-9b 所示；原始坯料加热后，先用自由锻镦粗，如图 2-9c 所示；将模垫和模筒放在下砧上，再将镦粗的坯料平放在模筒内，压上冲头后终锻成形，如图 2-9d 所示；最后将连皮冲掉，如图 2-9e 所示。

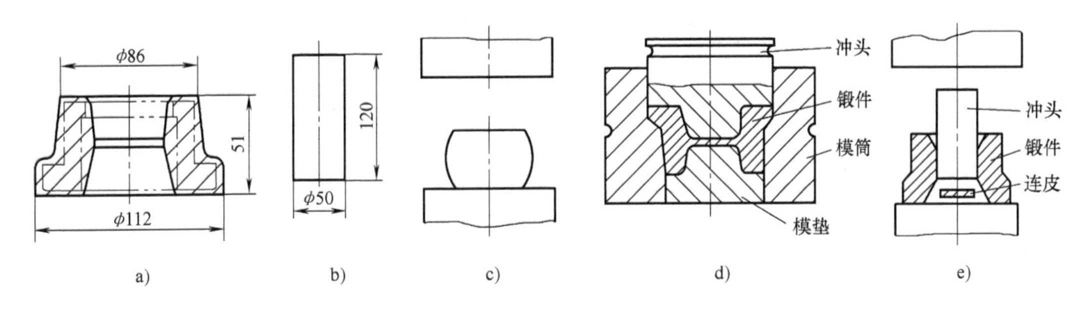

图 2-9　法兰盘胎膜锻件及其锻造过程

第二节　冲压与挤压

冲压加工通常是在常温下利用冲模将金属板料切离或变形为各种冲压件，所以又称为冷冲压。挤压加工是通过对材料产生很大的挤压力生产零件的工艺。

一、冲压加工

冲压加工的工件强度高，刚度大，生产率高，易实现机械化、自动化生产。

冲压件一般不再进行机械加工，可节省能源。冲压加工所用冲模的制造成本高，只有在大批生产条件下才能充分发挥其优越性。

1. 冲压设备

最常用的冲压设备有剪板机和压力机。剪板机是用来把板料剪切成一定宽度条料的设备。压力机是冲压加工的关键设备，常用的小型压力机的结构组成如图 2-10a 所示，其工作原理示意图如图 2-10b 所示。

冲压用的材料必须具有足够的塑性，板料厚度应符合公差标准。

2. 冲裁工序

冲裁的基本工序可分为分离工序和变形工序。

（1）分离工序　分离工序是使板料的一部分和另一部分分开的工序，如落料、冲孔、剪切等。落料和冲孔的过程是相同的，只是它们的作用不同。

1）落料。落料是用冲模在板料上冲出所需要的外形，落料冲下的部分是成品，板料本身成为余料或废料。

2）冲孔。冲孔是用冲模在工件或板料上冲出所需要的孔，冲孔后的板料是成品，而冲下的部分是废料。

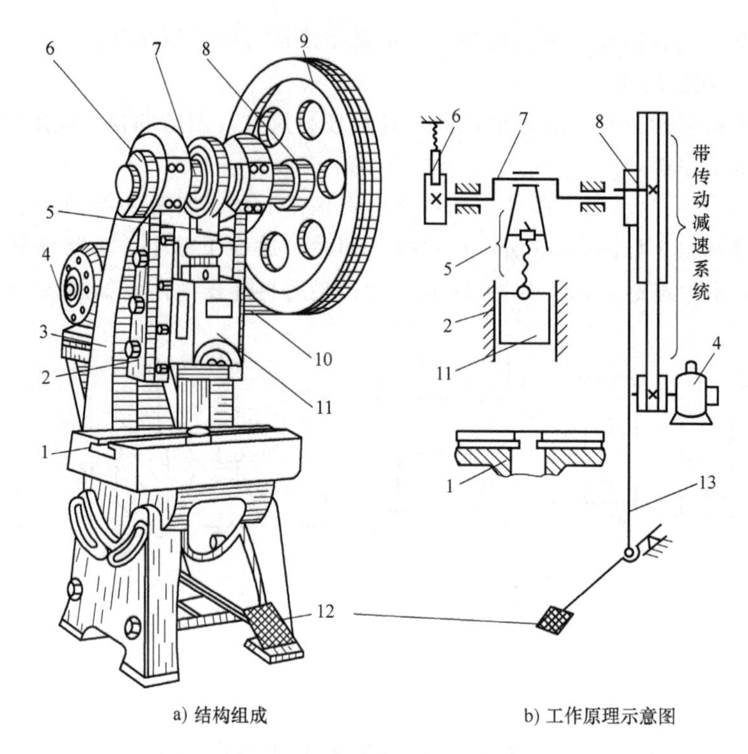

图 2-10　小型压力机

1—工作台　2—导轨　3—床身　4—电动机　5—连杆　6—制动器　7—曲轴
8—离合器　9—带轮　10—传动带　11—滑块　12—踏板　13—拉杆

（2）变形过程　图 2-11 所示为落料和冲孔的变形分离过程示意图。当板料的剪切应力超过屈服强度时，板料开始沿力的作用方向发生错动，如图 2-11a～c 所示。当板料的剪切应力超过剪切强度时，孔与板料就分离。分离后的断口放大状况如图 2-11d 所示。

3. 冲裁力计算

计算冲裁力，是为了合理地选用压力机和设计模具。冲裁力的计算式为

$$F_P = KA\tau_b = KLt\tau_b \qquad (2\text{-}1)$$

式中　F_P——冲裁力（N）；

K——系数，一般取 $K=1.3$；

τ_b——剪切强度（MPa），不同牌号的材料，其值不相同，由试验确定，可查机械设计手册；

L——冲裁零件周边长度（mm）；

t——板料厚度（mm）；

A——冲裁零件周边轮廓面的面积（mm^2）。

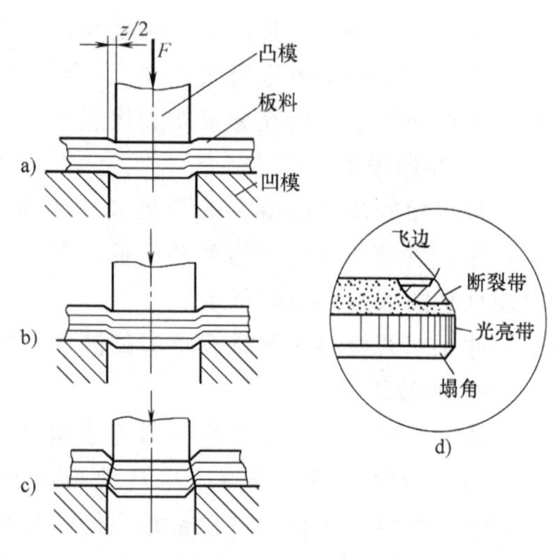

图 2-11　落料和冲孔的变形分离过程示意图

4. 零件尺寸选择与结构

（1）尺寸选择　零件尺寸数值宜用整数或偶数的倍数，以便计算和分割，零件结构有

特殊要求的除外。应注意尺寸的通用性和孔的直径标准化。落料时取 $R=B/2$，冲孔时则取 $R>B/2$，如图 2-12 所示。

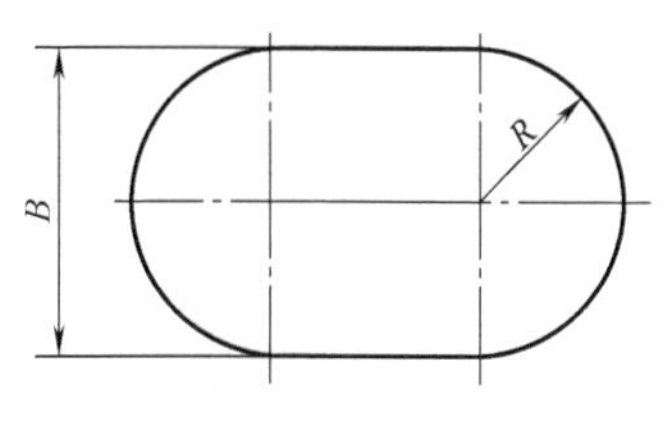

图 2-12　冲裁尺寸

（2）结构要求　冲裁零件在结构和工艺上应注意以下三方面：

1）工件形状应力求简单、对称，尽可能采用圆形、矩形等较规则的形状，避免长槽形，以免凸模在弯曲刚度小的方向折断。还应避免工件外形及内部转角处有尖角，以减小应力集中，提高工件与模型的强度及寿命，便于模具的制造。

2）在满足使用要求的前提下，工件外形应符合少废料或无废料排样，或充分利用产品的结构废料，以提高材料的利用率。

3）冲孔尺寸不应太小，以免凸模折断。工件上孔的位置分布必须考虑孔与孔之间、孔与工件之间的距离不能太小。最小距离数值一般应为料厚 t 的 1.0 倍（圆孔）和 1.5 倍（矩形孔）。

5. 尺寸精度和表面质量

落料的尺寸公差等级一般不超过 IT10；冲孔的尺寸公差等级一般不超过 IT9，表面粗糙度值可达 $Ra12.5\sim Ra3.2\mu m$，精冲的表面粗糙度值可达 $Ra1.6\sim Ra0.4\mu m$。

二、变形成形工艺

变形是使坯料的一部分相对于另一部分产生塑性变形而不破坏的工序，常见的有弯曲、拉深、翻边等。

1. 弯曲成形工艺

采用一定的工模具，将坯料弯成所需形状的加工方法称为弯曲。弯曲的工艺过程如图 2-13 所示。为防止工件弯裂，凸模与凹模的工作部分应有适当的圆角，而且弯曲部分的变形程度不能过大。弯曲工件应注意以下四个方面的要求。

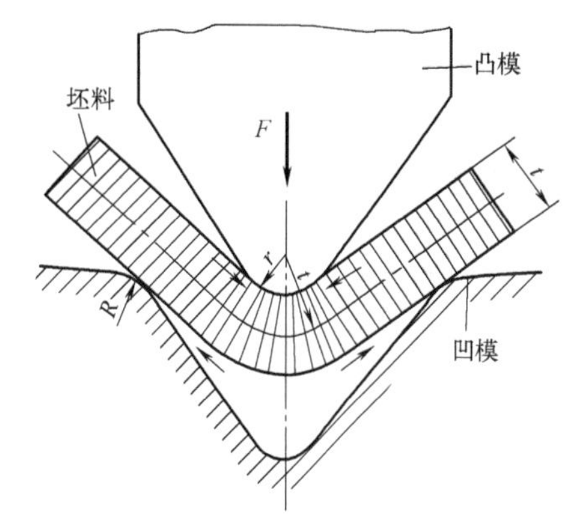

图 2-13　弯曲的工艺过程

1）弯曲件的弯曲半径不能小于材料的许可最小弯曲半径，否则会产生裂纹。

2）弯曲件应对称，弯曲半径应左、右一致。

3）弯曲件的竖边高度不能太短，以保证竖边的平直。弯曲件的竖边高度 H 不应小于 $2t$（t 为料厚），最好大于 $3t$。

4）弯曲件上的孔，如在弯曲之前冲出，模具结构比较简单，制造比较方便。弯曲边距与孔的布局如图 2-14 所示。

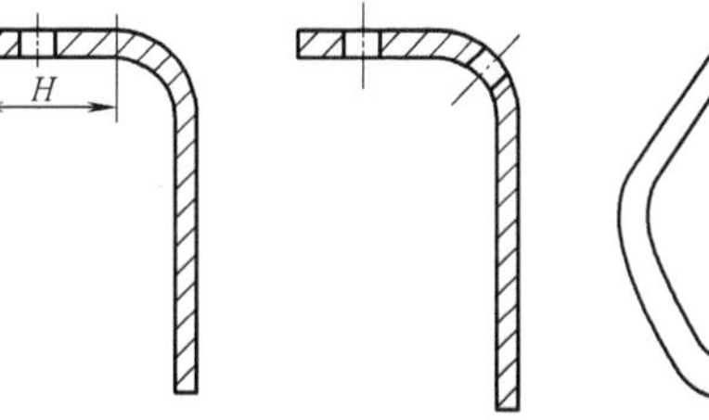

图 2-14　弯曲边距与孔的布局

2. 拉深成形工艺

拉深是将板料拉深成开口空心形状的加工方法。图 2-15 所示为拉深过程原理图。为防止板料被拉裂，凸、凹模的工作部分应做成光滑的圆角，凸模圆角半径 $r_1\geqslant t$，凹模圆角半径 $r_2\geqslant 2t$，工件底部圆角半径 $r_3\geqslant 3t$。凸、凹模间应留有略大于板厚的间隙。

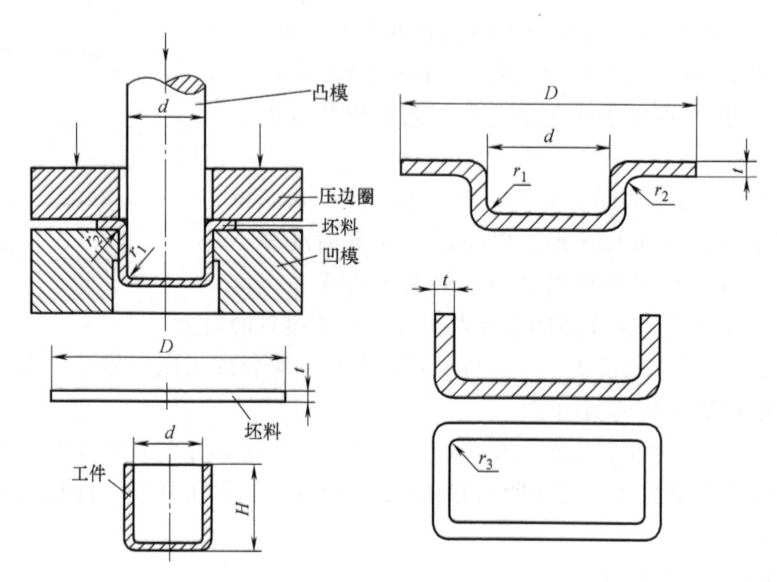

图 2-15　拉深过程原理图

为防止坯料周边起皱，拉深时，可用压边圈适当压紧板料；为减小拉深时的摩擦阻力，可在板料或凹模上涂润滑剂。拉深加工时应注意以下几点：

1）拉深件形状应尽量简单，避免有宽凸缘和深度大的拉深件，以减少废品。

2）对于半敞开及非对称的空心件，应考虑将两个或几个工件合并成对称的形状，一起拉深后剖开。

3）在使用压边圈拉深深筒形工件时，因变形量较大，不能一次拉深到位，应分多次拉深，否则会发生图 2-16 所示的破坏形式。最适合拉深的板料尺寸范围按式（2-2）确定。

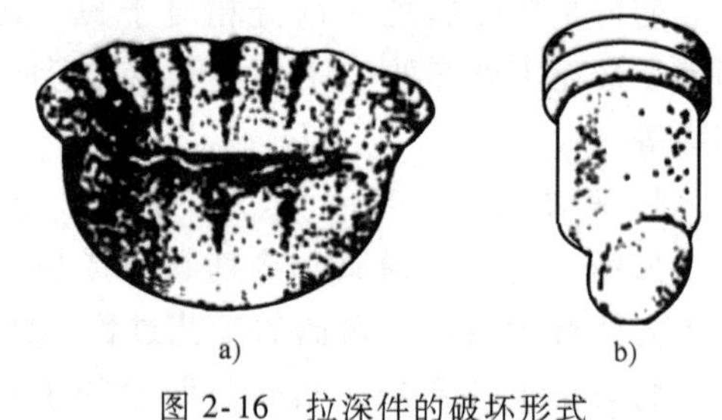

图 2-16　拉深件的破坏形式

$$D=d+(12\sim25)t \tag{2-2}$$

式中　D——坯料直径（mm）；

d——工件内径（mm）；

t——坯料厚度（mm）。

图 2-16a 所示的破坏为边缘太宽造成起皱，图 2-16b 所示的破坏为制件太深导致底部开裂或脱底。

三、挤压

挤压是坯料在封闭模腔内受三向不均匀压应力作用，从模具的孔口或缝隙挤出，使之横截面积减小，成为所需制品的加工方法。即使是塑性较差的坯料，也可被强大的挤压力作用挤压成形。

按照挤压时金属坯料所处的温度，挤压加工分为冷挤压、热挤压和温挤压三种加工方法。

1. 冷挤压成形工艺

冷挤压是在室温下完成的挤压成形，广泛应用于零件生产。

（1）特点 冷挤压的制品表面光洁，材料利用率高，生产率高，成本低，可以提高制件的力学性能和使用寿命，可用低强度材料代替贵重的高强度材料，加工精度高。冷挤压由于工件受到强烈的冷作硬化作用，零件强度、硬度大为提高，经过冷挤压后，工件的强度、硬度可达到毛坯的2倍以上，但挤压时变形抗力大。

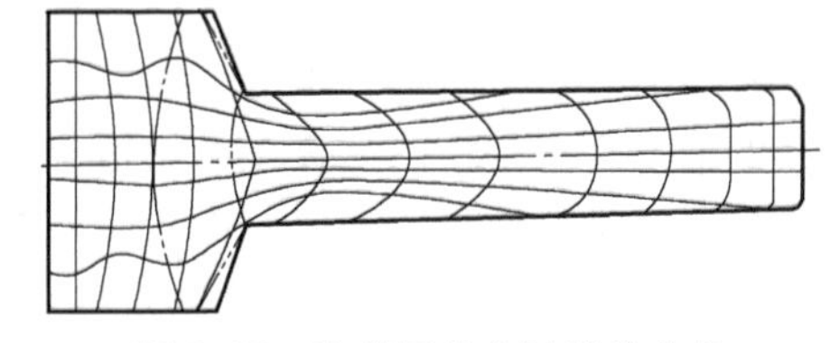

图2-17 冷挤压的金属流线分布

（2）冷挤压件的工艺性 冷挤压是通过材料塑性流动成形的，金属流线沿着挤压件轮廓连续分布，组织致密。冷挤压的金属流线分布如图2-17所示。

（3）结构要求 在设计冷挤压工件的结构时需注意以下三个方面的问题：

1）挤压件的尺寸要合理，应具有对称性结构。

2）断面形状避免阶梯形，断面面积差应尽量小，断面变化处应有适当的圆角半径。

3）避免挤压小深孔零件。

2. 热挤压成形工艺

热挤压工艺是最早采用的挤压成形技术，它是在再结晶温度以上、借助于材料塑性好的特点，对金属进行各种挤压成形的。目前，热挤压主要用于制造普通等截面的长形件、型材、管材、棒材等。热挤压不仅可以应用于塑性好、强度相对较低的低中碳钢、有色金属及其合金等，还可应用于强度较高的高碳钢、高合金钢、不锈钢、高速工具钢和耐热钢等。

一般情况下，机器零件热挤压成形后，再采用机械切削加工方法来提高零件的尺寸精度和表面质量。热挤压时坯料变形温度高于材料的再结晶温度，坯料变形抗力小。

由于坯料必须加热至再结晶温度进行挤压成形，故常伴有较严重的氧化和脱碳等缺陷，影响了挤压件的尺寸精度和表面粗糙度。

3. 温挤压成形工艺

温挤压是在冷挤压基础上发展起来的新工艺，是将坯料加热到高于室温、低于再结晶温度范围内进行的挤压成形。由于金属被加热，毛坯的变形抗力减小，成形容易，压力机的吨位也可以减小，可延长模具的寿命。

挤压按坯料流动方向不同，还可分为复合挤压（图2-18a）与径向挤压（图2-18b）。

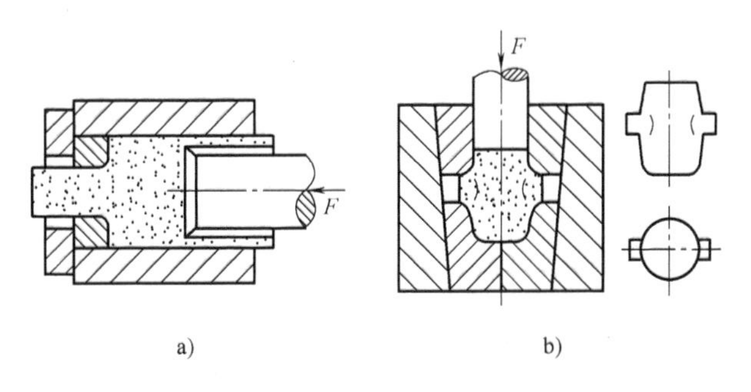

图2-18 温挤压按坯料流动方向分类

小　结

本章主要介绍了常用的锻压方法、自由锻工艺规程的制订、设计自由锻锻件结构应注意的问题、模锻工艺规程的制订、自由锻与模锻特点、锻造与冲压设备、冲裁工序、挤压成形等内容。

常用的锻压方法有自由锻、模锻、拉深、轧制、挤压和拉拔等。

锻造温度范围指的是合理的始锻温度和合理的终锻温度之间的一段温度间隔。

自由锻是只用简单的通用性工具或在锻造设备的上、下砧间，直接使坯料变形而获得所需的几何形状及内部质量锻件的方法。

自由锻常用的设备有加热炉、空气锤、水压机及工具等。

自由锻的基本工序有镦粗、拔长、冲孔、马杠扩孔、心轴拔长、弯曲、切割、错移等。

自由锻工艺规程的主要内容是根据零件图绘制锻件图、计算坯料的质量和尺寸、确定锻造工序、选择锻造设备、确定坯料加热规范和填写工艺卡等。

自由锻锻件的结构应避免锥面与斜面，避免加肋板及工字形、椭圆形等复杂表面，避免非平面交接结构。

自由锻锻件的缺陷有裂纹、末端凹陷、轴心裂纹和夹层等。

模锻是在高强度金属锻模上预先制出与锻件形状一致的模膛，使坯料在模膛内受压变形，获得锻件的锻造方法。

模锻可分为锤上模锻、胎模锻和压力机上模锻等。

模锻件的结构应有分型面，应有模锻斜度，应有锻件圆角，应避免有深孔或多孔，尽量避免锻件具有薄壁、高肋、凸起等。

冲裁力的计算公式为

$$F_P = KA\tau_b = KLt\tau_b$$

板料拉深尺寸计算公式为

$$D = d + (12 \sim 25)t$$

思考与练习

一、简答题

1. 什么是始锻温度？
2. 什么是自由锻？
3. 什么是拔长？
4. 常用的锻压方法有哪些？
5. 模锻件的结构应考虑哪些因素？

二、填空题

1. 自由锻常用的设备有加热炉、__________、水压机及工具等。
2. 自由锻的基本工序有镦粗、拔长、________、弯曲、切割、错移和扭转等。

3. 自由锻的不足之处是锻件精度低、__________、工人劳动条件差。

4. 锻造工序卡的内容包括所用夹具、__________、加热规范、加热火次、冷却规范、锻造设备和锻后热处理等。

5. 自由锻过程中，常见的锻件缺陷有裂纹、__________、轴心裂纹和夹层等。

6. 锤上模锻工艺规程包括绘制锻件图、__________、确定模锻工步、选择设备和安排修正工序等。

7. 常用的胎模锻主要有扣模、__________和合模三种类型。

8. 胎模锻的工艺过程主要有制订工艺规程、________、备料、加热、锻制及后续工序等。

9. 挤压可分为热挤压、__________和冷挤压三种。

10. 冲压加工的工件强度高，______，生产率高，易实现机械化、自动化生产。

11. 自由锻常用工具有冲头、__________、剁刀、夹钳、V 形垫铁和漏盘。

三、判断题

1. (　　) 碳素钢锻件的含碳量越高，始锻温度越高。

2. (　　) 锻件的内斜度要比外斜度大。

3. (　　) 钢制模锻件外圆角半径应比内圆角半径大。

4. (　　) 铸铁不能进行锻压加工。

5. (　　) 金属在上模模膛中具有更好的充填效果。

四、选择题

1. 一般碳素钢的始锻温度为__________。

A. 1250℃左右　　B. 800℃左右　　C. 1000℃左右　　D. 600℃左右

2. 一般碳素钢的合理终锻温度为__________。

A. 1250℃左右　　B. 600℃左右　　C. 1000℃左右　　D. 800℃左右

3. 钢制模锻件内圆角半径应为外圆角半径的__________倍左右。

A. 1　　B. 2　　C. 3　　D. 4

五、计算题

1. 求图 2-19 所示锻件需要直径为 ϕ250mm 的 40Cr 圆钢质量。

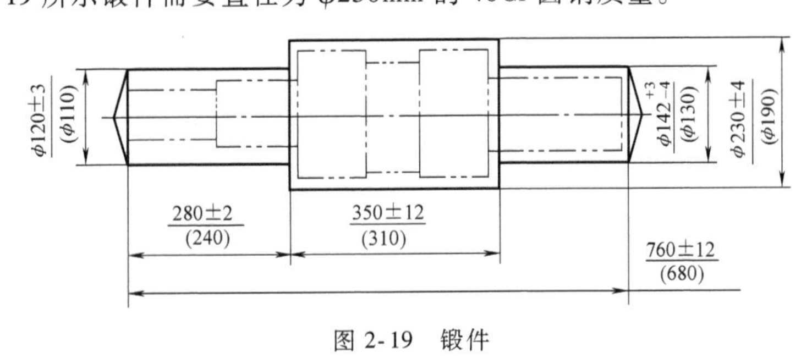

图 2-19　锻件

2. 在厚度为 20mm 的 Q235 钢板上冲出图 2-20 所示的工件，$R=300$mm，$B=600$mm。应选择的压力机吨位是多少？

3. 图 2-21 所示为盆状拉深工件，已知凸模的直径 $d=350$mm，坯料厚 $t=2$mm。计算所需板料的下料直径 D。

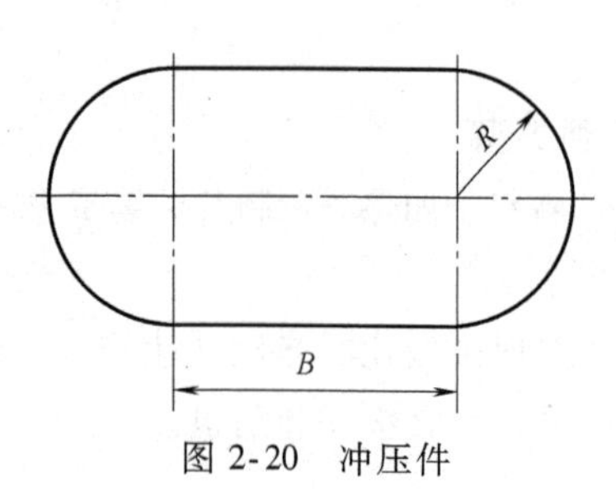

图 2-20　冲压件

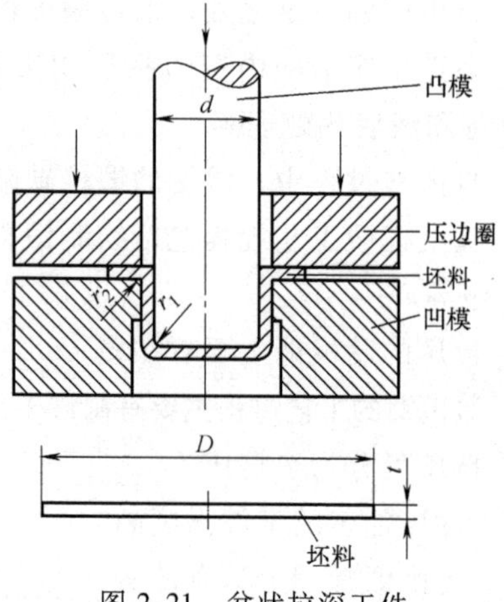

图 2-21　盆状拉深工件

第三章

电焊与气焊

技能目标

1. 能为焊件选择合适的焊条与弧焊机。
2. 会进行焊接电流的选择与调整。
3. 能根据焊件结构选择合理的焊接方法。
4. 会连接气焊与气割所用的设备。

焊接是将两个或两个以上的零件（同种或异种材料），通过局部加热或加压，或者两者并用，达到原子间的结合，形成不可拆卸连接的一种加工工艺。焊接分为电焊和气焊两大类。

第一节　电　　焊

电焊的优点是可以减轻结构重量、节约材料，可以化大为小或以小拼大，可以制造双金属构件，生产率高，便于实现机械化和自动化。

电焊的缺点是焊缝处的力学性能有所降低，焊接过程是一个不均匀的加热和冷却过程，焊件会产生内应力和变形。

电焊广泛用于制造金属结构与机架。各种电焊方法如图 3-1 所示。

激光焊

等离子弧焊

一、焊条电弧焊

焊条电弧焊是利用焊件与焊条之间产生的电弧热量，将焊条与焊件局部熔化，待冷却凝固后使其牢固结合的焊接方法。焊条电弧焊的设备简单、操作灵活，可以方便地对不同焊接位置进行焊接，是目前应用最为广泛的焊接方法。

1. 电弧焊设备

（1）弧焊机　焊条电弧焊的主要设备是弧焊机。按电源种类的不同，弧焊机可分为直流弧焊机和交流弧焊机两类。

焊条电弧焊设备

1）直流弧焊机。直流弧焊机电弧稳定性好，适合于焊接薄板、铸铁、合金钢、有色金属及其他重要结构件。但直流弧焊机存在结构复杂、噪声大、成本高、维修困难等缺点。图 3-2 所示为常见的直流弧焊机。

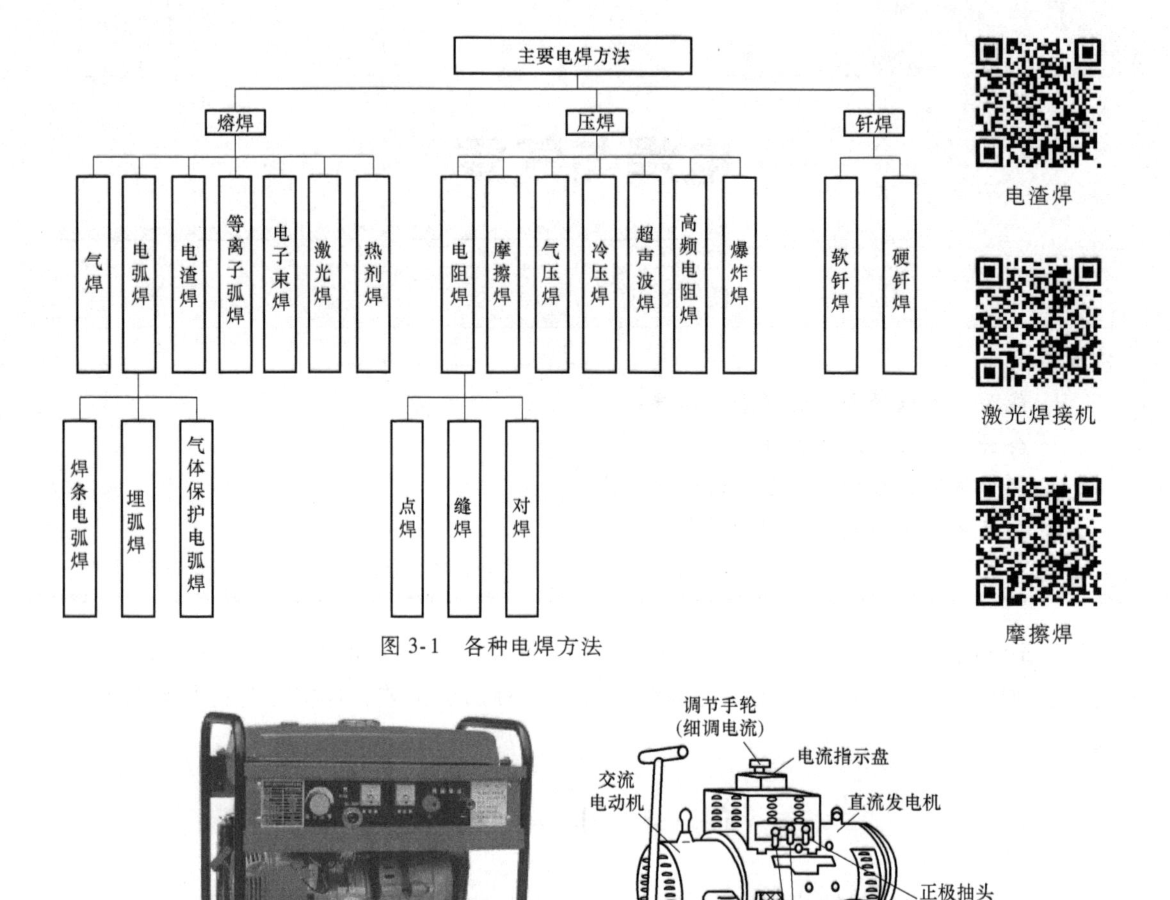

图 3-1　各种电焊方法

a) 外形　　b) 结构组成

图 3-2　常见的直流弧焊机

2）交流弧焊机。交流弧焊机实际上是一种能满足焊接要求的特殊降压变压器，其空载电压一般为 50～80V，工作电压一般为 30V，电流调节范围一般为 45～320A。交流弧焊机电弧稳定性较差，但具有结构简单、效率高、调节方便、维修保养容易等优点，是应用最广泛的弧焊机。图 3-3 所示为常见的交流弧焊机。

（2）焊钳和面罩　焊钳是焊接时用来夹持焊条和传导电流的工具，如图 3-4a 所示。面罩是用于焊接作业时保护焊工眼睛和面部，以避免弧光伤害的防护用品。面罩如图 3-4b 所示。

2. 焊条

焊条主要由焊芯和药皮两部分组成，如图 3-5 所示。

（1）焊芯　焊芯的作用是传导电流，作为填充焊缝的金属。它的化学成分和非金属夹杂物含量的多少将直接影响焊缝质量。焊芯作为电弧焊的一个电极，与焊件之间导电形成电弧；焊芯在焊接过程中不断熔化，并过渡到移动的熔池中，与熔化的母材共同结晶形成焊

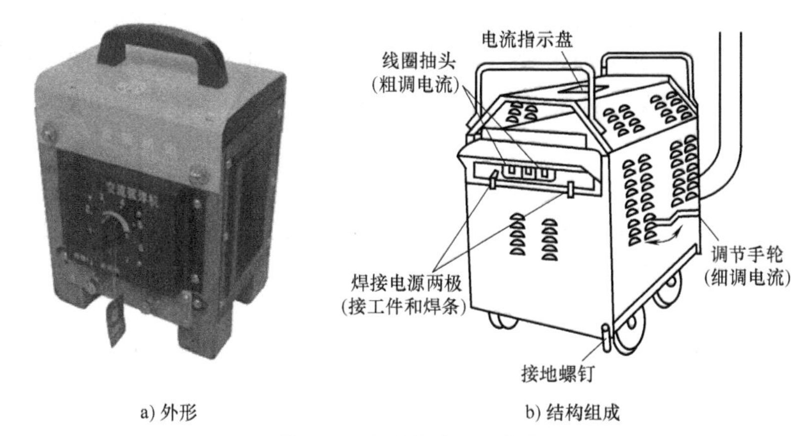

a) 外形　　b) 结构组成

图 3-3　常见的交流弧焊机

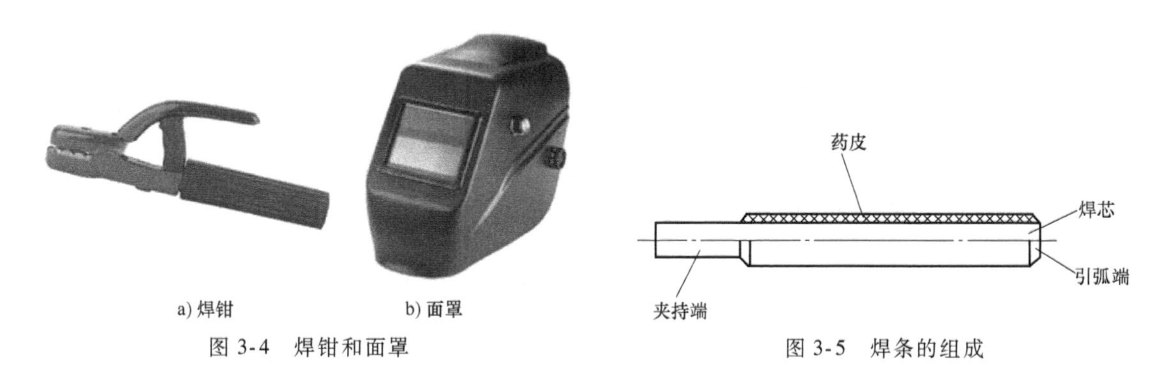

a) 焊钳　　b) 面罩

图 3-4　焊钳和面罩

图 3-5　焊条的组成

缝。焊芯应符合国家标准焊接钢丝的要求。

焊条的直径用焊芯的直径来表示，最小为 0.4mm，最大为 9mm，直径为 3.2~5mm 的焊条应用最广。

（2）药皮　药皮对焊接过程和焊缝质量有很大的影响，其主要作用是提高焊接电弧的稳定性。

1）药皮的作用。一是对熔池造成有效的气渣联合保护；二是使熔池内金属液脱氧、脱硫以及向熔池金属中渗合金，提高焊缝的力学性能；三是起稳弧作用，以改善焊接的工艺性。

2）药皮的组成。药皮的组成成分很多，主要有以下几种。

① 稳弧剂。主要使用易于电离的钾、钠、钙的化合物。

② 造渣剂。形成熔渣覆盖在熔池表面，不让大气侵入熔池，且起冶金作用。

③ 造气剂。分解出 CO 和 H_2等气体包围在电弧和熔池周围，起到隔绝大气、保护熔滴和熔池的作用。

④ 脱氧剂。主要指锰铁、硅铁、钛铁、铝铁和石墨等，用于脱去熔池中的氧。

⑤ 合金剂。主要指锰铁、硅铁、铬铁、钼铁、钒铁和钨铁等铁合金。

⑥ 黏结剂。常用的有钾、钠和水玻璃等。

3）药皮的种类。按药皮种类不同，焊条可分为酸性焊条和碱性焊条两类。

① 酸性焊条。药皮中含有酸性氧化物，如 SiO_2、TiO_2等。

② 碱性焊条。药皮中含有碱性氧化物，如 CaO、FeO、MnO、MgO 等。

(3) 焊条种类　焊条共分为十大类，即结构钢焊条、低温钢焊条、钼和铬钼耐热钢焊条、不锈钢焊条、堆焊焊条、铸铁焊条、镍及镍合金焊条、铜及铜合金焊条、铝及铝合金焊条和特殊用途焊条。

(4) 焊条的选用原则　选择焊条时应遵循以下原则：尽可能选用与母材化学成分相同或相近的焊条；选用与母材等强度的焊条；根据结构的使用条件选择焊条药皮的类型。

焊条直径可根据表 3-1 进行选择。

表 3-1　焊条直径的选择

工件厚度/mm	< 2	2~3	4~6	6~10	>10
焊条直径/mm	2	3	3~4	4~5	5~6

3. 弧焊机的选用原则

焊条电弧焊所用的设备需根据焊条和被焊材料选取。使用酸性焊条焊接低碳钢一般构件时，应优先考虑选用价格低廉、维修方便的交流弧焊机；使用碱性焊条焊接高压容器、高压管道等重要钢结构或焊接合金钢、有色金属、铸铁时，则应选用直流弧焊机。选用直流弧焊机焊接时，必须注意直流弧焊机电源的极性接法。直流弧焊机电源的连接方法分为正接法和反接法两种。正接法如图 3-6a 所示，反接法如图 3-6b 所示。

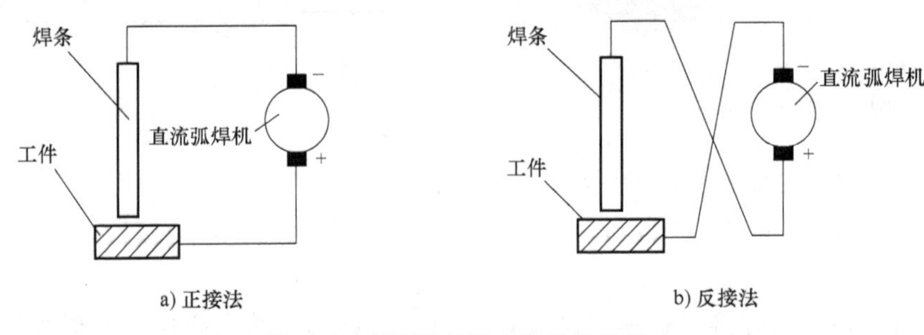

图 3-6　直流弧焊机电源的极性接法

(1) 正接法　工件接电源正极，焊条接电源负极。一般零件的焊接均采用正接法。

(2) 反接法　工件接电源负极，焊条接电源正极。焊接有色金属和薄板时，为了防止烧穿，需采用反接法。

当购置能力有限而工件材料的类型繁多时，可考虑选用通用性强的交直流两用弧焊机。而使用广泛的交流电弧焊设备，其电极的极性频繁交变，不存在极性的接法问题。

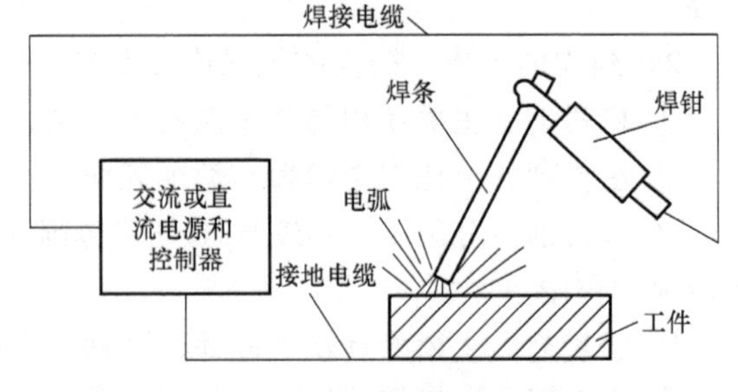

图 3-7　焊条电弧焊操作示意图

4. 电弧焊操作过程

图 3-7 所示为焊条电弧焊操作示意图，图中的电路以弧焊电源为起点，通过焊接电缆、焊钳、焊条、工件、接地电缆形成回路。在有电弧存在时形成闭合回路，即可进行焊接作业。焊条和工件在这里既作为焊接材料，也作为导体。焊接开始后，电弧的高热瞬间熔化焊条端部和电弧下面的工件表面，使之

形成熔池，焊条端部的熔化金属以熔滴状过渡到熔池中去，与母材熔化的金属液混合，凝固后成为焊缝。

焊接电弧

焊缝的冶金过程

(1) 焊接电弧的形成　焊接电弧是两个带电导体之间持久而强烈的气体放电现象。电弧的形成是焊条与工件接触发生短路，电流密集的个别接触点被电阻热（热量 $Q=I^2Rt$）所加热，极小的气隙电场强度很高，结果产生少量电子逸出，个别接触点被加热、熔化，甚至蒸发、汽化，出现很多低电离电位的金属蒸气。提起焊条保持恰当距离，在热激发和强电场作用下，负极发射电子做高速定向运动，撞击中性分子和原子使之激发或电离，结果使气隙间的气体迅速电离，在撞击、激发和正负带电粒子复合中，进行能量转换，发出光和热。电弧的形成过程如图 3-8 所示。

(2) 电弧的构成与温度分布　电弧主要由三部分构成，即阴极区（一般为焊条端面的白亮斑点）、阳极区（工件上对应焊条端部的熔池中的白亮区）和弧柱区（两电极间的空气隙），如图 3-9 所示。电弧的温度分布见表 3-2。

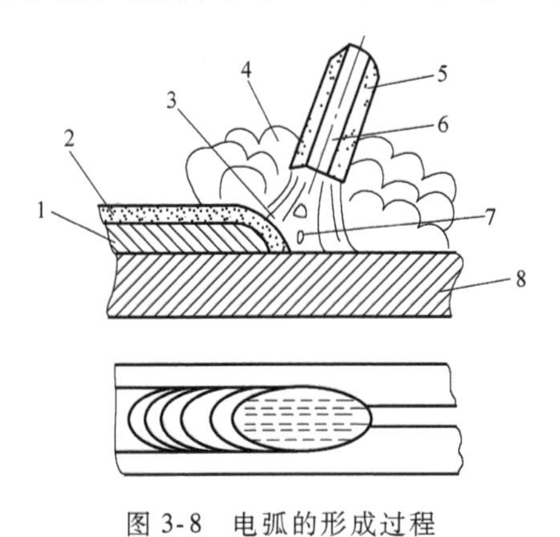

图 3-8　电弧的形成过程

1—已凝固的焊缝金属　2—熔渣

3—熔化金属（熔池）　4—药皮燃烧产生的保护气体

5—药皮　6—焊芯　7—金属熔滴　8—母材

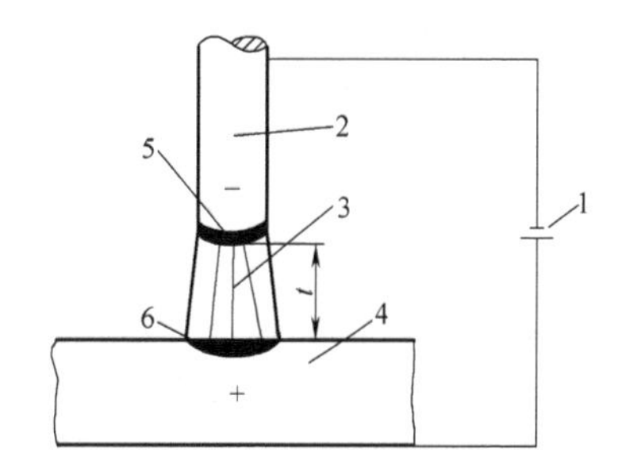

图 3-9　电弧的构成

1—直流电源　2—焊条　3—弧柱

4—焊件　5—阴极区　6—阳极区

表 3-2　电弧的温度分布

项　目	阴极区	阳极区	弧柱区
正接时所处位置	焊条端头白热区	工件熔池上的白亮区	气隙间
所进行的物理过程	①发射电子 ②正离子撞击焊条、端头熔化金属的白亮区，与表面电子复合放出热和光	①电子撞击工件熔池的白亮区，并与正离子复合放出光和热 ②撞击电子和正离子 ③无发射电子任务，不消耗大量能量	①电子和正离子不断形成和复合 ②带电离子在电场作用下定向运动 ③释放强烈的光和热
产生的热量	产热 36%，是熔化焊条热量的主要来源	产热 43%，是熔化工件热量的主要来源	产热 21%，不是焊接热量的主要来源

5. 电弧稳定燃烧的条件

要保证电弧稳定燃烧，应有符合焊接电弧特性要求的电源。当焊接电流过小时，气隙间气体电离不充分，电弧电阻大，要求较高的电压才能维持必需的电离程度；随着焊接电流增大，气体电离程度增加，导电能力增加，电弧电阻减小，电弧电压降低。当电弧电压降低到一定程度后，为了维持必要的电场强度，保证电子的发射与带电离子的运动能量，电弧电压须不随电流增大而变化。必须保证工件焊接区的清洁，选用合适的焊条并应防止偏吹。焊接电流可参考表 3-3 进行选择。

表 3-3 焊接电流的选择

焊条直径/mm	平焊	立焊	仰焊
3.2	60~130A	比平焊小 10%~15%	
4	160~210A		
4	140~180A	140~170A	140~160A

6. 焊接形式和运条方式

焊接形式有平焊、立焊、横焊和仰焊，如图 3-10 所示。

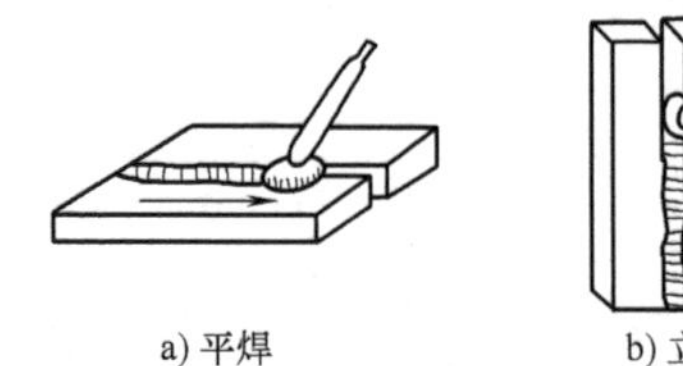
a) 平焊

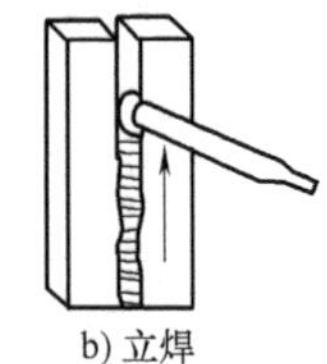
b) 立焊

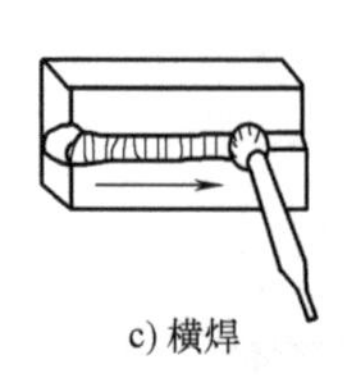
c) 横焊

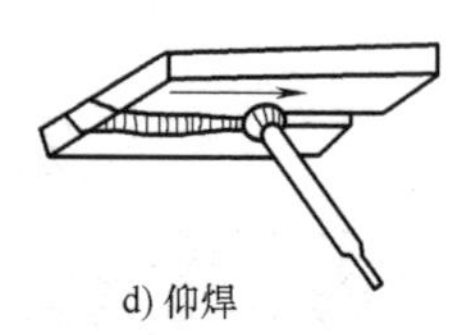
d) 仰焊

图 3-10 焊接形式

焊接作业时，常用的运条方式有直线形运条法、锯齿形运条法、月牙形运条法、斜三角形运条法、正三角形运条法、正圆形运条法、斜圆形运条法等，如图 3-11 所示。

a) 直线形运条法

b) 锯齿形运条法 c) 月牙形运条法

d) 斜三角形运条法 e) 正三角形运条法

f) 正圆形运条法 g) 斜圆形运条法

图 3-11 焊条的运条方式

7. 焊接接头形式与坡口

（1）接头形式 焊缝及其周围受不同程度加热和冷却的母材称为焊接热影响区，焊缝和焊接热影响区统称为焊接接头。常见的焊接接头形式如图 3-12所示。

开坡口工艺过程

（2）坡口与焊缝形式 焊接坡口的基本形式、焊缝形式、基本尺寸见表 3-4。

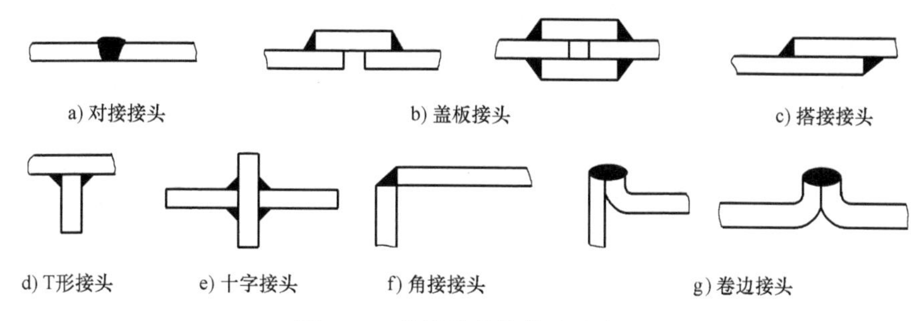

图 3-12　常见的焊接接头形式

表 3-4　焊接坡口与焊缝形式及尺寸　　（单位：mm）

序号	适用厚度	基本形式	焊缝形式	基本尺寸		
1	1~3		熔深S≥0.7δ	δ	1~2	2~3
				b	0~0.5	0~1.0
2	3~6			δ	3~3.5	3.6~6
				b	0~1.0	0~1.5
3	3~26			δ	3~9	9~26
				α	70°±5°	60°±5°
4				b	1±1	2^{+1}_{-2}
				p	1±1	2^{+1}_{-2}
5	12~60			δ	12~60	
6				b	2^{+1}_{-2}	
				p	2^{+1}_{-2}	
7	20~60			δ	20~60	
				b	2^{+1}_{-2}	
8				p	2±1	
				R	5~6	

8. 焊缝的主要缺陷

常见的焊缝缺陷主要有焊缝外形尺寸不符合要求、咬边、气孔、夹渣、未焊透、裂缝、焊瘤和弧坑等，其特征和产生原因见表 3-5。

表 3-5　焊缝主要缺陷的特征和产生原因

缺陷名称	特　征		产生原因
焊缝外形尺寸不符合要求		焊缝表面高低不平；焊缝宽度不均匀；焊缝过高或过低	①焊缝坡口角度不当或装配间隙不均匀 ②焊接电流过大或过小 ③焊条的角度选择不合适或运条速度不均匀
咬边		焊缝与焊件交接处凹陷	①焊接电流太大，焊弧过长或运条速度不合适 ②焊条角度或电弧长度不适当
气孔		焊缝内部（或表面）的孔穴	①熔化金属凝固太快 ②电弧太长或太短 ③焊接材料化学成分不当 ④焊接材料不干净
夹渣		焊缝内部存在的非金属夹杂物	①焊件边缘及焊层之间清理不干净 ②焊接电流太小，熔化金属凝固快 ③焊条角度或运条方法不当 ④焊接材料成分不当
未焊透		焊缝金属与焊件之间，或焊缝金属之间的局部未熔合	①焊接电流太小 ②焊条角度不当 ③坡口角度太小，钝边太厚，间隙太小等
裂缝		焊缝、热影响区内部或表面因开裂而形成的裂缝	①焊接材料化学成分不当 ②熔化金属冷却太快 ③焊接措施不当 ④焊件设计不合理
焊瘤		熔化金属流敷在未熔化的基体金属或凝固的焊缝上所形成的金属瘤	①焊接电流太大 ②电弧过长 ③焊接速度太快 ④焊件间隙太大 ⑤操作不熟练，运条不当
弧坑		在焊缝末端或焊缝接头处，低于基体金属表面的凹坑	①熄弧过快 ②薄板焊接时使用的电流过大

二、埋弧焊

电弧在焊剂层下燃烧进行焊接的方法称为埋弧焊。随着生产的不断发展，焊接工作量大大增加，同时人们的环境保护意识也在增强，焊条电弧焊劳动强度大，已远远不能满足现代

工业化生产的需求。埋弧焊正是在这种情况下出现的一种焊接方法。

埋弧
自动焊

1. 埋弧焊的焊缝形成原理

按照操作中的自动化程度不同，将埋弧焊分为自动埋弧焊和半自动埋弧焊。焊接操作全部采用机械化来完成的埋弧焊称为自动埋弧焊；而其中部分动作还需靠人工来辅助完成的埋弧焊称为半自动埋弧焊。埋弧焊的焊缝形成过程如图 3-13 所示，焊缝形成原理为引燃电弧、焊丝送进、电弧移动和焊缝收尾等。

埋弧焊在焊接前，在焊件接头处覆盖一层 30~50mm 厚的粒状焊剂，电弧引燃后，焊件接头处的金属和焊丝被熔化，形成熔池，部分焊剂蒸发后产生的气体将电弧周围的熔渣排开，形成一个封闭小区域，使熔池金属不与外界空气接触，电弧在小区域内继续不停地燃烧，焊丝送丝机构连续送进焊丝，焊丝不断熔化形成熔滴落入熔池。随着电弧不断地移动，熔池中的金属也随之冷却凝固形成焊缝；电弧周围的粒状焊剂熔化，冷却凝固后成为渣壳。

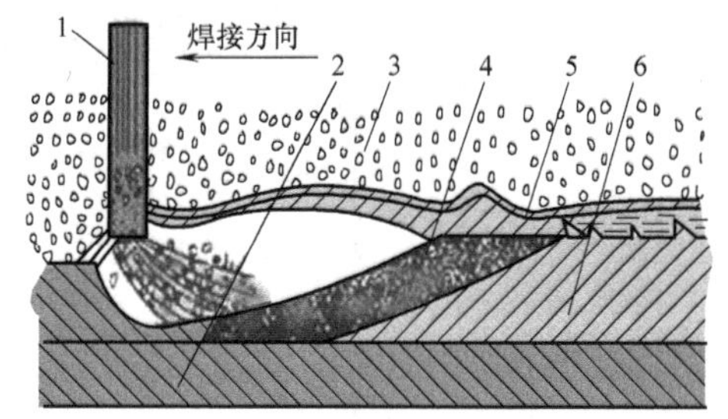

图 3-13　埋弧焊的焊缝形成过程

1—焊丝　2—母材　3—焊剂

4—熔池　5—渣壳　6—焊缝

2. 埋弧焊的工艺特点

（1）生产率高　埋弧焊的焊接电流大，焊接过程中由于有送丝机构连续送进焊丝，节省了更换焊条的时间，当平焊长直焊缝和较大直径的环形焊缝时，生产率比焊条电弧焊高 10 倍以上。

（2）成本低　埋弧焊熔池熔深大，可以不开或少开坡口，从而节省了因开坡口而消耗的金属材料和焊接材料，降低了工时，节约了电能，所以焊接成本低。

（3）焊接质量好　由于焊缝区受焊剂和熔渣的可靠保护，焊接热量集中，焊接过程稳定，焊接速度快，热影响区小，焊件外观光洁平整，所以焊接质量好。

埋弧焊的不足之处是需采用自动送丝和导向装置，焊前准备工作要求严格，对于短焊缝、曲折焊缝、狭窄位置及薄板的焊接，不能发挥其长处。

三、气体保护电弧焊

气体保护电弧焊是利用气体作为保护介质的电弧焊。气体保护电弧焊采用明弧焊接，熔池可见度好，操作方便，适宜于全位置焊接，并且有利于实现焊接过程中的机械化和自动化，特别适合空间任意位置的机械化焊接。常用的气体保护电弧焊有二氧化碳气体保护焊和氩弧焊。

1. 二氧化碳气体保护焊

二氧化碳气体保护焊是以 CO_2 气体作为保护介质的焊接方法，以焊丝作为电极，以自动或半自动方式进行焊接。二氧化碳气体保护焊的焊接原理示意图如图 3-14 所示。

CO_2 气体
保护焊

（1）特点　优点是二氧化碳气体易生产，焊接成本低，操作简单，生产率高，适合全方位焊接；缺点是因电弧气氛具有较强的氧化性，易使合金元素烧损，焊接过程中易产生金属飞溅，焊缝会产生气孔，故必须采用含有脱氧剂的焊丝及专用的焊接电源。

（2）应用　二氧化碳气体保护焊主要用于焊接各种厚度的低碳钢及低合金钢等黑色金属。因焊接时抗风能力差，适合室内作业。

氩弧焊

2. 氩弧焊

使用氩气作为保护气体的气体保护电弧焊称为氩弧焊。熔化极氩弧焊的焊接原理如图 3-15 所示。

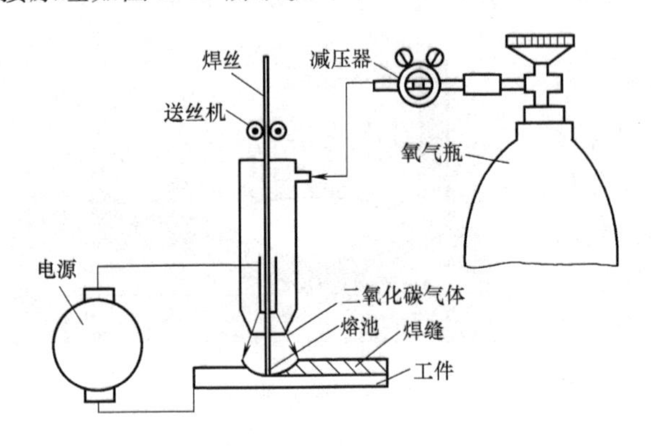

图 3-14　二氧化碳气体保护焊的焊接原理示意图

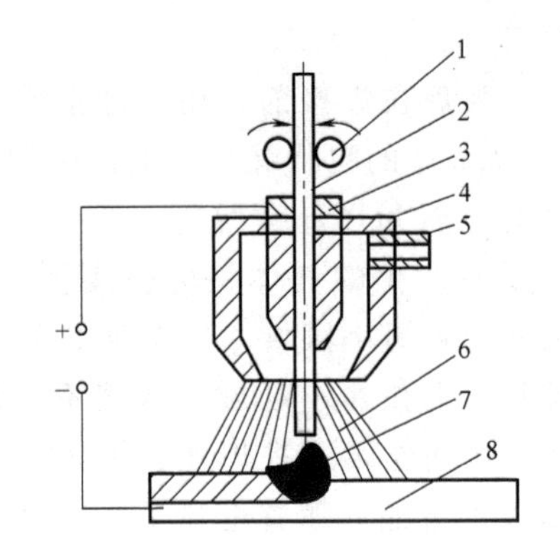

图 3-15　熔化极氩弧焊的焊接原理示意图
1—送丝轮　2—焊丝　3—导电嘴　4—喷嘴
5—进气管　6—氩气流　7—电弧　8—工件

（1）特点

1）氩气是惰性气体，由于氩气的保护，容易引弧，电弧稳定，明弧可见，飞溅小，可保护焊缝不受空气的氧化作用。

2）电流密度大，热量集中，焊接速度快，效率高。

3）表面没有熔渣，便于操作，熔深浅，变形小，焊缝致密，成形美观。

（2）应用　氩弧焊适宜于各类合金钢、易氧化的有色金属以及锆、钽、钼等稀有金属的焊接。氩弧焊操作时易实现全位置自动焊接。中等厚度以上的钛、铝、铜等的合金的焊接多选用高生产率的熔化极氩弧焊。

第二节　气焊与气割

气焊与气割是利用氧气和乙炔气混合燃烧产生的热量进行加工的方法。

气焊与气割

一、气焊

气焊是利用氧气和乙炔气混合燃烧产生的热量熔化焊丝与焊件进行焊接的方法。

焊接时，通过调节氧气与乙炔气的不同混合比例，可得到三种不同性质的火焰，分别为氧化焰、中性焰和碳化焰，应根据具体焊接情况进行合理选用。

1. 气焊设备

气焊所用设备主要包括焊炬、氧气瓶、乙炔瓶、乙炔减压器、回火保险器和胶管等。这些设备用软管连接，形成工作系统。气焊设备连接系统如图 3-16 所示。

（1）氧气瓶　氧气瓶是储存高压氧气的容器，由无缝钢管制成，表面涂天蓝色。使用时，应避免撞击和温度过高。

（2）乙炔瓶　乙炔瓶为表面涂白色的无缝钢瓶，瓶内装有浸满丙酮的多孔填料，以溶解乙炔。

（3）乙炔减压器　焊接之前必须通过减压器正确调节氧气和乙炔的工作压力。减压器如图 3-17 所示。

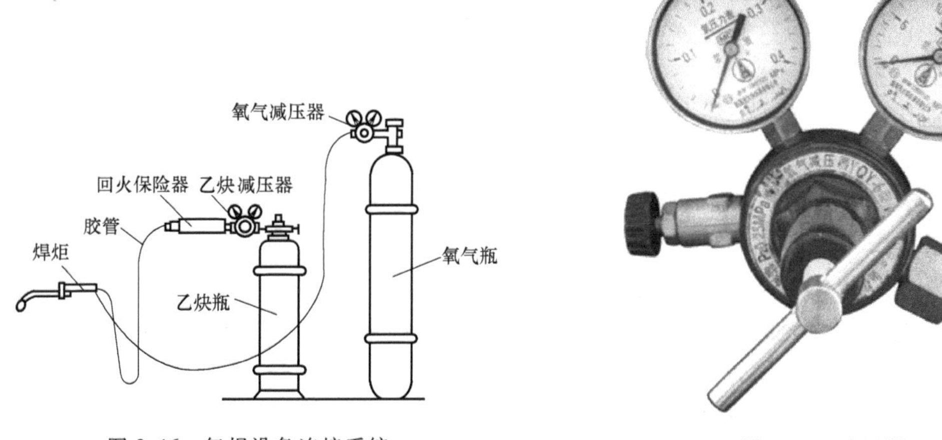

图 3-16　气焊设备连接系统

图 3-17　减压器

1）氧气减压器。氧气减压器安装在氧气瓶上，减压器上安装有两只表。其中一只是高压表，显示氧气瓶内的压力；另一只是低压表，显示减压器低压气室内的压力。减压器的作用是把储存在氧气瓶内的高压氧气减压至工作时所需的氧气压力，并保持压力稳定。

2）乙炔减压器。乙炔减压器安装在乙炔瓶上，减压器上安装有两只表。其中一只是高压表，显示乙炔瓶内的压力；另一只是低压表，显示减压器低压气室内的压力。乙炔减压器的作用是把储存在乙炔瓶内的高压乙炔气体减压至工作时所需的乙炔压力，并保持压力稳定。

（4）回火保险器　回火保险器的作用是防止焊接作业时乙炔火焰返回乙炔瓶的安全保证装置。焊接时为了保证设备和人身安全，如果氧气压力表和乙炔压力表示值不准或失灵，就可能因氧气压力过高、乙炔压力过低或乙炔压力过高、氧气压力过低而引起回火，发生爆炸事故。

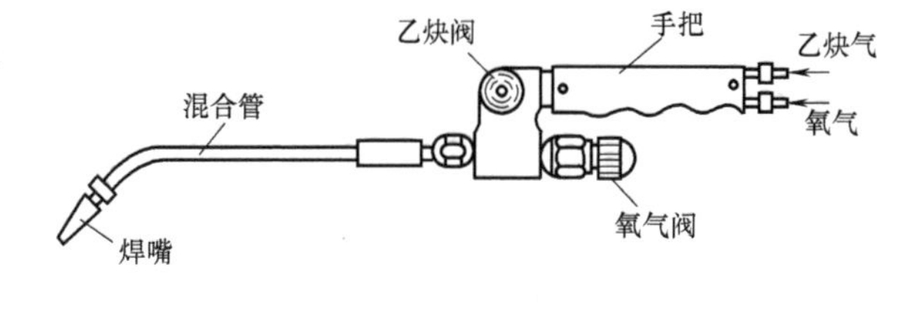

图 3-18　常用的焊炬

（5）焊炬　焊炬又称为焊枪，是将乙炔气与氧气均匀混合，并通过调节使火焰正常燃烧的气焊工具。图 3-18 所示为常用的焊炬。

通常每把焊炬配有 5 个孔径不同的焊嘴，用于焊接不同厚度的焊件。焊嘴型号根据每小时消耗多少升乙炔气体进行选用，可根据表 3-6 选择。

表 3-6 焊嘴型号的选择

焊嘴型号	1 号	2 号	3 号	4 号	5 号
乙炔消耗量/(L/h)	170	240	280	330	430

2. 气焊工艺

(1) 氧乙炔焰　氧乙炔焰是氧气与乙炔气混合后燃烧所形成的火焰，由焰心、内焰和外焰组成。图 3-19 所示为常用的中性焰温度分布图。

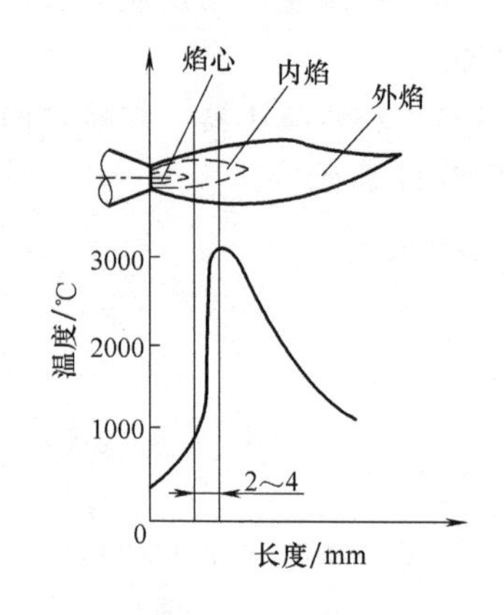

图 3-19　常用的中性焰温度分布图

中性焰是指当氧气与乙炔气的体积混合比为 1.1~1.2 时燃烧所形成的火焰。这种火焰和焊件之间不发生化学反应，应用最广，用于焊接碳钢、纯铜和低合金结构钢。

中性焰距内焰末端 2~4mm 处温度最高，可达 3150℃，此处为焊接区。

(2) 施焊方法　按焊炬与焊丝沿焊缝移动方向的不同，施焊方法分为左向焊法和右向焊法。

左向焊法是焊丝与焊炬同时向左移动，火焰指向待焊部分的操作方法。这种操作方法便于观察熔池与焊件表面的加热情况，但热量散失大，冷却较快，焊缝易氧化，适用于焊接 5mm 以下的薄钢板和低熔点的金属。

右向焊法是焊丝与焊炬同时向右移动，火焰指向已焊部分的操作方法。此法对熔池保护好，焊缝冷却缓慢，热量利用率高，但是不易掌握，主要用于焊接厚度为 5mm 以上的钢结构焊件。

3. 气焊的特点及应用

(1) 气焊的特点　优点是气焊操作灵活方便，能进行空间任意位置的焊接；缺点是气焊加热过程缓慢，热影响区大，焊后工件变形较大，火焰对熔池保护差，易发生氧化，焊接质量与生产率均不高。

(2) 气焊的应用　气焊主要用于焊接厚度小于 5mm 的薄钢板、有色金属及各种管件等，也可用于铸铁的焊补。

二、气割

气割是用可燃气体燃烧产生的热量对金属进行切割，使材料分离的加工方法。

1. 气割设备

气割设备同气焊设备相同，如图 3-20 所示，只是把焊炬换成了割炬。

气割设备主要是割炬和气源。割炬是产生气体火焰、传递和调节切割热量的工具，其结构影响气割速度和质量。

气割设备有手工、半自动和自动之分，还有割炬驱动机构或坐标驱动机构、仿形切割机构、光电跟踪或数字控制系统。

常用的手工气割割炬如图 3-21 所示。

气割用的氧气纯度应大于 99%；可燃气体一般用乙炔气，也可用液化石油气、天然气或煤气。用乙炔气效率高，质量好，但成本高。

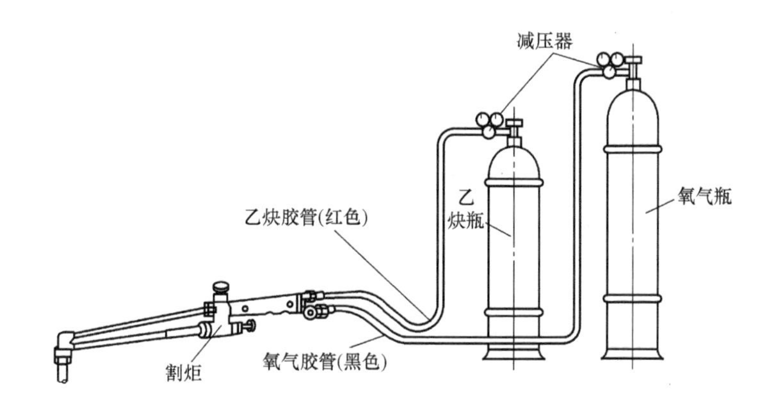

图 3-20　气割设备

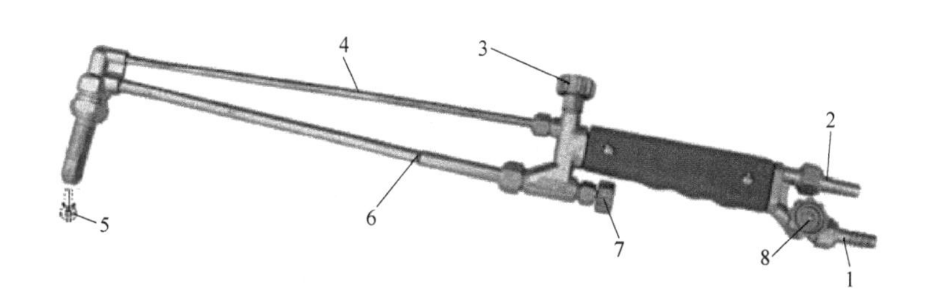

图 3-21　常用的手工气割割炬

1—燃气接头　2—氧气接头　3—切割氧气活门　4—纯氧管道
5—混合气与纯氧　6—混合气　7—氧气控制阀　8—燃气控制阀

2. 气割操作

气割时火焰在起割点将材料预热到燃点，然后喷射氧气流，使金属材料剧烈氧化燃烧，生成的氧化物熔渣被氧气流吹除，形成切口。其操作步骤如下：

1）连接气管，区分氧气管和燃气管。

2）打开氧气控制阀和燃气控制阀，确认气瓶气压和输出气压，以保证供气充足。

3）点火，打开燃气和预热氧，使用打火机从侧面点火，调整火焰性质。

4）开始切割。用预热火焰加热开始点（此时高压氧气阀是关闭的），预热时间应视金属温度情况而定，一般加热到工件表面接近熔化（表面呈橘红色），这时打开高压氧气阀，开始切割。如果已预热的地方切割不掉，说明预热温度太低，应关闭高压氧气阀继续预热。预热火焰的焰心前端应离工件表面 2~4mm，同时要注意割炬与工件间应成一定的角度。当气割 5~30mm 厚的工件时，割炬应垂直于工件；当工件厚度小于 5mm 时，割炬可向后倾斜 5°~10°；若工件厚度超过 30mm，在气割开始时割炬可向前倾斜 5°~10°，待割透时，割炬可垂直于工件，直到切割完毕。如果预热的地方还未被切割掉，则继续加大高压氧气量，使切口深度加大，直至全部切透。

3. 气割对材料的要求

气割过程是预热—燃烧—吹渣。但并不是所有金属都能满足气割过程的要求，只有符合下列条件的金属才能进行气割：

1）金属在纯氧中能剧烈燃烧，其燃点和熔渣的熔点必须低于材料本身的熔点。

2）金属熔渣具有良好的流动性，易被气流吹除。

3）金属的热导率不应太高，在切割过程中氧化反应能产生足够的热量，使切割部位的预热速度超过材料的导热速度，以保持切口前方的温度始终高于燃点，切割才不致中断。

符合上述条件的金属有纯铁、低碳钢、中碳钢、低合金钢以及铸铁等。

其他金属材料如高合金钢、不锈钢、铝和铜等，必须采用特殊的切割方法，如等离子切割、激光切割、红外线切割等。

4. 特点与应用

气割的优点是：

1）对于用机械切割法难于产生的切割形状和达到的切割厚度，气割可以很经济地实现。

2）设备费用比机械切割工具低。

3）设备是便携式的，可在现场方便使用。

4）切割过程中，可以在一个很小的半径范围内快速改变切割方向。

5）通过移动割炬而不是移动金属块来现场快速切割大金属板。

6）可以手动或自动操作。

气割的缺点是：

1）尺寸公差等级明显低于机械工具切割能达到的尺寸公差等级。

2）尽管也能切割钛等易氧化金属，但该工艺在工业上基本限于切割钢和铸铁。

3）预热火焰及发出的红热熔渣有着火和烧伤操作人员的危险。

4）燃料燃烧和金属氧化需要适当的烟气控制和排风设施。

气割因手工使用、灵活方便，是工厂零星下料、废品结构解体中广泛应用的工艺方法。

5. 气割对气体压力和割嘴的要求

气割不同厚度的钢料时，割嘴的选择和气体工作压力的调整与工件质量和工作效率都有密切的关系。例如使用太小的割嘴来切割厚钢料，由于得不到充足的燃烧和氧气喷射能力，切割工作就无法顺利进行，即使勉强经一次又一次切割完成工作，质量也无保障，工作效率也低；反之，如果使用太大的割嘴来切割薄钢料，不但浪费大量的氧气和燃气，而且工件的质量也不好。因此一定要选择好割嘴的型号、切割氧气的压力与金属厚度的关系。压力不足，不但切割速度缓慢，而且熔渣不易吹掉，切口不平，甚至有时会切不透；压力过大，除了氧气消耗量增加外，还会导致金属易冷却，从而使切割速度降低，切口加宽，表面粗糙值增大。

第三节　金属材料的焊接性

焊接性是指金属材料在一定工艺条件下获得优质焊缝的能力，或者是获得优质接头所采取工艺措施的复杂程度。影响金属材料焊接性的主要因素是母材的化学成分。

一、碳钢的焊接性

1. 低碳钢的焊接性

低碳钢的塑性好，一般没有淬硬倾向，对焊接热影响不敏感，焊接性良好，一般不需要采取特殊工艺措施，也不需要进行焊前（后）热处理。

低碳钢有两种情况例外：一是在焊接厚度大于50mm的焊件时，需在焊后进行去应力退火；二是在低温条件下焊接较大刚度的结构钢时，需进行焊前预热。

低碳钢常用的焊接方法有焊条电弧焊、埋弧焊、气体保护焊、电渣焊和电阻焊等。

2. 中碳钢和高碳钢的焊接性

（1）中碳钢的焊接性 中碳钢常用的焊接方法有焊条电弧焊、电渣焊等。随着含碳量的增加，中碳钢淬硬倾向增大，焊接性变差。中碳钢焊接性的不足主要体现在以下两个方面：

1）熔合区和热影响区易产生淬硬组织和冷裂纹。

2）焊缝的热裂倾向较大。

（2）高碳钢的焊接性 高碳钢焊接性差，一般只用于工件的修补。

（3）改善措施 可采用以下几方面得以控制：

1）焊前预热，焊后缓冷。

2）选用抗裂性好的碱性焊条。

3）选用细焊条和小电流。

4）焊件开坡口、采用多层焊工艺。

二、铸铁的焊接性

铸铁的焊接性很差，一般只适用于对某些铸造缺陷进行焊补。

1. 焊补特点

铸铁焊补时易产生白口组织、裂纹、气孔和夹渣。

2. 焊补方法

铸铁的焊补方法分为热焊补和冷焊补。热焊补是焊前将铸件局部或整体预热至600~700℃，并在焊接过程中保持，焊后缓慢冷却；冷焊补是焊前不预热或只预热至400℃以下。

三、铝、铜及其合金的焊接

1. 铝及铝合金的焊接

1）铝及铝合金焊接的主要问题。铝及铝合金焊接时易产生氧化夹渣，易产生氢气孔，易变形，焊接应力大，固态转化为液态时颜色无变化，使操作困难。

2）铝及铝合金的焊接方法。铝及铝合金常用的焊接方法有氩弧焊、电阻焊、摩擦焊及钎焊等。

2. 铜及铜合金的焊接

1）铜及铜合金焊接的主要问题。铜及铜合金焊接时易产生氢气孔，易产生未焊透，易形成过热组织、裂纹等缺陷。

2）铜及铜合金的焊接方法。铜及铜合金常用的焊接方法有氩弧焊、气焊和钎焊等。

四、常用焊接方法及其应用特点与适用范围

常用焊接方法及其应用特点与适用范围见表3-7。

表 3-7　常用焊接方法及其应用特点与适用范围

焊接方法	焊接热源	可焊空间位置	适用厚度/mm	焊缝成形性	生产率	设备费用	可焊材料	适用范围及特点
气焊	氧-乙炔气体或其他可燃气体	全位置	1~3	较差	低	低	碳钢、低合金钢、铸铁、铝及铝合金、铜及铜合金	薄板、薄管焊接，灰铸铁焊补，铝、铜及其合金薄板结构件的焊接、焊补。但焊件变形大，焊接质量较差
焊条电弧焊	电弧	全位置	>1 常用 2~10	较好	中等	较低	碳钢、低合金钢、不锈钢、铸铁等	成本较低，适应性强，可焊各种空间位置的短、曲焊缝
埋弧焊	电弧	平焊	常用 4~60	好	高	较高	碳钢、低合金钢等	成批生产，中厚板长直焊缝和直径>25mm 环焊缝
氩弧焊	电弧	全位置	0.5~25	好	中等	较高	铝、铜、钛、镁及其合金，不锈钢、耐热钢	焊接质量好，成本高
CO_2 气体保护焊	电弧	全位置	0.8~50	较好	高	较高	碳钢、低合金钢	生产率高，无渣壳，成本低，宜焊薄板，也可焊中厚板，长直或短曲焊缝
电渣焊		立焊	25~1000 常用 40~450	好	高	高	碳钢、低合金钢、铸铁等	较厚工件立焊缝
点焊	电阻热	全位置	常用 0.5~6		很高			焊接薄板，接头为搭接
对焊		平焊			高			焊接杆状零件，接头为对接
钎焊	各种热源（常用烙铁和氧乙炔焰）	平、立焊		好	高		一般为金属材料	常用于电子元件、仪器、仪表，还可完成其他焊接方法难以完成的异种金属件焊接，但接头强度较低，接头多为搭接

小　　结

本章主要介绍了焊条电弧焊与电弧焊设备，焊条、弧焊机的选用原则，电弧焊操作过程，焊缝的主要缺陷，埋弧焊及埋弧焊的焊缝形成原理，埋弧焊工艺特点，气体保护焊与气焊设备，气焊工艺，气焊的特点及应用，气割的特点与材料，碳钢的焊接性，铸铁的焊接性，铝、铜及其合金的焊接性。

焊接是将两个或两个以上的零件，通过局部加热或加压达到原子间的结合，形成不可拆卸连接的一种加工工艺。

选用直流弧焊机焊接时，必须注意直流弧焊机电源的极性接法。直流弧焊机电源的连接方法分为正接法和反接法两种。

正接法：工件接电源正极，焊条接电源负极。一般零件的焊接均采用正接法。

反接法：工件接电源负极，焊条接电源正极。一般用于薄板与有色金属的焊接。

焊接方法主要有焊条电弧焊、二氧化碳气体保护焊、氩弧焊、电渣焊、电阻焊、钎焊等。

常见焊缝的主要缺陷有气孔、夹渣、未焊透、咬边和弧坑等。

气焊与气割是利用氧气和乙炔气混合燃烧产生的热量进行加工的方法。

气焊所用设备主要包括焊炬、氧气瓶、乙炔瓶、减压器、回火保险器和胶管等。

思考与练习

一、简答题

1. 常见的焊缝缺陷有哪些？
2. 二氧化碳气体保护焊的优点有哪些？
3. 气焊设备有哪些？
4. 焊补铸铁采用什么措施保证焊接质量？

二、填空题

1. 直流弧焊机电弧稳定性好，适合于焊接薄板、铸铁、__________、有色金属及其他重要结构件。

2. 交流弧焊机具有结构简单、效率高、__________、维修保养容易等优点。

3. 焊接形式有平焊、________、横焊和仰焊。

4. 常见焊缝的主要缺陷有气孔、________、未焊透、咬边和弧坑等。

三、判断题

1. （　　）铸铁的焊接性好。
2. （　　）焊接有色金属时采用正接法。
3. （　　）焊接有色金属、铸铁时，应选用交流弧焊机。
4. （　　）碳钢随着含碳量的增加，焊接性变差。

四、画图题

1. 画出焊条电弧焊操作示意图。
2. 画出气焊设备连接系统图。
3. 画出直流弧焊电源的正接法连接方式。

第四章

金属切削机床基本常识与刀具

技能目标

1. 会选择切削液、切削用量和切削力。
2. 会选择刀具种类，能为常用刀具选择合适材料。
3. 会选择减小表面粗糙度值的工艺措施。
4. 会选择工艺装备。

金属切削加工是利用刀具与工件做相对运动，从毛坯上切去多余的金属，获得符合零件图样要求的尺寸精度、形状精度、位置精度和表面粗糙度等。

第一节　金属切削加工基本常识

一、切削运动与加工表面

在切削加工中刀具与工件的相对运动为切削运动。切削运动包括主运动和进给运动两种。

1. 主运动

主运动是由机床或人力提供的运动形式，它促使刀具和工件之间产生相对运动，从而使刀具前面接近工件。主运动的形式有旋转运动和往复运动两种。例如车削、铣削、磨削加工时主运动是旋转运动；刨削和插削加工时，主运动是往复直线运动。一般情况下，主运动的速度最高，消耗的功率也最多。

2. 进给运动

进给运动的形式有连续和断续两种。当主运动为旋转运动时，进给运动是连续的，如车削、钻削；当主运动为直线运动时，进给运动是断续的，如刨削和插削。常见切削加工的运动形式如图 4-1 所示。

切削运动的主运动只有一个，而进给运动则可能有一个或几个。主运动和进给运动可由刀具和工件分别完成，也可由刀具单独完成。

3. 工件切削表面

以车削为例，在进行切削加工时，工件上同时存在三个不断变化的表面，如图 4-2 所示。

1）待加工表面　待加工表面是指工件上等待切除的表面。

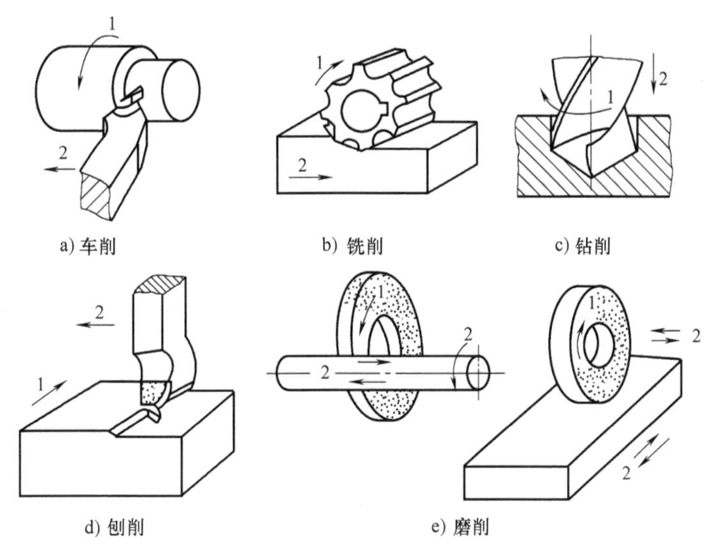

a) 车削　b) 铣削　c) 钻削

d) 刨削　e) 磨削

图 4-1　常见切削加工的运动形式

1—主运动　2—进给运动

2）已加工表面　已加工表面是指工件上经刀具切削后产生的表面。

3）过渡表面　过渡表面是指工件上刀具正在切削的那一部分表面。

二、切削用量

切削用量是切削速度 v_c、进给量 f 和背吃刀量 a_p 的总称，这三者也称为切削用量三要素，如图 4-3 所示。

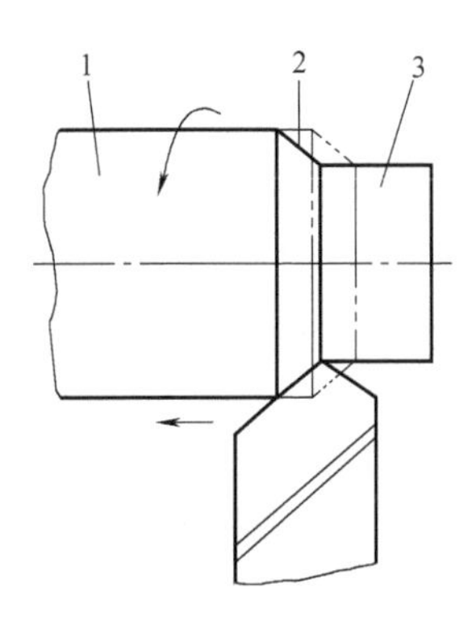

图 4-2　切削加工表面

1—待加工表面　2—过渡表面　3—已加工表面

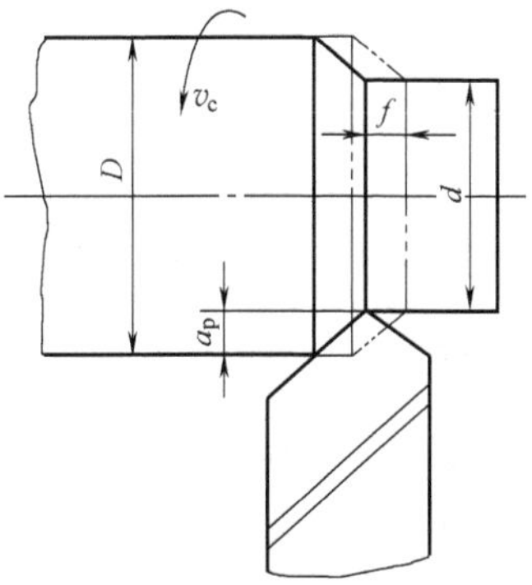

图 4-3　切削用量

1. 切削速度

切削速度是指切削刃上某一点相对于待加工表面在主运动方向上的瞬时速度，以 v_c 表示。当主运动为旋转运动时，切削速度 v_c 按下式计算：

$$v_c = \frac{\pi D n}{1000 \times 60} \tag{4-1}$$

式中　n——工件或刀具的转速（r/min）；

D——工件或刀具在切削处的最大直径（mm）；

v_c——切削速度（m/s）。

由式（4-1）可知，当已知机床主轴转速 n 和工件直径 D 时，可以求出切削速度 v_c；当已知工件直径 D 和切削速度 v_c 时，也可求出机床的主轴转速 n。切削速度 v_c 加大，刀具寿命缩短。

2. 进给量

主运动的一个循环或单位时间内刀具与工件沿进给运动方向的相对位移量 f，称为进给量。当用车刀进行加工时，可用每转进给量（mm/r）表示，也可以用进给速度（单位为mm/min）表示，一般车削进给速度为 $v_f=20\sim50$mm/min。

对于多齿刀具加工，如铣刀加工时，可以用进给速度 v_f 表示，其计算公式为

$$v_f=fn=f_z zn \tag{4-2}$$

式中　v_f——进给速度（mm/min）；

n——刀具的转速（r/min）；

f_z——每齿进给量（mm/z）；

z——多齿铣刀的齿数。

3. 背吃刀量

背吃刀量是指工件已加工表面与待加工表面之间的垂直距离，以 a_p 表示。在车床上车削外圆时，背吃刀量的计算公式为

$$a_p=\frac{D-d}{2} \tag{4-3}$$

式中　D——工件待加工表面的直径（mm）；

d——工件已加工表面的直径（mm）；

a_p——背吃刀量（mm）。

切削用量三要素的选择原则是：粗加工时，选择低的切削速度、大的进给量和背吃刀量；精加工时，选择大的切削速度、小的进给量和背吃刀量。对于背吃刀量，通常粗加工取8~10mm，半精加工取0.5~2mm，精加工取0.1~0.4mm。

三、切削力

切削力是指在切削加工过程中产生的作用在工件和刀具上的大小相等、方向相反的力。

在切削过程中，切削层将产生弹性变形和塑性变形，刀具迫使切削层变形形成切屑，变形抗力作用在刀具上。

研究切削力对计算功率消耗，刀具、机床、夹具的设计，选定切削用量、优化刀具几何参数等，都具有非常重要的意义。切削力来源于三个方面：

1）克服被加工材料对弹性变形的抗力。

2）克服被加工材料对塑性变形的抗力。

3）克服切屑对刀具前面的摩擦力和刀具后面对过渡表面与已加工表面之间的摩擦力。

切削合力 $\boldsymbol{F}$ 可分解为相互垂直的三个分力，主切削力 $\boldsymbol{F}_c$、背向力 $\boldsymbol{F}_p$ 和进给力 $\boldsymbol{F}_f$，如图4-4所示。

1. 主切削力 F_c

F_c是主运动切削速度方向的分力，其方向沿工件圆周的切线方向，称为主切削力。主切削力是选择机床功率的主要依据。

2. 背向力 F_p

F_p是背吃刀量方向的分力，沿工件直径方向，称为背向力。背向力基本不消耗功率，但在机床-工件-夹具-刀具工艺系统刚性不足时，是造成振动的主要因素。

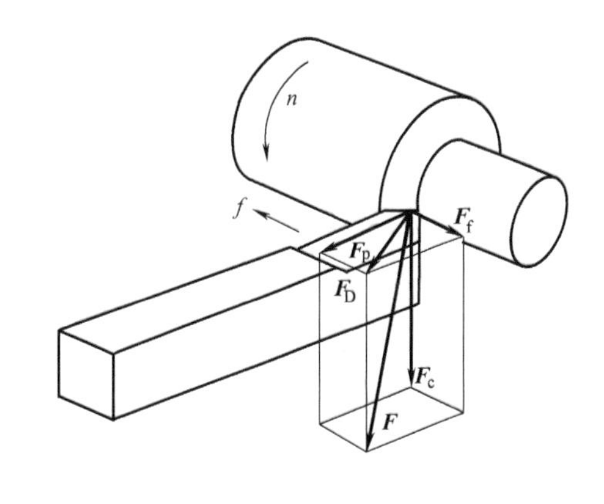

图 4-4　切削合力的分解

3. 进给力 F_f

F_f是进给量方向的分力，平行于工件轴线，称为进给力。进给力消耗总功率的 5%左右，它对验算机床进给系统主要零部件强度和刚度有一定的影响。

4. 切削力与功率的关系

$$F=\sqrt{F_c^2+F_p^2+F_f^2} \tag{4-4}$$

三个分力中主切削力 F_c最大。当背吃刀量和进给量都很大时，车床主轴会出现转不动的情况，通常称为闷车，就是因为 F_c过大，机床功率达不到要求所致。

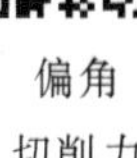
偏角
切削力

主切削力 F_c是计算机床电动机功率，设计机床主运动系统零部件，验算夹具、刀具、工件强度与刚度的主要依据。机床的切削功率计算公式为

$$P=F_cv_c \tag{4-5}$$

式中　P——切削功率（W）；

F_c——切削力（N）；

v_c——切削速度（m/s）。

在切削加工中通常主切削力 F_c消耗总功率的 90%以上，背向力 F_p消耗总功率的 1%～2%，进给力 F_f消耗总功率的 4%～7%。

【例】　在车床上加工 45 钢轴，轴的直径 $d=100\text{mm}$，轴的长度 $L=1500\text{mm}$，机床功率为 5kW，选用主轴转速为 200r/min 的档位，加工中采用了两端顶的装夹方式。求加工后该轴的形状。

解： 1）求主运动的速度。由式（4-1）并代入数值得到主运动的速度为

$$v_c=\frac{\pi dn}{60\times1000}=\frac{3.14\times100\text{mm}\times200\text{r/min}}{60\times1000}=1.05\text{m/s}$$

2）求总作用力。由式（4-5）

$$P=F_cv_c$$

得

$$F_c=\frac{P}{v_c}=\frac{5000\text{W}}{1.05\text{m/s}}=4762\text{N}$$

3）求轴的最大变形量。由材料力学梁的变形计算式，对于两端铰支，最大变形量为

$$y_{\max}=\frac{F_{c}L^{3}}{48EI}$$

结合题目给出参数代入得 $$y_{\max}=\frac{4762\text{N}\times1500^{3}\text{mm}^{3}}{48\times2\times10^{5}\text{MPa}\times0.05\times100^{4}\text{mm}^{4}}=0.335\text{mm}$$

4）绘制加工后的轴形状图。轴的两端直径为 $d=100\text{mm}$，轴的最大中间直径为 $d_{\max}=100\text{mm}+2y_{\max}$

因轴的变形是随车刀移动而变化的，属于三次抛物线形状，所以大致形状如图 4-5 所示。

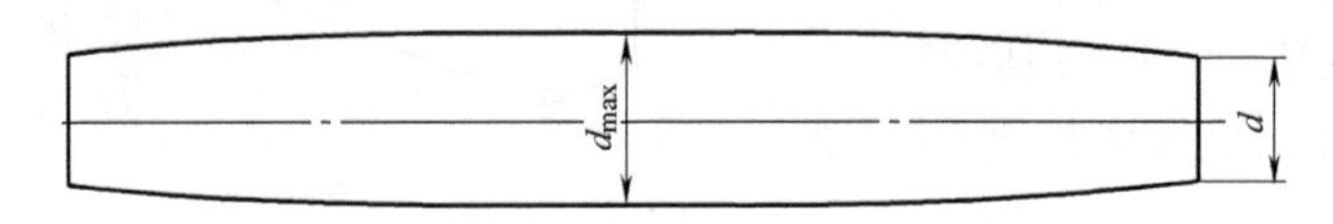

图 4-5　采用两端顶装夹方式下加工出的轴的形状

四、切削热和切削液

1. 切削热

在切削加工过程中，工件的金属切削层发生挤裂变形，使切屑与车刀前面之间产生剧烈摩擦，车刀后面与已加工表面之间也有摩擦，这些变形和摩擦产生的热，称为切削热。

切削热有一大部分被切屑带走，但仍有相当一部分传给了工件和刀具。传给工件的热量使工件受热产生变形，严重的甚至烧坏工件表面，影响工件的质量。传给刀具的热量会使切削刃处的温度升高，降低切削部分的硬度，加速刀具的磨损。因此，切削热对切削过程是极为不利的。

2. 切削液

切削液的作用是带走切削热，延长刀具的使用寿命，提高工件的加工表面质量和生产率。要求在中、高速切削时使用切削液。

目前常用的切削液有两大类：一类是以冷却为主的水溶液，主要为电解质水溶液、乳化液等；另一类是以润滑为主的油类，主要包括矿物油、动植物油、混合油和活性矿物油等。

第二节　常用切削刀具

金属切削刀具是从工件表面上切除多余金属层的带刃工具，是完成零件切削加工的重要工具。刀具切削性能的优劣将直接影响切削加工的生产率、质量和成本。

一、刀具性能要求与常用材料

1. 性能要求

刀具材料是指刀具切削部分的材料。刀具在切削时要承受高温、高压、强烈的摩擦、冲击和振动，因此刀具材料应具备以下基本性能：

1）高硬度。刀具材料的硬度必须高于工件材料的硬度，刀具材料的常温硬度一般要求

在 60HRC 以上。

2）高耐磨性。一般刀具材料的硬度越高，耐磨性越好，寿命越长。

3）足够的强度和韧性。以便承受切削力、冲击和振动，避免产生崩刃和折断。

4）热稳定性要高。高的热稳定性可使刀具材料在高温下保持硬度、强度不变。

5）良好的工艺性能。刀具材料应具有良好的可锻性、热处理性能、焊接性、可加工性等，以便制造各种刀具。

2. 常用材料

常用的刀具材料有碳素工具钢、合金工具钢、高速工具钢、硬质合金、陶瓷材料与超硬材料等。

（1）碳素工具钢及合金工具钢　碳素工具钢中碳的质量分数为 0.65%～1.35%，属于高碳钢。例如，T8 表示平均碳的质量分数为 0.8%的碳素工具钢。若碳素工具钢质量更高时，通常在其牌号后面再加符号 A，称为高级优质钢，如 T10A、T12A 等。碳素工具钢的热处理为球化退火、淬火和低温回火。碳素工具钢价格便宜，可加工性良好，热处理后可获得高的硬度和耐磨性。

合金工具钢是在碳素工具钢的基础上，加入一些合金元素，如 Si、Cr、Mn、W、V 等。合金工具钢的碳的质量分数为 0.85%～1.5%，最终热处理为淬火和低温回火。例如 9SiCr，这种牌号的合金工具钢特点是淬火硬度高，价格低廉。

合金工具钢的耐热性较差，淬火时易产生变形，热硬性差，当工作温度高于 250℃时刀具的硬度和耐磨性急剧下降，从而导致切削能力显著降低。此类钢只适于制作尺寸小、形状简单、切削速度低、工作温度不高的刀具。

（2）高速工具钢　高速工具钢是一种具有高硬度、高耐磨性和高耐热性的工具钢，又称为锋钢，俗称白钢。高速工具钢具有工艺性能好、强度和韧性高、抗冲击和振动能力强的优点，主要用来制造复杂的薄刃和耐冲击的金属切削刀具。高速工具钢常用牌号为 W18Cr4V 和 W6Mo5Cr4V2 等。

高速工具钢是含有较多 W、Mo、Cr、V、Co 等元素的高合金工具钢。合金元素总质量分数达 10%～25%，在切削产生高热的情况下（约 500℃）仍能保持 60HRC 以上的高硬度，这是高速工具钢最主要的特性（热硬性）。而碳素工具钢经淬火和低温回火后，在室温下虽有很高的硬度，但当温度高于 200℃时，硬度便急剧下降，在 500℃时的硬度已降到与退火状态相似的程度，完全丧失了切削金属的能力，这就限制了碳素工具钢制作切削刀具的用途。高速工具钢由于热硬性好，弥补了碳素工具钢的致命缺点，可以用来制造切削刀具。但因其耐热温度较低，故高速工具钢不能用于高速切削。

（3）硬质合金　硬质合金是在高温下烧结而成的粉末冶金制品，具有相当高的硬度（70～75HRC），能耐 850～1000℃的高温，切削速度比高速工具钢刀具高 2～3 倍，主要用于高速切削。

硬质合金的强度、韧性和工艺性不如高速工具钢，通常将硬质合金刀片焊接在刀体上或机械夹固在刀体上使用。

常用的硬质合金有钨钴类硬质合金、钨钛钴类硬质合金和钨钛钽（铌）类硬质合金。

1）钨钴类硬质合金。钨钴类硬质合金主要由碳化钨（WC）和钴（Co）组成，抗弯强度和冲击韧度较高，不易崩刃，很适宜切削切屑呈崩碎状的铸铁等脆性材料。

常用的钨钴类硬质合金牌号有 YG3、YG6、YG8 等。其中数字表示 Co 的质量百分数，Co 含量少的硬质合金较脆、较耐磨。YG8 用于粗加工，YG6 和 YG3 用于半精加工和精加工。

2）钨钛钴类硬质合金。钨钛钴类硬质合金主要由碳化钨（WC）、碳化钛（TiC）和钴（Co）组成。加入碳化钛（TiC），增加了硬质合金的硬度、耐热性、抗黏结性和抗氧化能力，但抗弯强度和冲击韧度较差，主要用于切削普通碳钢及合金钢等塑性材料。

常用的钨钛钴类硬质合金牌号有 YT5、YT15、YT30 等。其中数字表示碳化钛（TiC）的质量百分数，碳化钛（TiC）的含量越多，韧性越差，而耐磨性和耐热性越好。YT5 一般用于粗加工，YT15 和 YT30 用于半精加工和精加工。

3）钨钛钽（铌）类硬质合金。钨钛钽（铌）类硬质合金是在普通硬质合金中加入碳化钽或碳化铌，从而提高了硬质合金的韧性和耐热性，使其具有较好的综合性能。这类硬质合金主要用于不锈钢、耐热钢、高锰钢的加工，也适用于普通碳钢和铸铁的加工，因此被称为通用型硬质合金。其常用牌号有 YW1、YW2 等。

（4）陶瓷与超硬材料　陶瓷和超硬材料是近年来出现的新型刀具材料，它们在硬度、耐磨性和耐热性等方面都优于传统的刀具材料，极具发展潜力，应用越来越广泛。

常用刀具寿命的参考值参见表 4-1。用硬质合金车刀粗车外圆及端面的进给量可参考表 4-2 选用。

表 4-1　常用刀具寿命的参考值

刀具类型	寿命/min	刀具类型	寿命/min
车刀、刨刀、镗刀	60	仿形车刀	120~180
硬质合金可转位车刀	15~45	组合钻床刀具	200~300
钻头	80~120	多轴铣床刀具	400~800
硬质合金面铣刀	90~180	组合机床、自动机、自动线刀具	200~300
齿轮刀具	200~300		

表 4-2　硬质合金车刀粗车外圆及端面的进给量

工件材料	车刀刀杆尺寸/mm	工件直径/mm	背吃刀量/mm				
			≤3	3~5	5~8	8~12	>12
			进给量 mm/r				
碳素结构钢、合金钢及耐热钢	16×25	20	0.3~0.4	—	—	—	—
		40	0.4~0.5	0.3~0.4	—	—	—
		60	0.5~0.7	0.5~0.7	0.3~0.5	—	—
		100	0.6~0.9	0.7~0.9	0.5~0.6	0.4~0.5	—
		400	0.8~1.2	1.0~1.2	0.6~0.8	0.5~0.6	—
	20×30 25×25	20	0.3~0.4	—	—	—	—
		40	0.4~0.5	0.3~0.4	—	—	—
		60	0.6~0.7	0.4~0.5	0.4~0.6	—	—
		100	0.8~1.0	0.5~0.7	0.5~0.7	0.4~0.7	—
		400	1.2~1.4	0.6~0.9	0.0~1.0	0.6~0.9	0.4~0.6
铸铁及铜合金	16×25	40	0.4~0.5	—	—	—	—
		60	0.6~0.8	0.5~0.8	0.4~0.6	—	—
		100	0.8~1.2	0.7~1.0	0.6~0.8	0.5~0.7	—
		400	1.0~1.4	1.0~1.2	0.8~1.0	0.6~0.8	—

（续）

工件材料	车刀刀杆尺寸/mm	工件直径/mm	背吃刀量/mm				
			≤3	3~5	5~8	8~12	>12
			进给量 mm/r				
铸铁及铜合金	20×30 25×25	40	0.4~0.5	—	—	—	—
		60	0.6~0.9	0.5~0.8	0.4~0.7	—	—
		100	0.9~1.3	0.8~1.2	0.7~1.0	0.5~0.8	—
		400	1.2~1.8	1.2~1.6	1.0~1.3	0.9~1.1	0.7~0.9

二、车刀各部分名称与切削平面及主要角度

1. 车刀各部分名称

车刀由刀杆和切削部分组成，切削部分包括前面、后面、副后面、主切削刃、副切削刃和刀尖，如图 4-6 所示。

（1）前面　前面是指切屑流过的表面。

（2）后面　后面是指刀具上与工件的加工表面相对，并且相互作用的表面。

（3）副后面　副后面是指刀具上与工件上的已加工表面相对，并且相互作用的表面。

（4）主切削刃　主切削刃是指前面与后面的交线。

（5）副切削刃　副切削刃是指前面与副后面的交线。

（6）刀尖　刀尖是指主切削刃与副切削刃的交点。刀尖实际是一小段曲线或直线，有修圆刀尖和倒角刀尖。

2. 切削辅助平面

为了确定和测量车刀的几何角度，需要选取三个辅助平面作为基准，这三个辅助平面分别是基面、切削平面和正交平面，如图 4-7 所示。

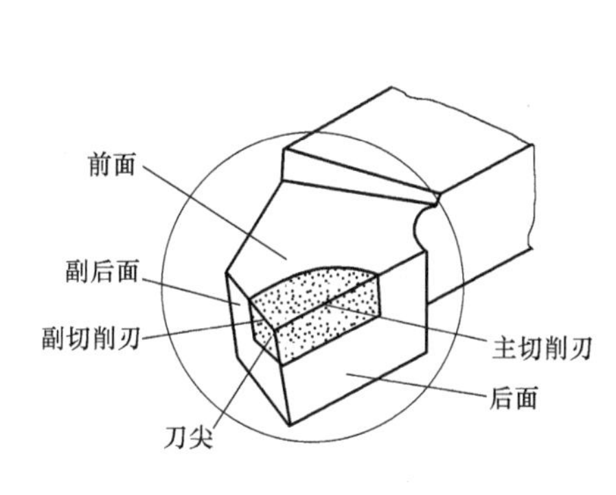

图 4-6　车刀各部分名称

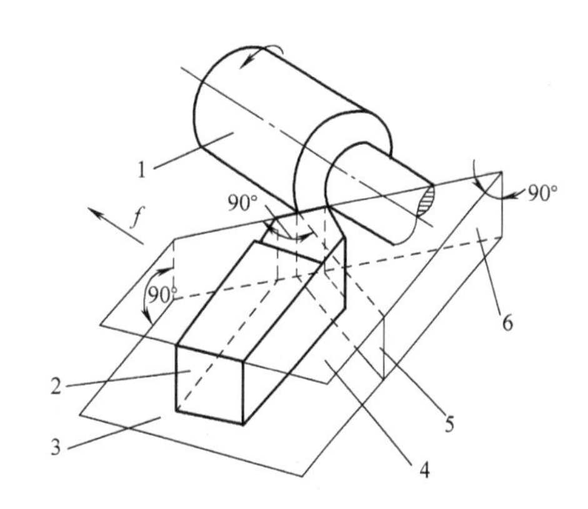

图 4-7　车刀的辅助平面

1—工件　2—车刀　3—底平面　4—基面　5—正交平面　6—切削平面

（1）基面　过主切削刃上某一选定点，平行于刀杆底面，并垂直于主运动方向的平面。

（2）切削平面　切削平面是通过主切削刃上选定点，与主切削刃相切并垂直于基面的平面。

（3）正交平面　正交平面是通过主切削刃上选定点，垂直于切削平面，又垂直于基面的平面。

由图 4-7 可见，这三个坐标平面相互垂直，构成一个空间直角坐标系。

3. 车刀主要角度及其选择

车刀的主要角度是刃磨车刀时进行测量的角度，主要有六个，分别是主偏角、副偏角、前角、后角（图 4-8），以及刀尖角和刃倾角。

（1）主偏角 κ_r　在基面内测量，主切削刃在基面上的投影与进给运动方向间的夹角称为主偏角。

选用主偏角首先考虑车床、夹具和刀具工艺系统的刚性，如工艺系统刚性好，主偏角应取小值，这样有利于提高车刀使用寿命，改善散热条件及表面质量。其次要考虑工件的几何形状，当加工台阶轴的台阶时，主偏角应取 90°，当从工件中间切削时，主偏角一般取 60°。主偏角一般在 30°~90°范围内选取。

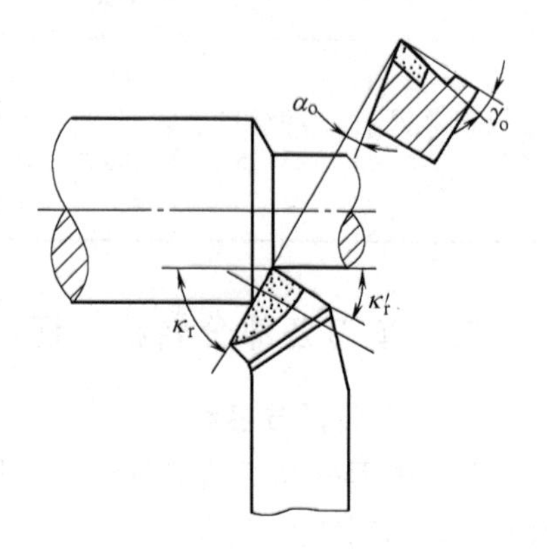

图 4-8　车刀角度

（2）副偏角 κ_r'　在基面内测量，副切削刃在基面上的投影与进给运动反方向间的夹角称为副偏角。

选择副偏角首先考虑车刀、工件和夹具应有的刚度，刚度高，副偏角取小值；反之，应取大值。其次，考虑加工性质，粗加工时，副偏角可取 10°~15°；精加工时，副偏角可取 5°左右。副偏角一般为正值。

（3）刀尖角 ε_r　在基面内测量，主切削刃与副切削刃在基面上投影线间的夹角称为刀尖角。它影响刀尖的强度和散热，可用下式来计算：

$$\varepsilon_r = 180° - (\kappa_r + \kappa_r') \tag{4-6}$$

式中　κ_r、κ_r'——主、副偏角（°）。

（4）前角 γ_o　在正交平面内测量，前面与基面间的夹角称为前角。前角有正、负之分，前面在基面之下时为正前角，前面在基面之上时为负前角。

前角的大小主要解决刀头的刚度与锋利性之间的矛盾，首先应根据加工材料的硬度来选择前角。工件的硬度高，前角取小值；反之，取大值。其次应根据加工性质来考虑前角的大小，粗加工时前角取小值，精加工时前角应取大值。前角一般在-5°~25°范围内选取。

（5）后角 α_o　在正交平面内测量，后面与切削平面间的夹角称为后角。

选择后角首先考虑加工性质，精加工时，后角取大值；粗加工时，后角取小值。其次考虑工件的硬度，硬度高，后角取小值，以增强刀头的刚度；反之，后角应取大值。后角不能为零或负值，一般在 6°~12°范围内选取。

（6）刃倾角 λ_s　在切削平面内测量，主切削刃与基面间的夹角称为刃倾角。

当主切削刃呈水平时，$\lambda_s=0$，如图 4-9a 所示；刀尖为最高点时，$\lambda_s>0$，如图 4-9c 所示；刀尖为最低点时，$\lambda_s<0$，如图 4-9b 所示。刃倾角影响切屑的排出方向，如图 4-9 所示。

刃倾角选择与加工性质有关，精加工时，工件对车刀冲击载荷大，取 $\lambda_s \geqslant 0°$；粗加工时，工件对车刀冲击载荷小，取 $\lambda_s \leqslant 0°$。刃倾角一般在-10°~5°范围内选取。

三、刀具种类

刀具的种类很多，一般按用途和加工方法的不同分为切刀类（车刀、刨刀、插刀、成形刀）；孔加工类（麻花钻、扩孔钻、锪钻、深孔钻、铰刀）；拉刀类（内表面及外表面拉刀）；铣刀类（圆盘铣刀、圆柱铣刀）；螺纹加工刀具（螺纹车刀、丝锥、板牙、螺纹铣刀、滚丝轮、搓丝板）；齿轮加工刀具（滚齿刀、插齿刀、剃齿刀、齿条刨刀、花键滚刀）；各类磨具（各种砂轮、砂带、抛光轮）等。

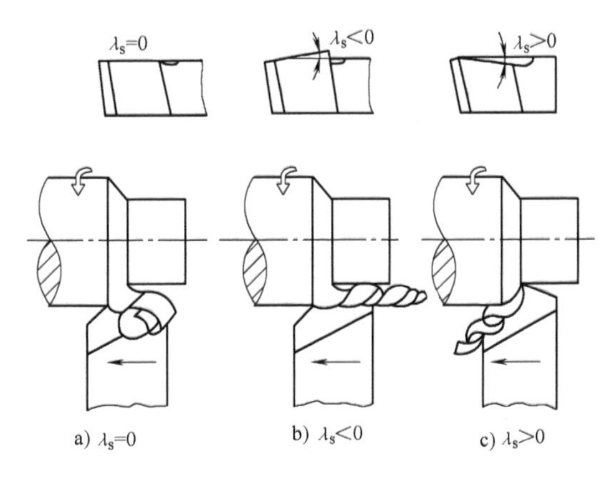

图 4-9　刃倾角与切屑的排出方向

1. 车刀的种类及应用

根据不同的车削加工内容，需采用不同种类的车刀。常用的车刀有外圆车刀、端面车刀、切断刀、内孔车刀、成形车刀、螺纹车刀等，如图 4-10 所示。90°偏刀可用于加工工件的外圆、台阶面和端面；45°偏刀可用于加工工件的外圆、端面和倒角；切断刀用于切断或切槽；成形车刀用于加工成形面；内孔车刀用于加工内孔；螺纹车刀用于加工螺纹。

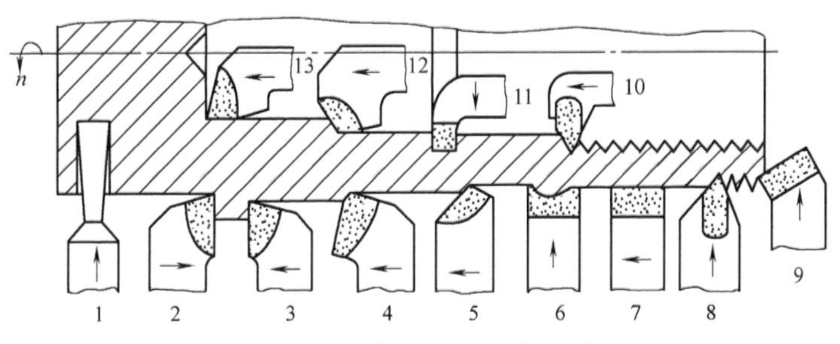

图 4-10　常用车刀及其应用

1—切断刀　2—90°右偏刀　3— 90°左偏刀　4—弯头车刀　5—直头车刀　6—成形车刀　7—宽刃车刀　8—外螺纹车刀　9—端面车刀　10—内螺纹车刀　11—内切槽车刀　12—通孔车刀　13—不通孔车刀

按照车刀的结构形式，常用的车刀可分为：整体式车刀（图 4-11a）；焊接式车刀（图 4-11b）；机械夹固式车刀（图 4-11c）和可转位式车刀（图 4-11d）。

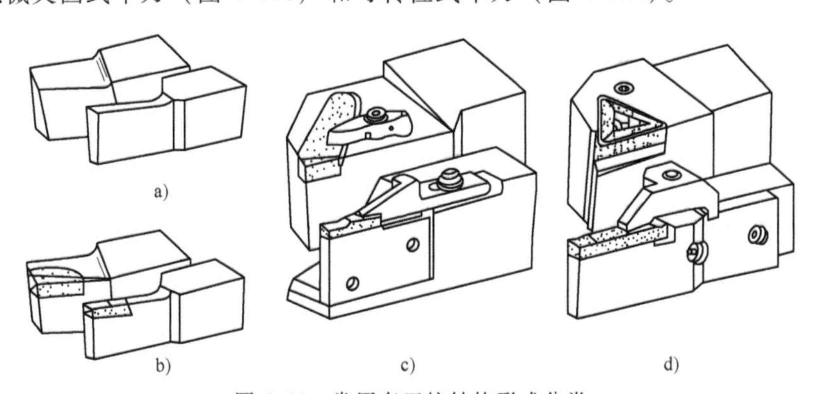

图 4-11　常用车刀按结构形式分类

（1）整体式车刀　使用整体式车刀时把车刀的一端刃磨成所需的切削部分形状即可。这种切削刃刃磨方便，磨损后可多次重磨，较适宜制作各种成形车刀（如切槽刀、螺纹车刀等）。由于刀杆都使用高速工具钢，会造成刀具材料的浪费。

（2）焊接式车刀　将一定形状的硬质合金刀片焊接于刀杆的刀槽内即可制成焊接式车刀。这种车刀结构简单，制造方便，可充分利用刀片材料，但其切削性能受工人刃磨水平及刀片焊接质量的限制，刀杆不能重复使用，故一般用于中小批量的生产和修配生产。

车刀类型选择与生产批量、机床形式、工件形状、加工方法、加工精度及表面粗糙度、工件材料等有关。常用的焊接式车刀类型见表 4-3。

表 4-3　常用的焊接式车刀类型

车刀类型	图　示	车刀类型	图　示
45°外圆车刀（左或右）	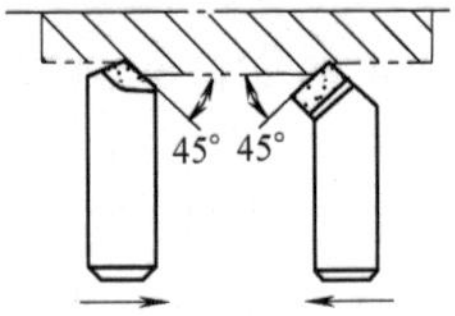 45°　45°	切槽刀（左或右）	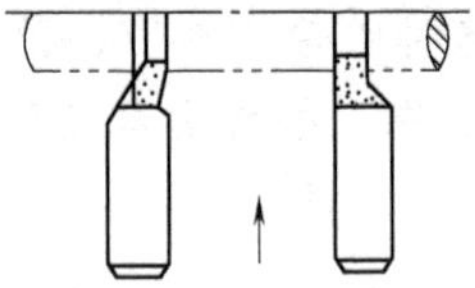
60°外圆车刀（左或右）	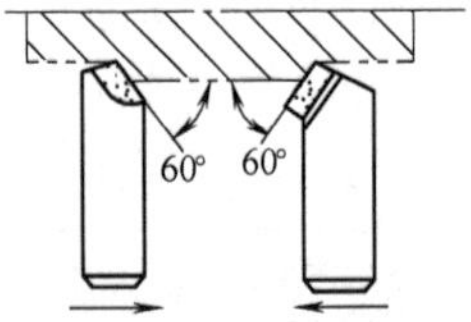 60°　60°	切圆弧车刀及宽槽车刀	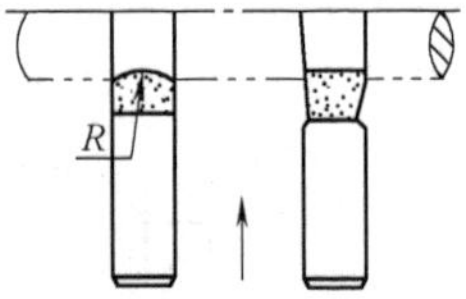 R
90°外圆车刀（左或右）	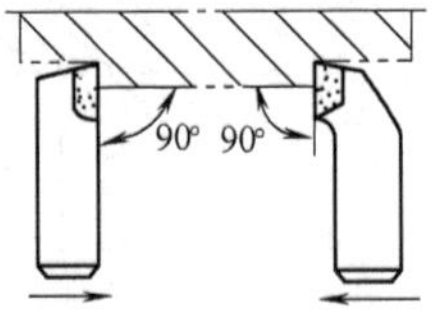 90°　90°	切断刀	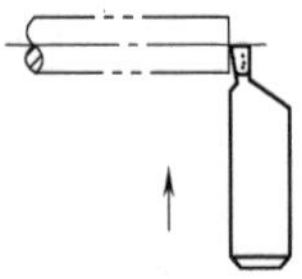
端面车刀（左或右）	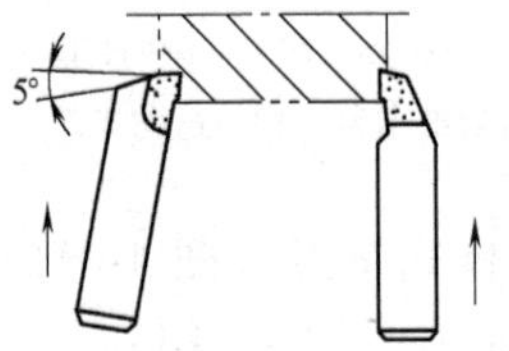 5°	15°倒角车刀	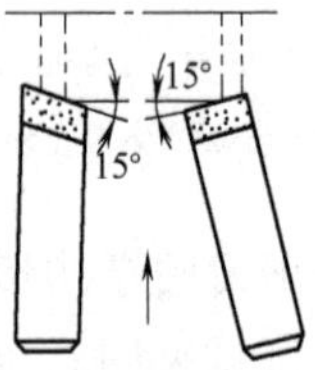 15°　15°　15°
	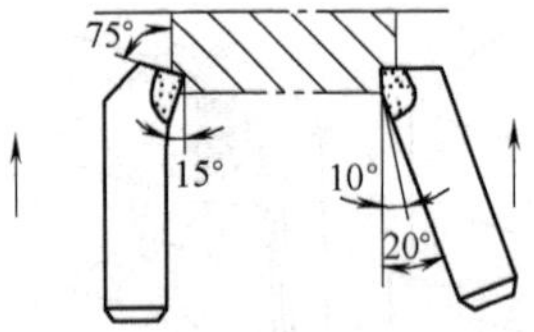 75°　15°　10°　20°	45°倒角车刀	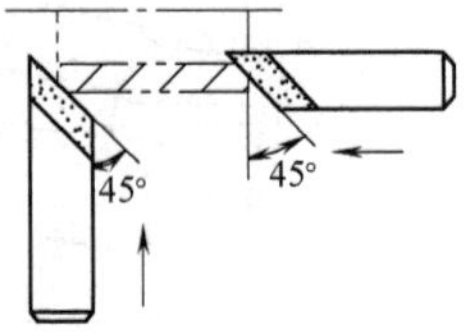 45°　45°

（3）机械夹固式车刀　机械夹固式车刀是将一定形状的刀片装夹于刀杆的刀槽内，可分为重磨车刀和可转位车刀两种。

机械夹固式重磨车刀的刀片刃口钝化后可重磨，可避免由焊接引起的缺陷，刃磨刀片后装夹于倾斜的刀槽内，形成刀具所需角度，选用比较灵活，刀杆也能反复使用，可用于加工

外圆、端面、内孔，特别是在切槽刀及螺纹车刀中应用较广。

机械夹固式可转位车刀的刀片钝化后不需重磨，只需将刀片转过一个位置，可使新的切削刃投入切削，几个切削刃全部钝化后，更换新的刀片。机械夹固式可转位车刀的刀片切削性能稳定，一致性好，同时省去了刃磨刀片的时间，生产率高，适合大批量生产和数控车床使用。

1）刀片形状。机械夹固式可转位车刀的刀片按有色金属行业标准进行规模化生产，常见的形状有三角形、偏三角形、正方形、五边形、六边形、圆形及菱形等多种，如图 4-12 所示。

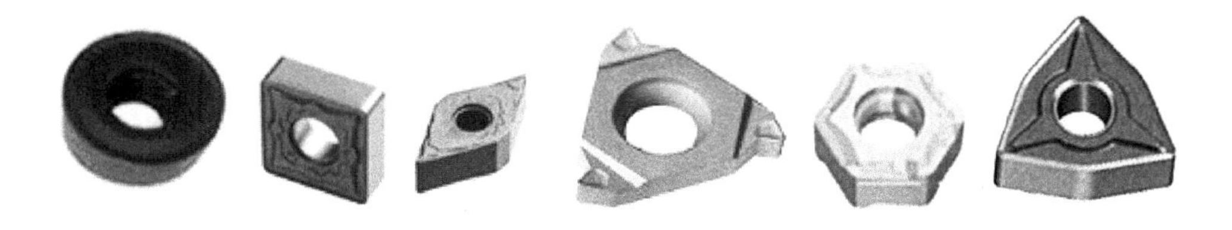

图 4-12　刀片形状

2）组成。机械夹固式可转位车刀由刀体、刀片、垫片和夹紧元件等组成，如图 4-13a 所示。

3）紧固方式。机械夹固式可转位车刀的刀片紧固方式有偏心式、杠杆式、楔销式及上压式四种，图 4-13b 所示为上压式紧固车刀。

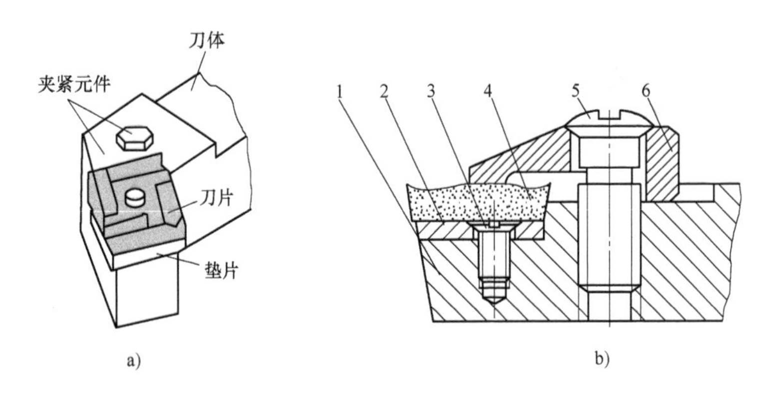

图 4-13　机械夹固式可转位车刀的组成

1—刀体　2—垫片　3—垫片紧固螺钉　4—刀片　5—压紧螺钉　6—夹紧元件

可转位车刀分类见表 4-4。

表 4-4　可转位车刀分类

分　　类	头部结构	刀具几何角度
外圆车刀	直头	90°、75°、45°、60°、63°、50°、72.5°
	偏头	90°、93°、95°、75°、45°、60°
端面车刀	直头	90°
	偏头	90°、75°、95°、93°、60°、85°

2. 镗刀

镗刀是专门用于对已有的孔进行粗加工、半精加工或精加工的刀具。单刃镗刀切削部分的形状与车刀相似，如图4-14所示。

镗刀按加工表面性质分，有通孔镗刀、不通孔镗刀、阶梯孔镗刀和端面镗刀；按结构形式分，有整体式镗刀、焊接式镗刀和可转位式镗刀。

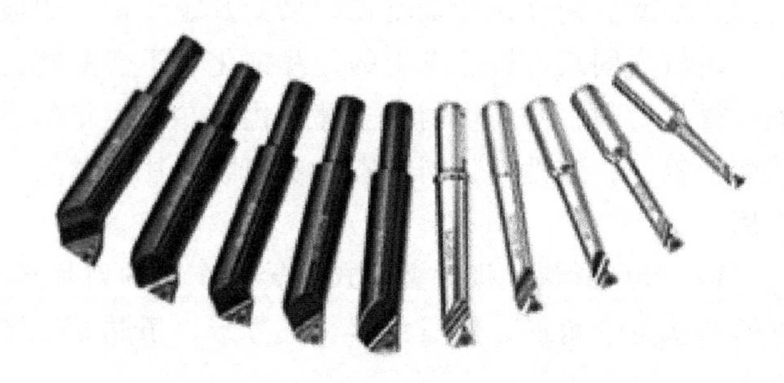

图4-14 单刃镗刀

镗轴因装夹方式的不同有圆柱柄、莫氏锥柄等形式，如图4-15所示。

图4-15 镗轴与镗刀

为了使所加工的孔获得高的尺寸精度，精加工用镗刀的尺寸需要准确地调整。微调镗刀（图4-16）可以在机床上精确地调节镗孔尺寸，它有一个精密游标刻线指示盘，指示盘同装有镗刀头的心杆组成一对精密丝杠螺母副。当转动螺母时，装有刀头的心杆即可沿定向键做直线移动，借助游标刻度读数，精度可达0.001mm，镗刀的尺寸也可在机床外用对刀仪预调。

双刃镗刀（图4-17）有两个分布在中心两侧同时切削的刀齿，由于切削时产生的背向力互相平衡，可加大切削用量，生产率高。双刃镗刀按刀片在镗杆上浮动与否分为浮动镗刀和定装镗刀。

3. 铣刀

铣刀的种类很多，其结构形式有整体式、焊接式、装配式、可转位式等。铣刀按加工零件形状不同有尖齿铣刀和铲齿铣刀之分。整体式圆柱铣刀如图4-18a所示；硬质合金焊接式盘铣刀如图4-18b所示；机夹式组合铣刀如图4-18c所示。

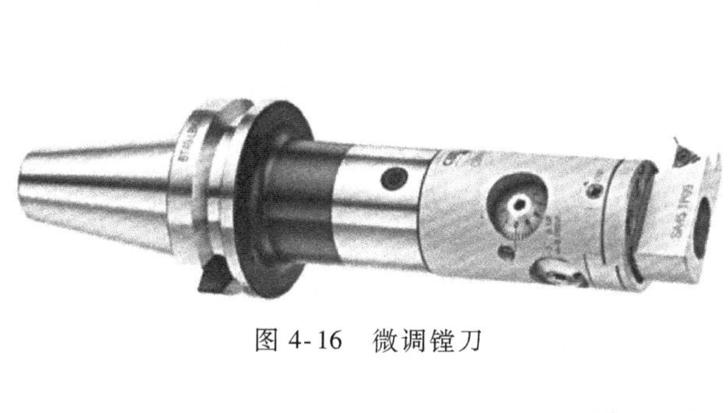

图 4-16　微调镗刀

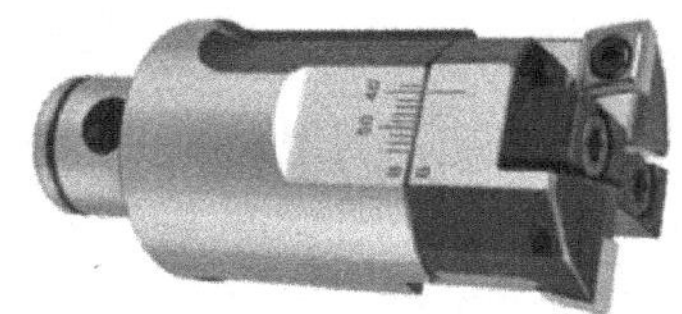

图 4-17　双刃镗刀

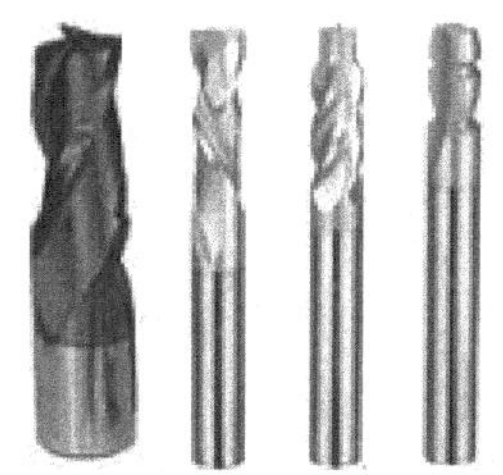

a) 整体式圆柱铣刀

b) 硬质合金焊接式盘铣刀

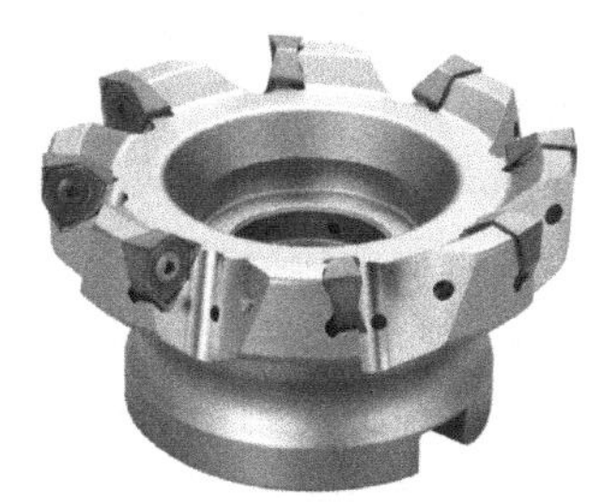

c) 机夹式组合铣刀

图 4-18　铣刀类型

根据加工对象不同，铣刀可分为圆柱铣刀、面铣刀、三面刃盘铣刀、立铣刀、模具铣刀、键槽铣刀、V 形槽铣刀和成形铣刀等，如图 4-19 所示。

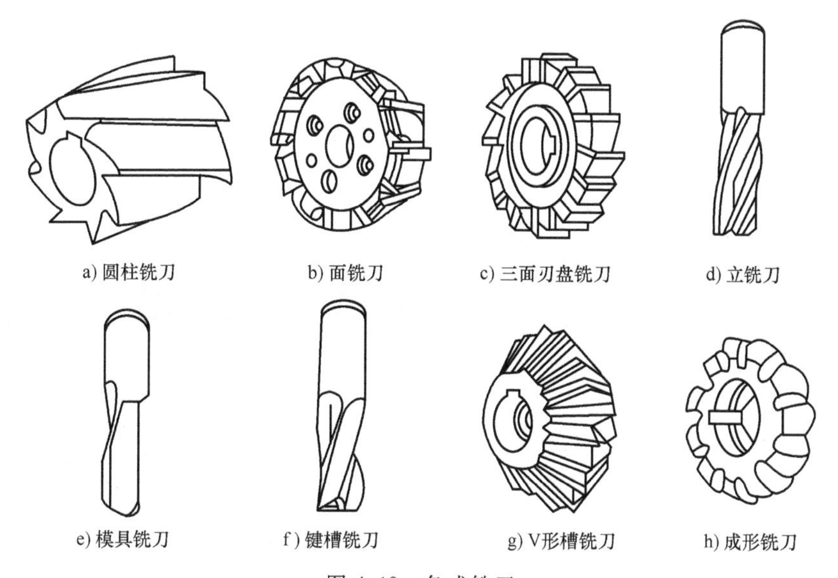

a) 圆柱铣刀　b) 面铣刀　c) 三面刃盘铣刀　d) 立铣刀

e) 模具铣刀　f) 键槽铣刀　g) V形槽铣刀　h) 成形铣刀

图 4-19　各式铣刀

（1）圆柱铣刀　圆柱铣刀一般只有周刃，常用高速工具钢整体制造，也可镶焊硬质合金刀片。圆柱铣刀用于在卧式铣床和立式铣床上以周铣方式加工较窄的平面。

（2）面铣刀　面铣刀有周刃和端刃，刀齿多采用硬质合金焊接在刀体上或用机夹的方式固定在刀体上。面铣刀一般用于在立式铣床上加工中等宽度的平面。用面铣刀加工平面，工艺系统刚度好，生产率高，加工质量较稳定。

（3）盘铣刀　盘铣刀有单面刃、双面刃、三面刃和错齿三面刃铣刀之分。

圆周有刃的盘铣刀称为槽铣刀，一般用在卧式铣床上加工浅槽。薄片槽铣刀称为锯片铣刀，用于切削窄槽或切断工件。两面刃盘铣刀可用于加工台阶面，也可配对形成三面刃刀具。

三面刃盘铣刀因两侧面有副切削刃，从而改善了切削中两侧面的条件，使加工表面的表面粗糙度值减小，生产中主要用在卧式铣床上加工沟槽和台阶面。圆周上的切削刃可以是直齿也可以是斜齿，斜齿使切削刃锋利，切削平稳，易排屑，但会产生进给力。

（4）立铣刀　立铣刀的周刃为主切削刃，端刃为副切削刃，故立铣刀不宜轴向进给。立铣刀主要在立式铣床上用于加工台阶面、沟槽、一般平面或相互垂直的平面，也可利用靠模加工成形表面。

（5）模具铣刀　模具铣刀是由立铣刀演变而成的，其工作部分形状常有圆锥形平头、圆柱形球头、圆锥形球头三种，用于加工模具型腔或凸模成形表面。

（6）键槽铣刀　键槽铣刀的外形与立铣刀相似，只是它只有两个切削刃，且端刃强度高，为主切削刃，周刃为副切削刃。键槽铣刀有直柄（小直径）和锥柄（较大直径）两种，用于加工圆头封闭键槽。

（7）角度铣刀　角度铣刀有单角铣刀和双角铣刀之分，用于加工沟槽、斜面和V形槽。

（8）成形铣刀　成形铣刀是专用刀具，用于加工特定的成形表面。

4. 钻头

钻头种类很多，有中心钻、麻花钻、扩孔钻、深孔钻等，其中最常用的是麻花钻。

麻花钻分为柄部、工作部分和颈部，如图4-20a所示。

颈部常用来打印钻头的标记，如直径尺寸等。柄部用于夹持、定心和传递转矩。为了夹持、紧固和装夹方便，柄部有直柄（图4-20b）和锥柄（图4-20c）两种。

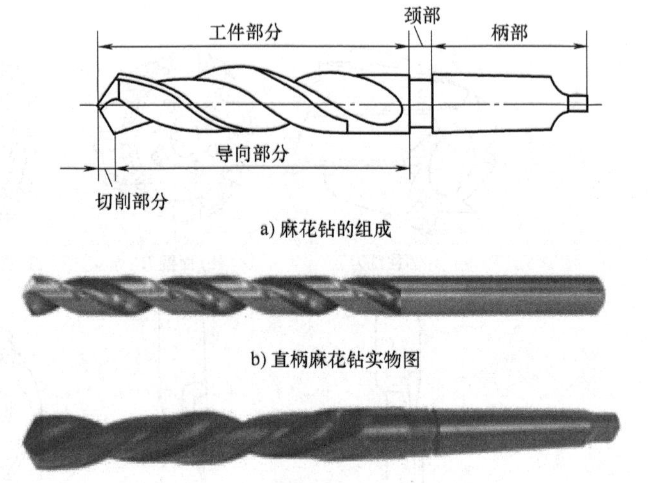

a) 麻花钻的组成

b) 直柄麻花钻实物图

c) 锥柄麻花钻实物图

图4-20　麻花钻的组成及实物图

对于直径大于ϕ13mm的钻头，钻柄都做成锥柄。若锥柄的尺寸小，可加装一个或几个钻箍（图4-21a）后再插入钻床主轴锥孔中；加工较高精度的孔时，可将钻套（图4-21b）装夹在钻头上，再将其安装到主轴锥孔中；对于直径小于ϕ13mm的钻头，钻柄都做成直柄，直柄钻头通常采用锥齿轮扳手（图4-21c）进行夹紧。

5. 铰刀

铰刀分为手用铰刀和机用铰刀。手用铰刀柄部尾端为方头，机用铰刀柄部尾端为扁尾。

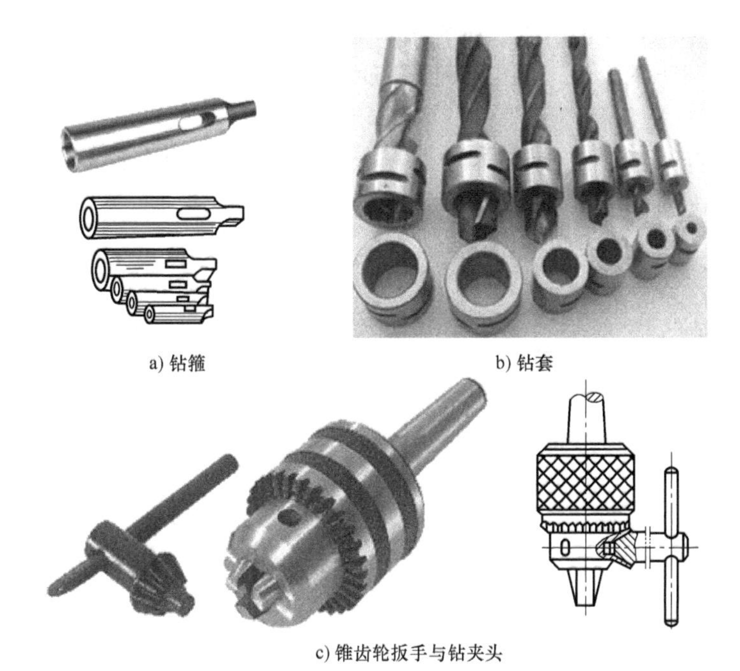

a) 钻箍　　b) 钻套

c) 锥齿轮扳手与钻夹头

图 4-21　钻头的安装用工具

常用的铰刀如图 4-22a 所示。

铰刀由柄部、工作部分和颈部组成，如图 4-22b 所示。工作部分分为切削部分和校准部

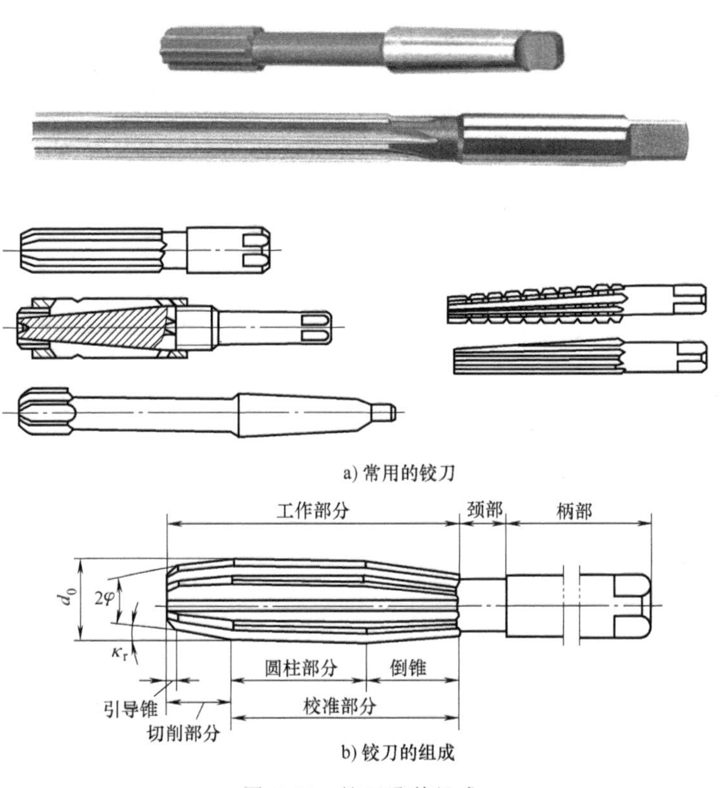

a) 常用的铰刀

b) 铰刀的组成

图 4-22　铰刀及其组成

分，引导锥便于铰刀工作时的引入，切削部分起切削作用；校准部分的圆柱部分起导向、校准和修光作用，倒锥可减少铰刀与孔壁间的摩擦，并可防止孔径扩大。

6. 刨刀

刨刀的形状与车刀相似。由于是断续切削，刨刀切入工件时有较大的冲击力，因此刨刀的刀杆比较粗，而且常制成弯头。常用刨刀如图 4-23 所示。

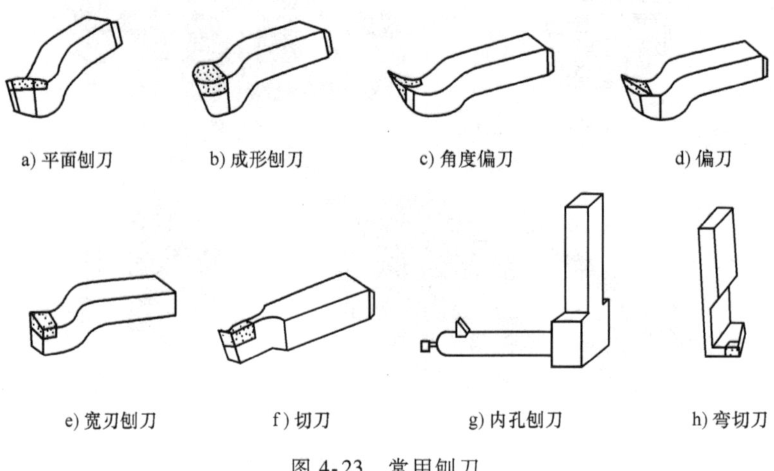

图 4-23　常用刨刀

直头刨刀和弯头刨刀刨削时的情况如图 4-24 所示。弯头刨刀具有缓和冲击、避免崩刃、防止“啃伤”工件表面的作用。

7. 砂轮

砂轮是由磨料、结合剂经压坯高温烧结而成的多孔体。

车刀的刃磨

（1）砂轮的切削原理　砂轮工作时，砂轮与工件做相对运动，砂轮表面的每个磨粒都相当于一个切削刃，所以砂轮是多刃切削刀具。砂轮的切削原理与结构组成如图 4-25 所示。

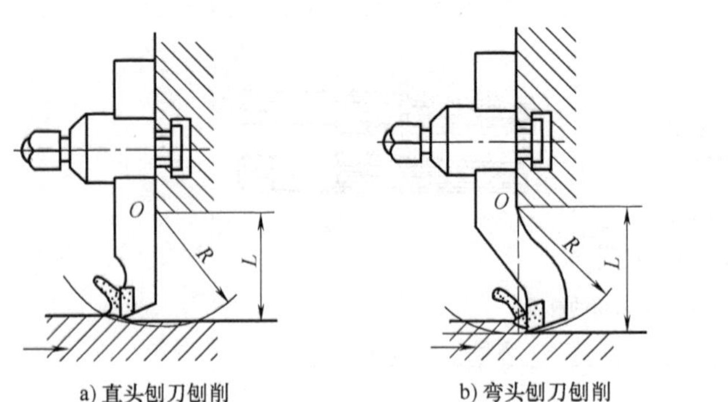

图 4-24　直头刨刀和弯头刨刀刨削时的情况

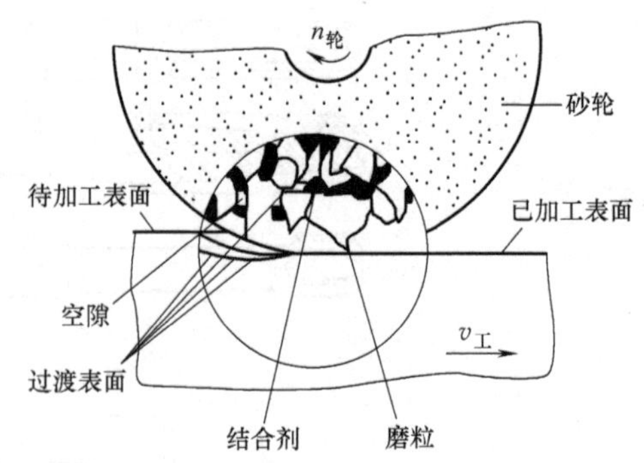

图 4-25　砂轮的切削原理与结构组成

（2）砂轮的组成

1）磨料。磨料是砂轮的主要组成部分，它具有很高的硬度、耐磨性、耐热性和一定的韧性，以承受磨削时的切削热和切削力，同时还应具备锋利的尖角，以利于磨削金属。常用磨料代号、特性及适用范围见表 4-5。

表 4-5　常用磨料代号、特性及适用范围

系别	名称	代号	主要成分	显微硬度（HV）	颜色	特性	适用范围
氧化物系	棕刚玉	A	Al_2O_3 91%～96%	2200～2288	棕褐色	硬度高，韧性好，价格便宜	磨削碳钢、合金钢、可锻铸铁、硬青铜
	白刚玉	WA	Al_2O_3 97%～99%	2200～2300	白色	硬度高于棕刚玉，磨粒锋利，韧性差	磨削淬硬的碳钢、高速工具钢
碳化物系	黑碳化硅	C	SiC >95%	2840～3320	黑色带光泽	硬度高于刚玉，性脆而锋利，有良好的导热性和导电性	磨削铸铁、黄铜、铝及非金属
	绿碳化硅	GC	SiC >99%	3280～3400	绿色带光泽	硬度和脆性高于黑碳化硅，有良好的导电性和导热性	磨削硬质合金、宝石、陶瓷、光学玻璃、不锈钢
高硬磨料	立方氮化硼	CBN	立方氮化硼	8000～9000	黑色	硬度仅次于金刚石，耐磨性和导电性好，发热量小	磨削硬质合金、不锈钢、高合金钢等难加工材料
	人造金刚石	MBD	碳结晶体	10000	乳白色	硬度极高，韧性很差，价格昂贵	磨削硬质合金、宝石、陶瓷等高硬度材料

2）结合剂。结合剂是把磨粒粘接在一起组成磨具的材料。砂轮的强度、抗冲击性、耐热性和耐蚀性，主要取决于结合剂的种类和性质。常用结合剂的种类、性能及用途见表 4-6。

表 4-6　常用结合剂的种类、性能及用途

种类	代号	性　能	用　途
陶瓷结合剂	V	耐热性和耐蚀性好、气孔率大、易保持轮廓、弹性差	应用广泛，适用于 $v<35\text{m/s}$ 的各种成形磨削、磨齿轮、磨螺纹等
树脂结合剂	B	强度高、弹性大、耐冲击、坚固性和耐热性差、气孔率小	适用于 $v>50\text{m/s}$ 的高速磨削，可制成薄片砂轮，用于磨槽、切割等
橡胶结合剂	R	强度和弹性更高、气孔率小、耐热性差、磨粒易脱落	适用于无心磨的砂轮和导轮、开槽和切割的薄片砂轮、抛光砂轮等
菱苦土结合剂	L	韧性和成形性好、强度大、但自锐性差	可用于各种金刚石磨具

（3）砂轮的组织　砂轮的组织是指组成砂轮的磨粒、结合剂、气孔三者的体积比例。以磨粒所占砂轮体积的百分比来分级，砂轮可分为紧密、中等、疏松三类组织状态，细分成 15 级。组织号越小，磨粒所占体积比例越大，砂轮越紧密；反之，组织号越大，磨粒所占体积比例越小，砂轮越疏松。砂轮组织的分类见表 4-7。

表 4-7　砂轮组织的分类

组织号	0	1	2	3	4	5	6	7	8	9	10	11	12	13	14
磨粒率(%)	62	60	58	56	54	52	50	48	46	44	42	40	38	36	34
类别	紧密				中等				疏松						
应用	精磨、成形磨				淬火工件、刀具				韧性大、硬度低的金属						

（4）砂轮的硬度　砂轮硬度是指砂轮工作时，磨粒在外力作用下脱落的难易程度。砂轮硬表示磨粒难以脱落，砂轮软表示磨粒容易脱落。砂轮的硬度等级及代号见表 4-8。

表 4-8　砂轮的硬度等级及代号

硬度等级	极软				很软			软			中级			硬				很硬	超硬
代号	A	B	C	D	E	F	G	H	J	K	L	M	N	P	Q	R	S	T	Y

砂轮的硬度与磨料的硬度是完全不同的两个概念。硬度相同的磨料可以制成硬度不同的砂轮，砂轮的硬度主要取决于结合剂性质、数量和砂轮的制造工艺。例如，结合剂与磨粒结合越牢固，砂轮硬度越高。

砂轮硬度的选用原则是：工件材料硬，砂轮硬度应选得软一些，以便砂轮磨钝后磨粒能及时脱落，露出锋利的新磨粒继续正常磨削；工件材料软，因易于磨削，磨粒不易磨钝，砂轮应选得硬一些。但对有色金属、橡胶、树脂等软材料进行磨削时，由于切屑容易堵塞砂轮，应选用硬度较低的砂轮。粗磨时，应选用硬度较低的砂轮；而精磨时应选用硬度较高的砂轮，以保持砂轮的必要形状精度。机械加工中常用砂轮硬度等级为 H～N，依次变硬。

（5）砂轮类型　根据磨削加工工件的形状要求，需要把砂轮制成不同的形状。常用砂轮的形状如图 4-26 所示。

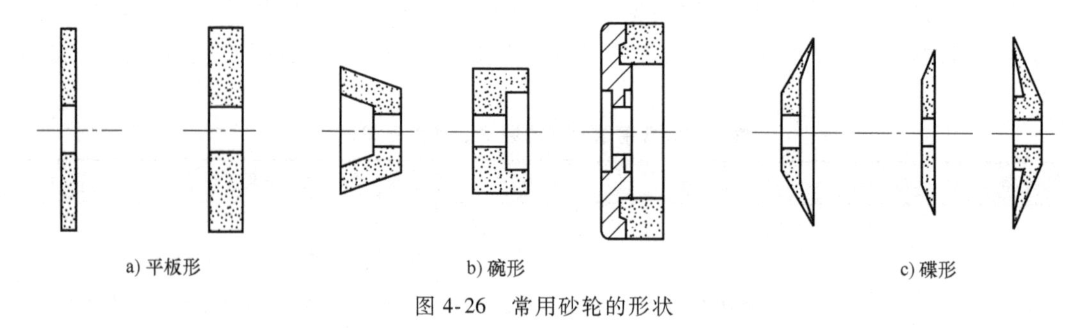

图 4-26　常用砂轮的形状

第三节　零件加工精度与提高零件质量的措施

产品质量往往取决于零件制造质量及产品装配质量两方面。零件制造质量直接影响产品的质量，同时也影响产品的装配质量，零件制造质量是产品质量的核心和基础。零件制造质量包括加工精度和表面质量两个方面的内容。

一、零件加工精度

1. 加工精度

零件加工精度是指零件加工后的尺寸、形状及各表面相互位置等参数的实际值与理想值相符合的程度。它们之间的偏离程度称为加工误差，加工精度的高低通过加工误差数值的大小来表达，精度高则误差小，误差大则精度低。

由于生产中各种因素的影响，即使是同一生产条件下生产出来的同一批零件，其加工结果也不可能绝对完全一致，即加工误差不可避免。而从满足产品工作要求和使用性能的角度出发，也并不要求零件绝对准确，而是控制在设计和使用性能允许的范围内，这便是零件的“合格”。

零件的加工精度包括尺寸精度、形状精度（圆度、圆柱度、平面度、直线度等）、相对位置精度（平行度、垂直度、同轴度、位置度等）。

切削试刀

（1）获得规定尺寸精度的方法

1）试切法。操作工人在每一次进给前先对刀，然后通过试切—测量—调整—再试切的反复循环过程，使加工尺寸达到规定要求的加工方法，称为试切法。

试切法不需要复杂的装置，但生产率低，加工精度取决于操作者的技术水平，故不稳定，通常只适用于单件小批生产。

2）调整法。按规定的尺寸预先调整好刀具和工件在机床上的相对位置及进给行程，并在一批零件的加工过程中保持这个相对位置不变，从而自动获得所需尺寸精度的加工方法称为调整法。调整法分为静调整法和动调整法两类。

静调整法指在不切削的情况下用对刀块、样件、行程挡块或凸轮来调整刀具位置。图4-27所示为在车床上采用行程挡块调整法加工。

动调整法指按试切法加工一个或一组零件，试切合格，调整完毕。这种调整法与静调整法相比，考虑了加工中的影响因素，其精度会高于静调整法。

动调整法加工只对一批零件进行抽样调查，以便质量控制，生产率大大提高，但加工精度取决于调整过程中的测量、调整操作等因素，适用于大批量生产。

3）定尺寸刀具法。用具有一定尺寸精度的刀具来保证工件被加工部位尺寸的方法，称为定尺寸刀具法，如钻孔、铰孔、拉孔和攻螺纹等。定尺寸刀具法通常应用于零件内表面的加工。

4）主动测量法。加工中边加工边测量零件尺寸，达到要求时立即停止，这种加工方法称为主动测量法。图4-28所示为在外圆磨床上进行主动测量。

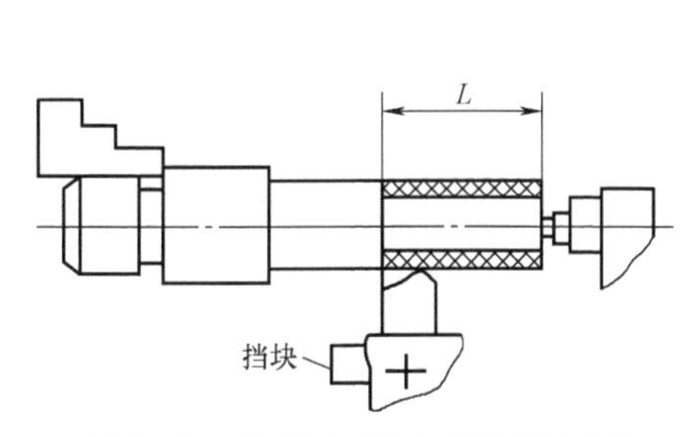

图4-27　采用行程挡块调整法加工

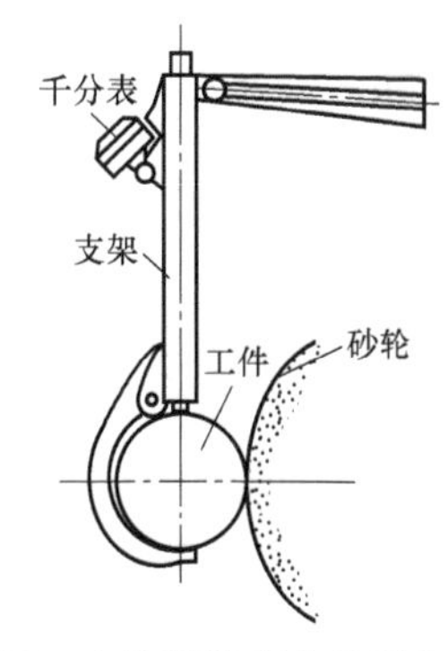

图4-28　在外圆磨床上进行主动测量

目前，主动测量法已采用在线检测及数字显示技术，实现实时控制，具有加工精度高、废品率低、质量稳定、生产率高的优点，主要用于大批量生产。

5）自动控制法。自动控制法是利用测量装置、进给装置和控制系统，在加工过程中自动测量、进给、补偿，当工件达到要求的尺寸时，自动停止加工的方法。这种方法在自动加工机床和生产自动线上广泛应用，生产率高，工件的尺寸精度容易保证。

（2）获得形状精度的方法

1）轨迹法。轨迹法是利用切削运动中刀具刀尖的运动轨迹形成工件被加工表面的形状。例如在外圆车削加工中，工件旋转做主运动，刀具做轴向进给运动，刀尖相对于工件的运动轨迹即形成了工件的外圆柱面。

2）成形法。成形法是指利用成形刀具切削刃的几何形状切削出工件形状的方法。在这种加工方法中，工件的形状精度与切削刃的形状精度及刀具的装夹精度有关。

3）展成法。展成法是利用刀具和工件运动时切削刃在工件表面上的包络面，形成工件表面的方法中。这种加工方法中，工件的形状精度与机床展成运动中的传动链精度有关。

4）相切法。相切法是指利用刀具旋转的轨迹切出工件形状的方法。加工中，刀具与工件表面相切，利用切削刃运动的轨迹包络形成工件形状。

（3）获得位置精度的方法　在机械加工中，工件表面的相互位置精度主要取决于装夹中工件的定位方式。按生产批量、加工精度的要求和工件大小，工件的装夹方式主要有三种。

1）直接找正装夹法。如图 4-29 所示，直接找正装夹法是用划针、指示表等直接在机床上找正工件位置的方法。

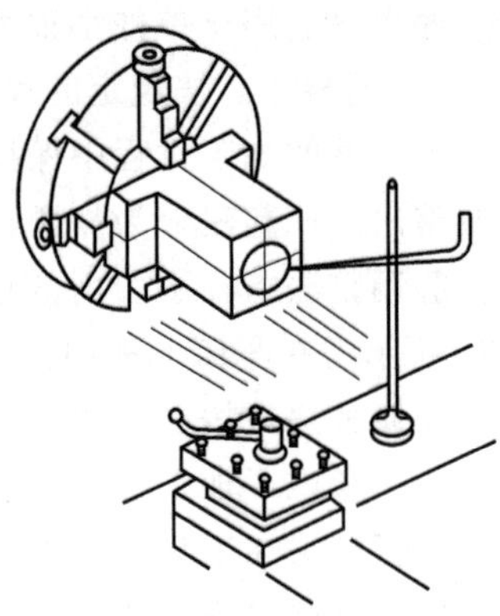
图 4-29　直接找正装夹法

用直接找正装夹法定位，工件的定位精度高，但操作比较麻烦，生产率低，一般只适用于形状比较简单、生产批量较小、采用夹具不经济的情况，如单件小批生产的修理、试制等。

2）划线找正装夹法。划线找正装夹法是按照零件图的设计要求，采用划针、划规等划线工具，在毛坯上划出中心线、对称线及各待加工表面的加工线，并打上样冲眼，然后按划好的线，找正工件在机床上的正确位置。划线找正装夹精度低又费时，而且对划线工的技术水平要求很高，因此一般只适用于批量生产、形状复杂、尺寸和重量都很大的工件。例如减速器箱体的加工，通常都是先在加工位置划好线，然后按划好的线找正、装夹，再进行加工。

3）夹具装夹法。夹具装夹法是指通过夹具确定工件在机床上的位置。采用夹具装夹工件，可获得稳定的位置精度（一般为 0.01mm），操作方便，生产率高。但专用夹具设计、制造费用高，周期长，主要适用于大批量生产。

2. 表面质量、经济精度与经济粗糙度

（1）表面质量　表面质量是指零件经机械加工后，表面层的几何结构及表面层金属材料性质发生变化的情况。表面层厚度一般只有 0.05～0.15mm。表面质量包含表面的几何形状、表面层物理性能、力学性能的变化以及表面层其他性能的变化等几方面。

获得零件的表面质量，可选择的加工方法很多。事实上，任何一种加工方法能获得的零件表面质量都有一个相当大的范围。因此，对不同加工方法达到的质量要求，应在特定的基础上充分考虑加工的经济性。

（2）经济精度与经济粗糙度　从大量的资料统计结果看，任何一种加工方法，其加工误差与加工成本之间都有着图 4-30 所示的关系，即若想获得较高的加工精度（小的加工误差），则加工成本就要加大；反之，若想使加工成本降低，必然会带来误差的增大、精度的降低。高精度的获得往往会以高成本作为代价，不适合的高精度要求及加工方法会导致加工成本急剧上升。

图 4-30 中，*AB* 段曲线明显表达了加工误差与加工成本间的对应关系，因此，该精度范

围便是相应加工方法的经济精度范围。各种典型的加工方法所能达到的经济精度和经济粗糙度等级，在切削加工工艺手册中均能查到。

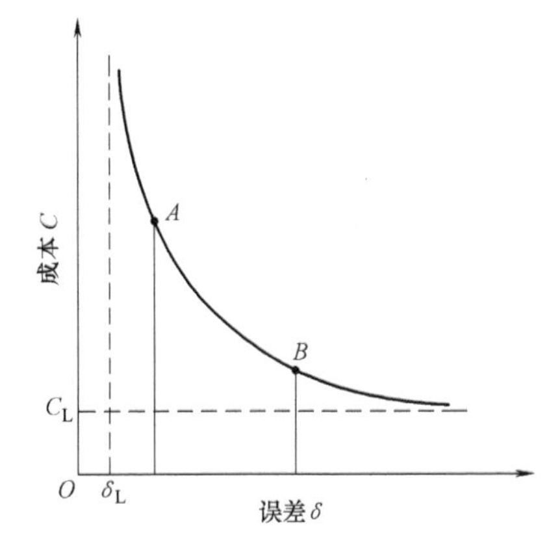

图 4-30　加工误差与加工成本之间的关系

3. 影响加工精度的因素

零件在加工过程中可能出现各种误差，它们会引起工艺系统各环节相互位置关系的变化，从而造成加工误差，影响加工精度。加工过程中可能出现的误差如图 4-31 所示。

（1）工艺系统静误差　工艺系统静误差主要是指机床、刀具和夹具本身在制作时所产生的误差，以及使用中产生的磨损和调整误差。

1）机床误差。机床误差是通过各种成形运动反映到工件加工表面上的误差，主要包括机床主轴的回转误差、机床导轨导向误差和各传动链的累积误差。

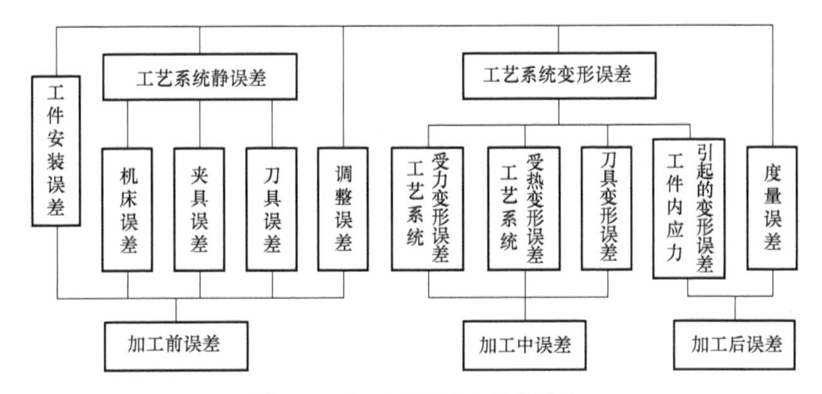

图 4-31　加工中可能出现的误差

2）夹具误差。夹具误差主要是指工件的定位误差、夹紧误差、夹具装夹误差、对刀误差以及夹具的磨损带来的误差等。

3）刀具误差。刀具误差主要指刀具的制造误差、磨损带来的误差和装夹误差等。定尺寸刀具（如钻头、铰刀、拉刀等）的制造误差及磨损将直接影响工件的尺寸精度。成形刀具（如成形车刀、成形铣刀、螺纹刀具、齿轮刀具等）的制造误差和磨损主要影响加工表面的形状精度。

（2）工艺系统变形误差

1）工艺系统受力变形误差。由机床、夹具、刀具、工件组成的系统，在切削力、传动力、惯性力、夹紧力以及重力等的作用下，会产生变形。变形会破坏工艺系统间已调整好的正确位置关系，从而产生加工误差。

2）工艺系统受热变形误差。在机械加工过程中，工艺系统在各种热源的影响下会产生复杂的变形，破坏工艺系统间的相对位置精度，造成加工误差。

3）刀具变形误差。刀具在切削过程中所受的力将使刀具产生变形，刀具的切削部分在切削时产生的温度可达 1000℃以上，也会使刀具产生热伸长，这均会产生加工误差。

4）工件内应力引起的变形误差。在切削加工中，工件在切削力和摩擦力的作用下，表层金属产生塑性变形，体积膨胀，受到里层组织的阻碍，故表层产生压应力，里层产生拉应力，也会产生加工误差。

（3）其他误差　其他误差如铸件、锻件、焊件等毛坯在生产过程中，由于工件各部分的厚薄不均、冷却速度不均而产生的内部变形误差，工件在装夹时的装夹误差，测量时量具、测量环境和人为的读数误差，及机床的调整误差等。

二、提高零件加工质量的措施

1. 减小表面粗糙度值的工艺措施

（1）选择合理的切削用量　切削速度对表面粗糙度的影响比较复杂，一般情况下在低速或高速切削时，不会产生积屑瘤，故加工后表面粗糙度值较小。当以20～50m/min的切削速度加工塑性材料时，常容易出现积屑瘤和鳞刺，再加上切屑分离时的挤压变形和撕裂作用使表面更加粗糙。切削速度越高，切削过程中切屑和加工表面层的塑性变形程度越小，加工后表面粗糙度值也越小。

在粗加工和半精加工中，当进给量f>0.15mm/r时，进给量f的大小决定了加工表面残留面积的大小，因而适当减小进给量将使表面粗糙度值减小。

（2）选择合适的刀具几何参数　增大刀具前角，使刀具易于切入工件，塑性变形小，有利于减小表面粗糙度值。但当前角太大时，切削刃有嵌入工件的倾向，反而使表面变粗糙。

当前角一定时，后角越大，切削刃越锋利，同时，还能减少后面与加工表面间的摩擦和挤压，有利于减小表面粗糙度值。但后角太大削弱了刀具的强度，容易产生切削振动，使表面粗糙度值增大。

增大刃倾角对降低表面粗糙度值有利；减小刀具主偏角和副偏角及增大刀尖圆弧半径，可减少切削残留面积，使表面粗糙度值减小。

（3）选择合适的刀具材料　不同的刀具材料，由于其化学成分不同，刀具材料与被加工材料金属分子的亲和程度，以及刀具前、后面与切屑和加工表面间的摩擦因数等均有所不同。

（4）改善工件材料的性能　采用热处理工艺以改善工件材料的性能是减小其表面粗糙度值的有效措施。例如，工件材料金属组织的晶粒越均匀，晶粒越细，加工时越能获得较小的表面粗糙度值。

（5）选择合适的切削液　切削液的冷却和润滑作用均对减小表面粗糙度值有利，其中更直接的是润滑作用，当切削液中含有表面活性物质如硫、氯等化合物时，润滑性能增强，可使切削区金属材料的塑性变形程度下降，从而减小加工表面的表面粗糙度值。

2. 保证表面相互位置精度及防止工件变形

（1）保证表面相互位置精度的方法　高速运转的轴上零件，内、外表面的同轴度及端面与孔轴线的垂直度要求一般都较高，可用以下方法来满足：

1）在一次装夹中完成内外表面及端面的全部加工。这样可消除工件的装夹误差并获得很高的相互位置精度。但由于工序比较集中，对尺寸较大的套筒装夹不便，故这种方法多用于尺寸较小的轴套的车削加工。

2）主要表面的加工分在几次装夹中进行（先加工孔）。先加工孔至零件图尺寸，然后以孔为精基准加工外圆。由于使用的夹具（通常为心轴）结构简单，而且制造和装夹误差较小，因此可保证较高的相互位置精度。该方法在套筒类零件加工中应用较多。

3）主要表面的加工分在几次装夹中进行（先加工外圆）。先加工外圆至零件图尺寸，然后以外圆为精基准完成内孔的全部加工。

（2）防止零件变形的工艺措施　薄壁及套筒类零件在加工过程中，常因夹紧力、切削力和热变形的影响而产生变形。为防止变形，常采取的工艺措施如下：

车削薄壁工件的加工特点

1）将粗、精加工分开进行，减少切削力和切削热的影响，使粗加工产生的变形在精加工中得以纠正。

2）减少夹紧力的影响。在工艺上采取以下措施减少夹紧力的影响。

① 采用径向夹紧时，夹紧力不应集中在工件的某一径向截面上，而应使其分布在较大的面积上，以减小工件单位面积上所承受的夹紧力。例如可将工件装夹在一个适当厚度的开口圆环中，再连同此环一起夹紧；也可采用增大接触面积的特殊卡爪。当以内孔定位时，宜采用胀开式心轴装夹。

② 夹紧力的位置宜选在零件刚性较强的部位，以改善在夹紧力作用下薄壁零件的变形。

③ 改变夹紧力的方向，将径向夹紧改为轴向夹紧。

④ 在工件上制出提高刚度的工艺凸台以减少夹紧变形，加工时用特殊结构的卡爪夹紧，加工终了时将凸台切去。

3）减小切削力对变形的影响。增大刀具主偏角和前角，使加工时切削刃锋利，减小背向力，采取较小的切削用量。

4）调质处理放在粗加工和精加工之间，这样安排可减少热处理变形的影响。套筒和盘类零件热处理后一般会产生较大变形，在精加工时可得到纠正，但要注意适当加大精加工余量。

小　　结

本章主要介绍了切削运动、切削用量、切削力与功率的关系、切削热和切削液、刀具性能要求与常用材料、车刀各部分名称与切削平面及主要角度、刀具种类、零件加工精度、表面质量、经济精度与经济粗糙度、影响加工精度的因素、减小表面粗糙度值的工艺措施、保证表面相互位置精度及防止工件变形的措施。

主运动的形式有旋转运动和往复运动两种。

切削运动的主运动只有一个，而进给运动则可能有一个或几个。

切削用量是指切削速度 v_c、进给量 f 和背吃刀量 a_p 三者的总称。

常用的刀具材料有碳素工具钢、合金工具钢、高速工具钢、硬质合金、陶瓷材料与超硬材料等。

常用的硬质合金有钨钴类硬质合金、钨钛钴类硬质合金和钨钛钽（铌）类硬质合金三类。

车刀切削部分分前面、后面、副后面、主切削刃、副切削刃和刀尖。

切削辅助平面分为基面、切削平面和正交平面。

车刀刃磨的测量角度有主偏角、副偏角、刀尖角、前角、后角、刃倾角。

常用车刀有外圆车刀、端面车刀、切断刀、内孔车刀、成形车刀、螺纹车刀等。

常见的车刀结构形式有整体式、焊接式和可转位式三大类。

常见的刀片形状有三角形、偏三角形、正方形、五边形、六边形、圆形及菱形等多种。

钻头种类有中心钻、麻花钻、扩孔钻、深孔钻等。

零件的加工精度包括尺寸精度、形状精度、相对位置精度。

获得规定尺寸精度的方法有试切法、调整法、定尺寸刀具法、主动测量法、自动控制法。

工艺系统变形误差包括工艺系统受力变形误差、工艺系统受热变形误差、刀具变形误差、工件内应力引起的变形误差。

减小表面粗糙度值的工艺措施有选择合理的切削用量、选择合适的刀具几何参数、选择合适的切削液、选择合适的刀具材料、改善工件材料的性能。

机床工艺系统几何误差包括机床的几何误差、刀具误差、夹具误差等。

切削力计算公式为 $F=\sqrt{F_c^2+F_p^2+F_f^2}$

切削力与功率的关系为 $P=F_c v_c$

主运动速度计算公式为 $v_c=\dfrac{\pi Dn}{1000\times60}$

思考与练习

一、简答题

1. 什么是背吃刀量？
2. 切削液的主要作用是什么？
3. 什么是切削速度？
4. 机械夹固式回转位刀具由哪些元件组成？
5. 什么是调整法？
6. 获得规定尺寸精度的方法有哪些？
7. 获得形状精度的方法有哪些？
8. 获得位置精度的方法有哪些？
9. 工艺系统静误差有哪些？
10. 工艺系统变形误差有哪些？
11. 减小表面粗糙度值的工艺措施有哪些？

二、填空题

1. 刀具材料应具有良好的可锻性、__________、焊接性和可加工性等。

2. 常用的刀具材料有碳素工具钢、合金工具钢、高速工具钢、__________、陶瓷材料与超硬材料等。

3. 常用的硬质合金有钨钴类硬质合金、__________和钨钛钽（铌）类硬质合金。

4. 碳化钛（TiC）的含量越多，__________，而耐磨性和耐热性越好。

5. 车刀的切削部分分为前面、__________、副后面、主切削刃、副切削刃和刀尖。

6. 机械夹固式可转位车刀的刀片形状有三角形、偏三角形、正方形、__________、六边形、圆形及菱形等多种。

7. 钻头种类有中心钻、__________、扩孔钻、深孔钻等。

8. 铰刀分为柄部、__________和颈部。

9. 表面质量包含表面的几何形状、____________、力学性能的变化以及表面层其他性能的变化等几方面。

10. 操作工人在每一次进给前先对刀，然后通过试切测量—__________—再试切的反复循环过程，使加工尺寸达到规定要求的加工方法，称为试切法。

三、判断题

1.（　　）硬质合金刀具的切削速度比高速工具钢刀具高 8~9 倍。

2.（　　）在切削加工中通常主切削力消耗机床总功率的 50%。

3.（　　）碳素工具钢适合于高速切削。

4.（　　）精加工时的前角应取大角度值。

5.（　　）在切削加工中，进给运动只能有一个。

6.（　　）一般机床的主运动只有一个。

7.（　　）适当减小进给量将使表面粗糙度值减小。

8.（　　）增大刃倾角对降低表面粗糙度值有利。

9.（　　）定尺寸刀具法通常应用于零件外表面的加工。

10.（　　）直径小于 ϕ13mm 的钻头一般做成直柄。

四、选择题

1. 精加工时取刃倾角________。

A. $\lambda_s=0$　　B. $\lambda_s>0$　　C. $\lambda_s<0$

2. 要求切屑偏向待加工表面，取刃倾角________。

A. $\lambda_s>0$　　B. $\lambda_s=0$　　C. $\lambda_s<0$

3. 刀具材料的硬度越高，耐磨性________。

A. 越差　　B. 越好　　C. 不变　　D. 消失

4. 前角在________平面内测量。

A. 过主切削刃选定点的正交　　B. 过主切削刃选定点的基面

C. 切削平面　　D. 以上都不正确

5. 加工脆性材料时，产生的切屑为________切屑。

A. 带状　　B. 挤裂　　C. 单元　　D. 崩碎

6. 在外圆磨床上磨削工件外圆表面，其主运动是________。

A. 砂轮的回转运动　　B. 工件的回转运动

C. 砂轮的直线运动　　D. 工件的直线运动

五、计算题

1. 车削工件的最大直径为 $d=100$mm，工件转速为 300r/min，切削力为 $F=500$N。试计算机床所需的功率。

2. 轴的材料为 Q235，长度为 1000mm，直径为 ϕ80mm，在功率为 10kW 的车床上加工，主轴转速为 300r/min，装夹方法如图 4-32 所示。求加工完成后轴的最大直径为多少？并画出加工后的轴形状图。

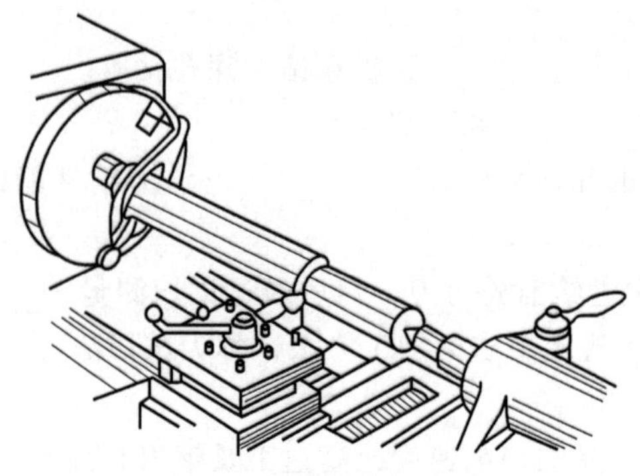

图 4-32　轴的装夹方法

第五章

常用金属切削机床加工原理与装备

技能目标

1. 能选择合适的加工机床和刀具。
2. 熟悉研磨、珩磨、超级光磨、滚压、抛光的应用场合。
3. 会进行各种加工方法的公差等级与表面粗糙度的确定。

切削加工装备泛指各种金属切削机床及各种常用的工具、夹具与量具。

第一节　金属切削机床分类与型号编制

金属切削机床包括各种普通机床、专用机床和专门化机床。

一、机床的组成与分类

1. 机床的结构组成

金属切削机床通常由以下四大主体部分组成。

（1）框架结构　机床的框架结构作为机床的基础部分，用于机床各部件的固定和定位，使各部件保持正确的静态位置关系。

（2）运动部分　机床运动部分的作用是为加工过程提供所需的刀具与工件的相对运动，保证形成已加工表面应有的刀具与工件间正确的动态位置关系。

（3）动力部分　机床动力部分的作用是为机床的传动部件及加工过程中工件的主运动及辅助运动提供必要的动力。

（4）控制部分　机床控制部分包括手动操纵手柄和按钮，用来操纵和控制机床的各个动作。

2. 机床的分类

金属切削机床通常按功用、规格、结构及精度进行分类。按加工功能和使用刀具进行区分，GB/T 15375—2008 中把金属切削机床分为车床、钻床、镗床、磨床、齿轮加工机床、螺纹加工机床、铣床、刨插床、拉床、锯床和其他机床。对同类机床按通用性程度可分为如下三类。

（1）通用机床　通用机床加工范围广，可用于多种零件的不同工序，如卧式车床、铣床等。这类机床由于通用性强，结构较为复杂，主要适用于单件小批生产。

（2）专门化机床　专门化机床加工范围较窄，专门用于某一类或几类零件的某一道或几道工序，如凸轮轴机床、螺纹磨床等。

（3）专用机床　专用机床加工范围窄，只能用于加工某一种（或几种）零件的某一特定工序，一般按工艺要求专门设计。这类机床自动化程度和生产率都很高，主要用于成批大量生产。

各种组合机床也属于专用机床。

二、机床型号编制

编制机床型号是为了简明表达机床的种类、特性及主要技术参数等。

目前，我国现行的机床型号标准为GB/T 15375—2008《金属切削机床型号编制方法》。该标准中规定了机床型号的主要内容包括机床的类别代号、机床的特性代号、机床组代号和机床系别与主参数代号等。

同类机床中，按加工精度不同，机床又可分为普通精度级机床、精密级机床、高精密级机床；按机床自动化程度的高低分为手动机床、机动机床、半自动机床和自动机床；还可按机床的尺寸、重量不同，分为仪表机床及中型、大型、重型和超重型机床；按机床布局又有卧式机床、立式机床、龙门式机床等；按机床主要工作部件的数目，有单轴机床、多轴机床或单刀机床、多刀机床等。

1. 机床的类别代号

机床类别代号采用汉语拼音的大写字母表示，机床的类别代号及其读音见表5-1。

表5-1　机床的类别代号及其读音

类别	车床	钻床	镗床	磨床			齿轮加工机床	螺纹加工机床	铣床	刨插床	拉床	锯床	其他机床
代号	C	Z	T	M	2M	3M	Y	S	X	B	L	G	Q
读音	车	钻	镗	磨	二磨	三磨	牙	丝	铣	刨	拉	割	其

2. 机床的特性代号

机床的通用特性代号及其读音见表5-2。

表5-2　机床的通用特性代号及其读音

通用特性	高精度	精密	自动	半自动	数控	加工中心（自动换刀）	仿形	轻型	加重型	简式或经济型	柔性加工单元	数显	高速
代号	G	M	Z	B	K	H	F	Q	C	J	R	X	S
读音	高	密	自	半	控	换	仿	轻	重	简	柔	显	速

3. 机床组代号

机床的组代号用阿拉伯数字表示，见表5-3。

表5-3　机床的组代号

类＼组	0	1	2	3	4	5	6	7	8
车床	仪表小型车床	单轴自动车床	多轴自动、半自动车床	回转、转塔车床	曲轴及凸轮车床	立式车床	落地及卧式车床	仿形及多刀车床	轮、轴、辊及铲齿车床

（续）

组 类	0	1	2	3	4	5	6	7	8
钻床		坐标镗钻床	深孔钻床	摇臂钻床	台式钻床	立式钻床	卧式钻床	铣钻床	中心孔钻床
铣床	仪表铣床	悬臂及滑枕铣床	龙门铣床	平面铣床	仿形铣床	立式升降台铣床	卧式升降台铣床	床身铣床	工具铣床
齿轮加工机床	仪表齿轮加工机床		锥齿轮加工机床	滚齿及铣齿机	剃齿及珩齿机	插齿机	花键轴铣床	齿轮磨齿机	其他齿轮加工机

4. 机床系别与主参数代号

机床的系别代号用阿拉伯数字表示，主参数采用折算系数法表示，见表 5-4。

表 5-4　机床的系别与主参数名称

机床名称	主参数名称	折算系数
卧式车床	床身上最大回转直径	1/10
摇臂钻床	最大钻孔直径	1
卧式坐标镗床	工作台面宽度	1/10
外圆磨床	最大磨削直径	1/10
立式升降台铣床	工作台面宽度	1/10
卧式升降台铣床	工作台面宽度	1/10
龙门刨床	最大刨削宽度	1/100
牛头刨床	最大刨削长度	1/10

5. 金属切削机床型号的表示方法

金属切削机床型号编制如图 5-1 所示。

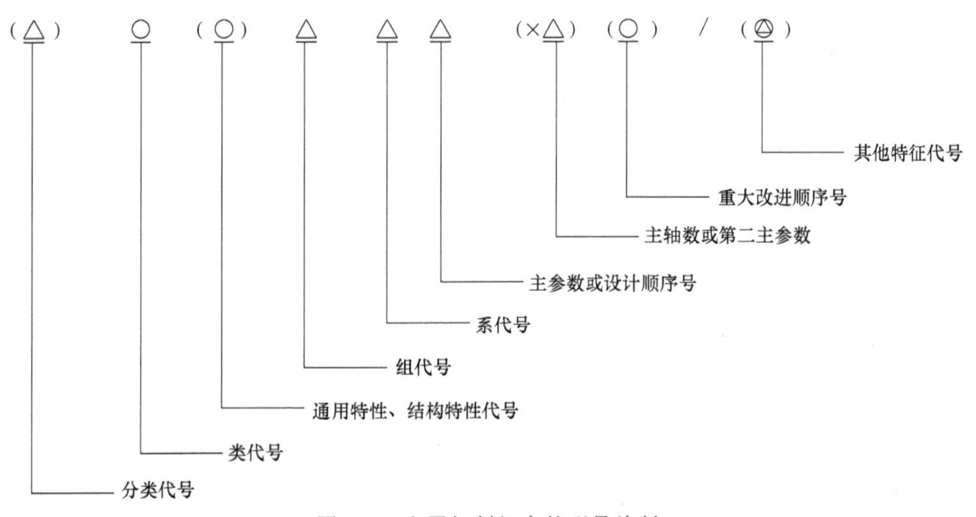

图 5-1　金属切削机床的型号编制

第二节　车削加工及装备

车削加工广泛应用于圆柱体和圆孔类机械零件的加工，所用车削装备包括车床、通用夹具和辅助工具、量具。

一、车削加工主要工艺类型

车削加工是机械加工方法中应用最广泛的方法，如轴类、盘套类零件上的内、外圆柱面、圆锥面、台阶面及各种成形回转面都可用车削加工。车削加工的主要工艺类型如图 5-2 所示。

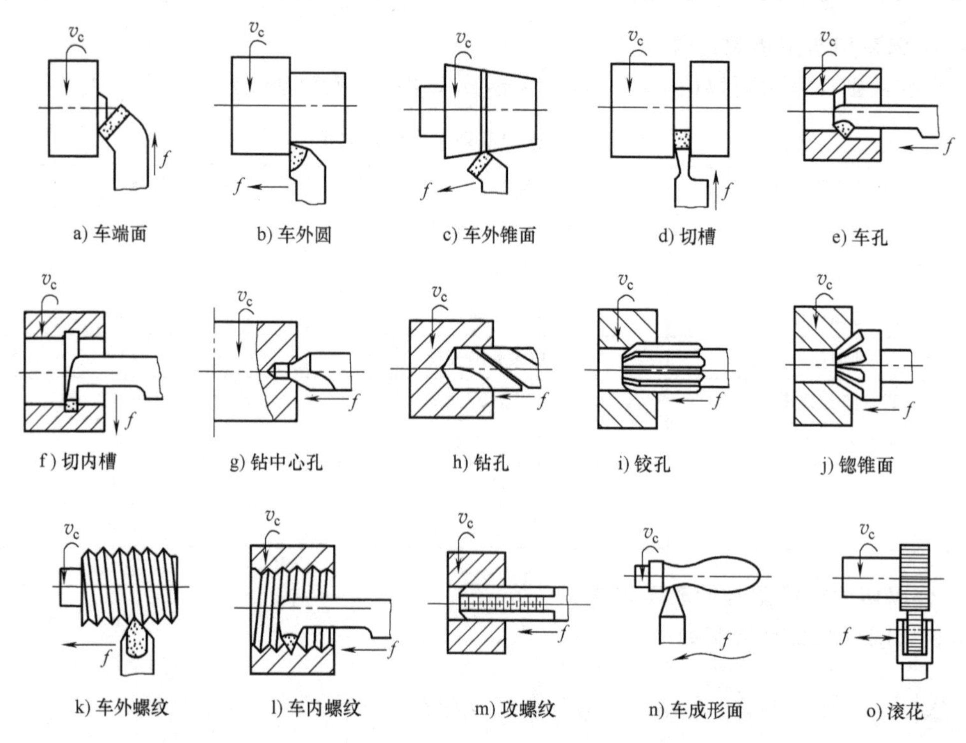

图 5-2　车削加工的主要工艺类型

车削加工以主轴带动工件的旋转为主运动，以刀具的直线运动为进给运动。

车削加工根据机床的精度不同，所用刀具材料、结构参数不同及所采用工艺参数不同，能达到的加工精度及表面粗糙度也不同。

车削加工一般分为粗车、半精车、精车、精细车和镜面车等。

1. 粗车

粗车是从毛坯上切除较多的加工余量，最好一次切尽氧化皮，留出 0.2~0.5mm 的余量给精加工。为提高生产率，粗车时应尽可能采用较大的背吃刀量。粗车时，为避免切削量不均匀产生的振动，切削速度应较低，这样也可保证车刀有较长的使用寿命。一般粗车达到的尺寸公差等级为 IT12~IT11，表面粗糙度值为 $Ra12.5 \sim Ra6.3\mu m$。粗车通常作为不太重要零件、非配合表面的终加工或高精度表面的预加工工序。

2. 半精车

半精车是介于精车和粗车之间的车削加工。半精车可达到的尺寸公差等级通常为IT10~IT8，表面粗糙度值为Ra6.3~Ra3.2μm。半精车可作为中等精度表面的终加工工序，也可作为磨削或其他精加工表面的预加工工序。

3. 精车

为了保证获得较高质量的表面，精车时一般采用较小的进给量、背吃刀量及较高的切削速度。精车可达到的尺寸公差等级通常为IT8~IT7，表面粗糙度值为Ra3.2~Ra0.8μm。精车一般作为较高精度表面的终加工或精细车加工和光整加工的预加工工序。

4. 精细车

精细车是可获得尺寸公差等级为IT7~IT6、表面粗糙度值为Ra1.6~Ra0.4μm的外圆表面的加工方法。有色金属、非金属等较软材料不宜采用磨削加工时，生产中才采用精细车。例如精密滑动轴承的轴瓦，为防止砂轮中的磨粒嵌入较软的工件表面而影响零件使用，不允许采用磨削加工。此时可采用精细车。

5. 镜面车

镜面车是获得尺寸公差等级为IT6以上、表面粗糙度值$Ra \leqslant 0.4$μm的外圆表面的加工方法。

生产中采用精细车、镜面车获得高质量或高光亮度工件时，需注意两个关键问题：一是必须要有精密的车床，高精度车床的主要精度指标可参考表5-5；二是必须要有优质的刀具材料（一般为金刚石）及良好的刀具，刀具具有锋利的刃口，能均匀地去除工件表面的极薄层余量。

表5-5　车床的主要精度指标

项　目	卧式车床	中等精度车床	高精度车床
外圆圆度/mm	0.01	0.0035	0.0014
外圆圆柱度/mm	0.01/100	0.005/100	0.0018/100
端面平面度/mm	0.02/200	0.0085/200	0.0035/200
螺纹螺距精度/mm	0.06/300	0.018/300	0.007/300
外圆表面粗糙度值Ra/μm	3.2~1.6	1.6~0.4	0.4~0.05

精细车、镜面车的外圆切削用量参见表5-6。此外，还应有良好的、稳定的及干净的加工环境，工艺条件一应具备。例如精细车前，工件表面需经半精车，尺寸公差等级达IT7，表面粗糙度值小于Ra0.8μm；而镜面车前，工件表面不允许有任何缺陷，加工中采用酒精喷雾进行强制冷却。

表5-6　精细车、镜面车的外圆切削用量

项　目	切削速度v_c/(m/min)	进给量f/(mm/r)	背吃刀量a_p/mm
精细车	≥200	0.02~0.08	0.02~0.05
镜面车	≥200~300	0.02~0.08	0.01~0.02

二、车床类型

车床是完成车削加工所必需的加工设备。车床的类型很多，按其结构和用途的不同，主要有转塔车床、卧式车床、立式车床、单轴自动车床、多轴自动车床、半自动车床、仿形车床和多刀车床等。此外，在大批大量生产中，还使用各种各样的专用车床。

1. 转塔车床

图 5-3a 所示为常用的转塔车床实物图，图 5-3b 所示为转塔车床结构组成。转塔的刀架上可以装夹多把刀具，通过转塔转位可用不同刀具依次对零件进行不同内容的加工，因此，转塔车床可在成批加工形状复杂的零件时获得较高的生产率。

a) 外形

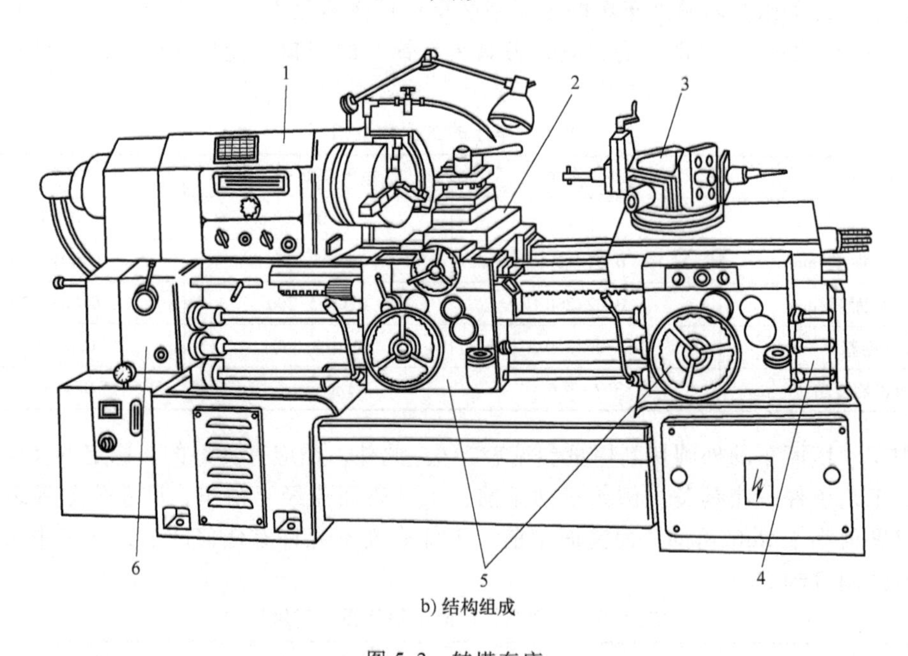

b) 结构组成

图 5-3　转塔车床

1—主轴箱　2—前刀架　3—转塔刀架　4—床身　5—溜板箱　6—进给箱

2. 卧式车床

车削加工工艺系统

卧式车床应用最为普遍，工艺范围广。但卧式车床自动化程度较低，加工效率不高，加工质量与加工者技术水平的关系很大。卧式车床主要用于轴类零件和直径不太大的盘套类零件加工，其外形如图 5-4a 所示，其结构组成

如图 5-4b 所示。

由图 5-4b 看出，卧式车床主要由以下几部分组成。

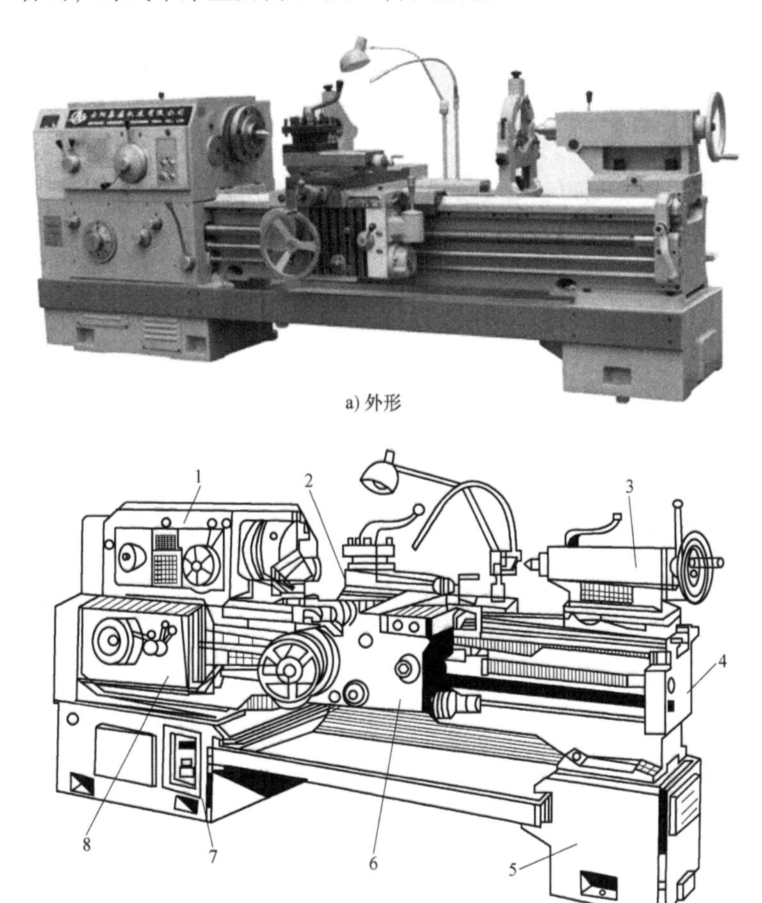

a) 外形

b) 结构组成

图 5-4 卧式车床

1—主轴箱 2—刀架 3—尾座 4—床身 5、7—床腿 6—溜板箱 8—进给箱

(1) 床身 床身由床腿支承，并用地脚螺栓固定在地基上，它是支承和连接其他各部件并带有精确导轨的基础件。

(2) 主轴箱 主轴箱是装有变速机构的箱形部件，安装于床身左上端，速度变换靠调整变速手柄来实现。主轴端部可装夹各种卡盘，以便装夹工件。

主轴箱的组成和工作原理

(3) 进给箱 进给箱是装有进给变速机构的箱体部件，安装于床身左下方的前侧。进给箱内的变速机构可使光杠、丝杠获得不同的运动速度。

(4) 溜板箱 溜板箱是装有操纵车床进给运动机构的箱体部件，安装在床身前侧滑板的下方并与滑板相连，它带动滑板、刀架完成纵向与横向进给运动及螺旋运动。

溜板箱

(5) 刀架 刀架为多层结构，安装在滑板上，刀具装夹在刀架上，由滑板带动刀架一起沿导轨纵向移动。刀架也可在滑板上横向移动。

(6) 尾座 尾座安装在床身的右端导轨上，可沿导轨纵向移动，用于支承工件和装夹钻头等。

3. 立式车床

8m 立式车床

立式车床分为单柱式立式车床和双柱式立式车床。小型立式车床一般做成单柱式，大型立式车床做成双柱式。立式车床的主要特点是：工作台在水平面内，工件的装夹调整比较方便；工作台由导轨支承，刚性好，切削平稳；车床上设置有刀库，能够实现快速换刀。立式车床的加工尺寸公差等级可达 IT9 ~ IT8，表面粗糙度值可达 $Ra3.2 \sim Ra1.6\mu m$。立式车床的主参数为最大车削直径 D。立式车床的主轴处于垂直位置，单柱式立式车床实物图如图 5-5a 所示，双柱式立式车床实物图和组成结构如图 5-5b 所示。

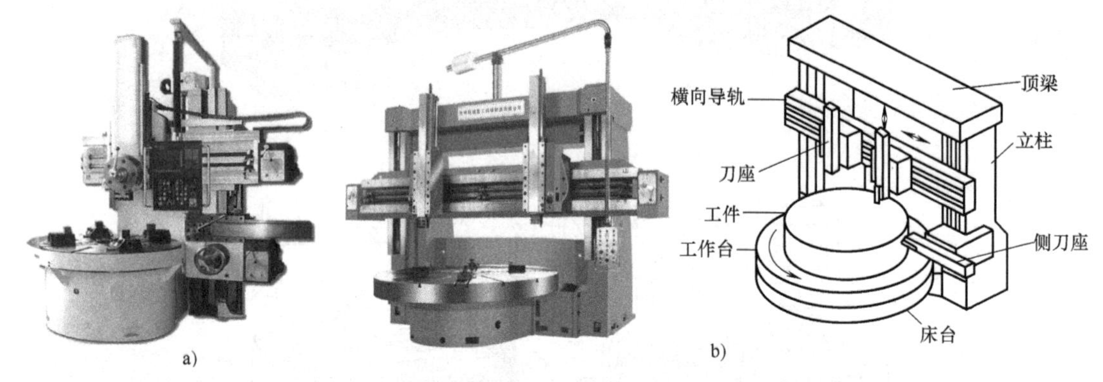

图 5-5　立式车床

三、工装设备

用车床完成零件的切削加工，必须具备相应的车床夹具及辅助工具、量具等。

1. 车床夹具

车床夹具是准确、迅速装夹工件的工艺装置。工件装夹包含定位和夹紧两个过程。定位是指确定工件在车床上或夹具中占有正确位置的过程；夹紧是工件定位后将其固定，使其在加工过程中保持定位位置不变的操作。

(1) 自定心卡盘　车床夹具用得最多的是自定心卡盘，它可实现自动定心，应用十分方便。自定心卡盘的实物图如图 5-6a 所示，结构组成如图 5-6b 所示。

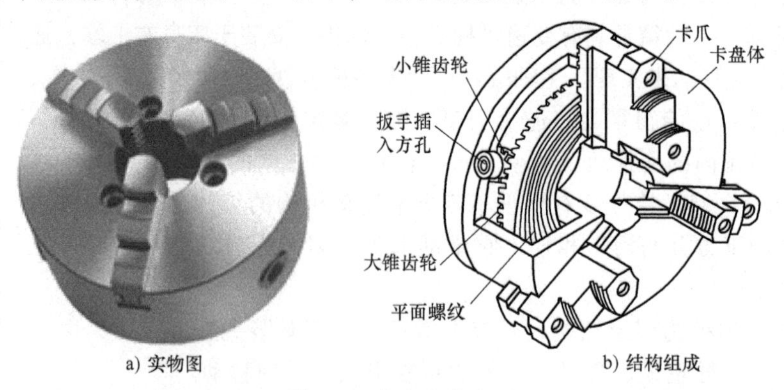

图 5-6　自定心卡盘

1）结构组成与夹紧原理。自定心卡盘上有一个大锥齿轮，它与三个均布的小锥齿轮相啮合，如图 5-6b 所示。使用时将扳手的方头插入小锥齿轮的方孔内，转动扳手使小锥齿轮带动大锥齿轮转动，大锥齿轮背面的平面螺纹与三个卡爪上的螺纹相啮合，当平面螺纹转动时，就带动三个卡爪同步径向移动，从而使工件被夹紧或松开。

2）特点。自定心卡盘装夹具有自动定心、找正，且装夹工件简单、迅速等优点；缺点是夹紧力小，不能用来装夹形状不规则的工件和大型工件。

3）应用。自定心卡盘装夹特别适用于夹持圆形、正三角形、正六边形截面的轴类及盘类中小型工件。卡爪从外向内移动夹紧时，多用于装夹实心工件；卡爪由内向外胀紧，多用于装夹空心工件。卡爪上的台阶可用来扩大装夹范围。

（2）单动卡盘　单动卡盘的实物图和结构组成如图 5-7a、b 所示。单动卡盘的四个活动卡爪相互不关联，每个卡爪上制有内螺纹与调节螺杆 5 相啮合，实现对各卡爪进行独立的调整。单动卡盘不能进行自动定心。单动卡盘可装夹截面为矩形、椭圆形的工件及不规则工件。

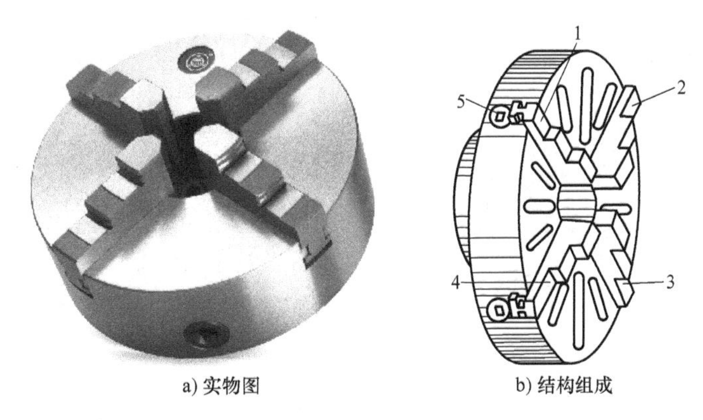

图 5-7　单动卡盘

1~4—卡爪　5—调节螺杆

（3）花盘　花盘直接安装在车床主轴上。花盘的盘面上有许多长短不同、径向排列的穿通槽（图 5-8a），以便用螺栓、压板等将工件压紧在花盘的盘面上。花盘主要用来装夹不规则工件，如图 5-8b 所示。采用花盘装夹的工件，转速不能太高。花盘上装夹工件的另一边需加配重来进行平衡，以减小设备的振动，降低冲击载荷。

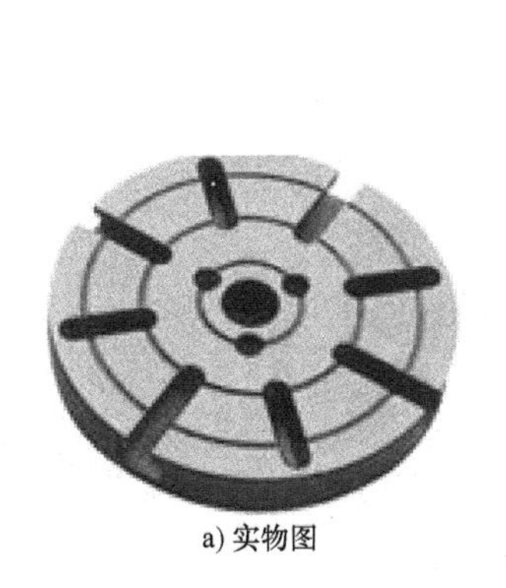

a) 实物图

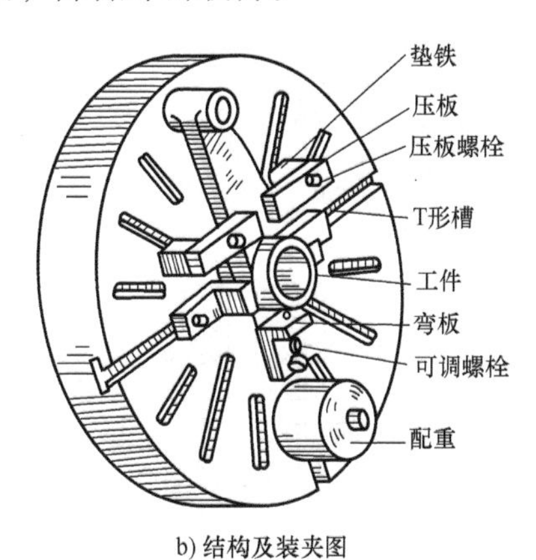

b) 结构及装夹图

图 5-8　花盘

（4）中心架与跟刀架　当车削细长轴时，由于工件的刚性差，在自重、切削力的作用下，工件将发生弯曲变形，为保证加工质量，必须采用辅助中心架或跟刀架来增强工件的刚性，从而提高加工精度。中心架与跟刀架适用于轴的长度与直径比（简称“长径比”）$L/D>15$ 的情况。中心架与跟刀架的使用情况如图 5-9 所示。中心架用压板紧固在车床床身导轨上，不随刀架运动，如图 5-9a 所示；跟刀架则紧固在刀架滑板上，随刀架一起移动，如图 5-9b 所示。

（5）顶尖　顶尖分为固定顶尖和回转顶尖。不做旋转运动的顶尖称为固定顶尖，如图 5-10a 所示；与工件一起旋转的顶尖称为回转顶尖，如图 5-10b 所示。

固定顶尖定心准确，刚度高，装夹之后稳定，但切削时发热多，不适于高速旋转的工件。回转顶尖可以减小顶尖与工件中心孔之间的摩擦，适宜于高速旋转的工件。

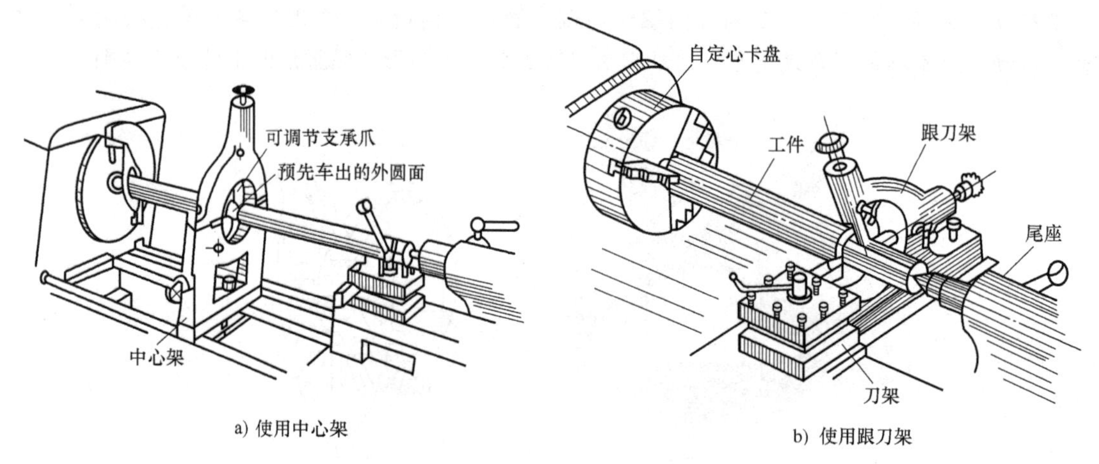

a) 使用中心架　　b) 使用跟刀架

图 5-9　中心架与跟刀架的使用情况

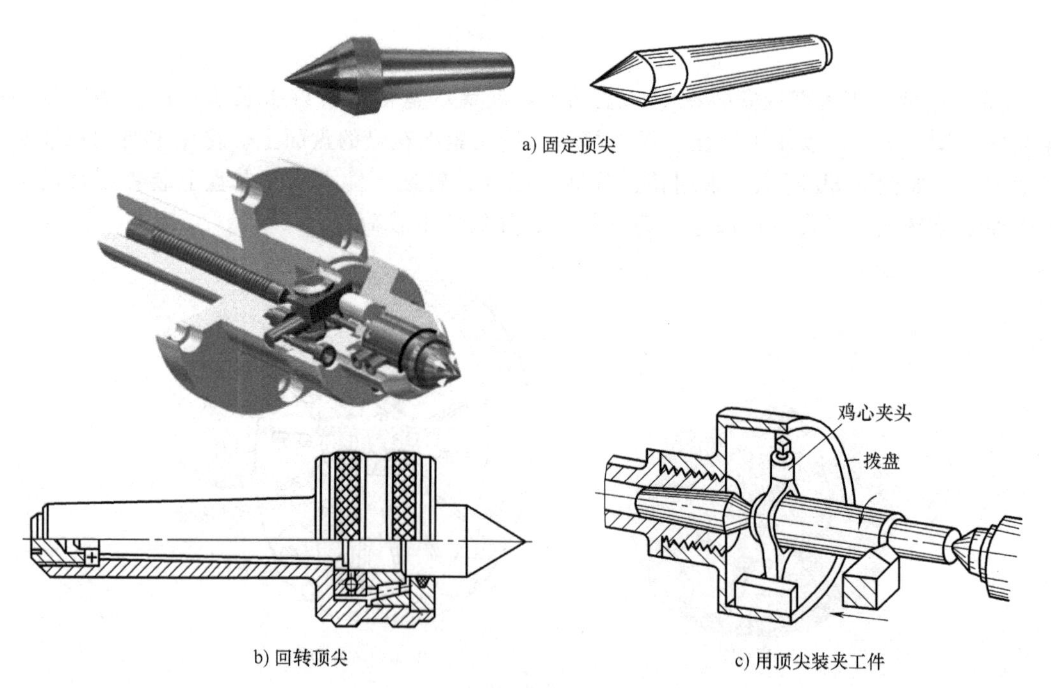

a) 固定顶尖

b) 回转顶尖　　c) 用顶尖装夹工件

图 5-10　顶尖及其应用

顶尖装夹常用于长径比大于 4 的轴类工件。工件的端面需先用中心钻钻出中心孔，然后采用一夹一顶或两端顶的装夹方法。用顶尖装夹工件如图 5-10c 所示。

（6）心轴　圆柱心轴是以外圆柱面定心，以端面压紧来装夹工件的，心轴与工件孔一般采用 H7/h6、H7/g6 的间隙配合，所以工件可以很方便地套在心轴上。圆柱心轴及其定位应用如图 5-11a 所示。圆柱心轴一般只能保证同轴度为 0.02mm。为了消除间隙，提高定位精度，心轴也可做成锥体，且锥体的锥度应小一些，因为锥度太大时工件会产生歪斜。锥度心轴常用的锥度为 1/100～1/500，其定位应用如图 5-11b 所示。锥度心轴可查 JB/T 10116—1999 选用。

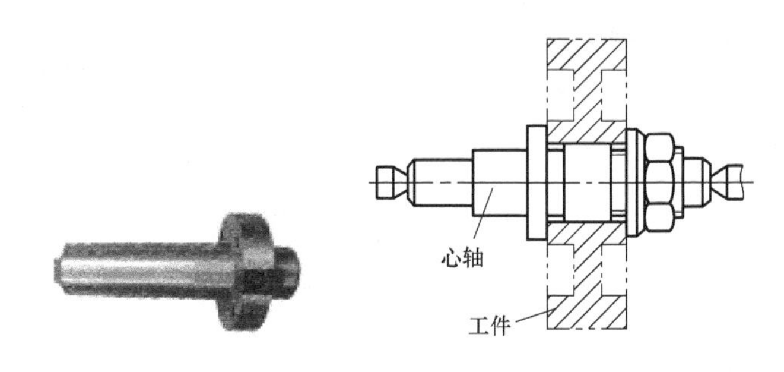

a) 圆柱心轴及其定位应用

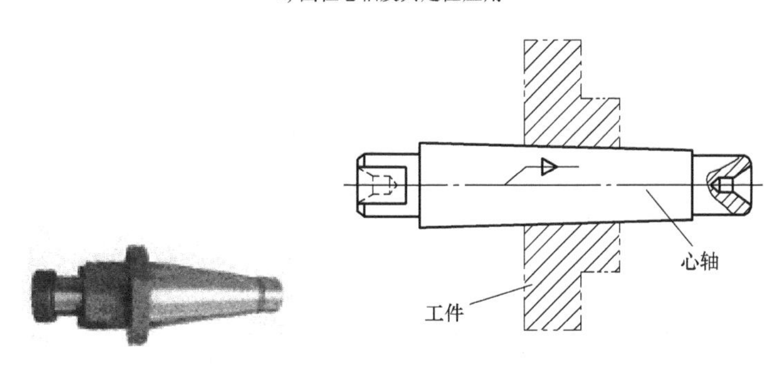

b) 锥度心轴及其定位应用

图 5-11　用心轴定位

2. 常用量具

为保证加工精度，需要对工件进行检测，检测时要用到各种测量量具、仪器仪表等。

（1）游标卡尺　游标卡尺是带有测量卡爪并通过游标读数的量尺，是一种比较精密的量具，可用于测量工件的外径、内径、长度、宽度和高度，有的还可用来测量槽的深度，分度值有 0.10mm、0.05mm、0.02mm 三种。

游标卡尺

游标卡尺结构简单，使用方便，测量尺寸范围较大，常用的规格有 0～125mm、0～200mm、0～300mm 和 0～500mm 等。游标卡尺实物图如图 5-12a 所示。

1）游标卡尺的结构组成。游标卡尺由尺身、游标和锁紧螺钉等组成，如图 5-12b 所示。

2）游标卡尺的刻线原理与读数方法。以分度值为 0.02mm 的游标卡尺为例，尺身上的刻度以 mm 为单位，游标上的刻度是把尺身 49mm 的长度等分为 50 等份，因此游标上的刻

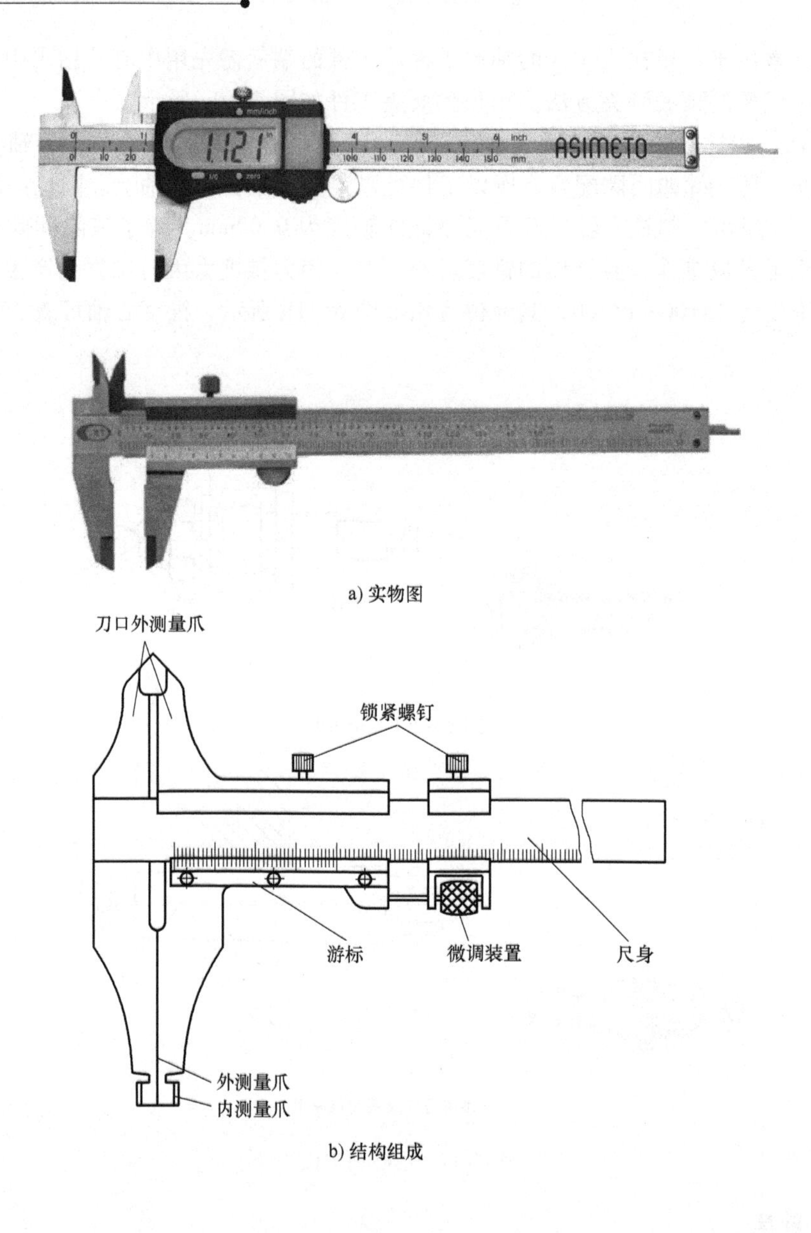

a) 实物图

b) 结构组成

图 5-12　游标卡尺

度每格为 49mm/50 = 0.98mm。

尺身和游标上的刻度每格相差 1mm - 0.98mm = 0.02mm，即游标卡尺的分度值为 0.02mm。

测量时的读数分以下三步进行：

① 根据尺身零线以左的尺身上的最近刻度读出整毫米数。

② 根据游标零线以右刻度线与尺身上的刻度线对得最齐的刻度线数乘以 0.02 读出小数。

③ 将整数和小数两部分加起来，即为测量尺寸。

由图 5-13 可看出，尺身零线左侧对应的尺身刻度值为 64mm，游标零线右侧的第 13 条

刻线与尺身上的一条刻线对得最齐。

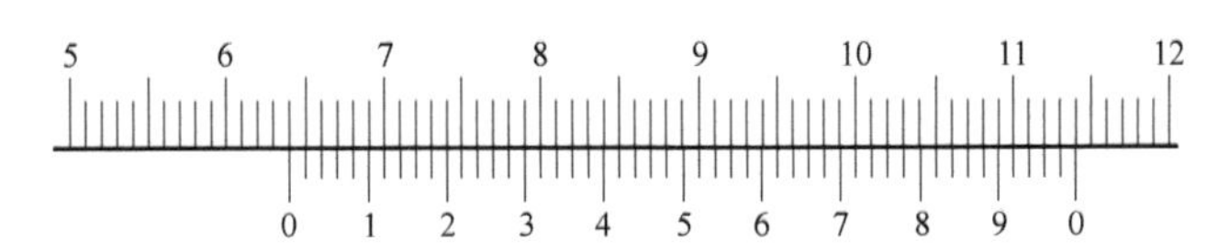

图 5-13　0.02mm 游标卡尺的读数方法

游标零线后的第 13 条线对应的尺寸为 0.02mm×13＝0.26mm。

所以被测工件的尺寸为 64mm+0.26mm＝64.26mm。

（2）千分尺　千分尺是利用螺旋微动装置测量读数的，其测量精度比游标卡尺更高，分度值为 0.01mm。按千分尺的用途来分，有外径千分尺、内径千分尺、深度千分尺等。通常所说的千分尺是指外径千分尺，如图 5-14a 所示。

1）结构组成。如图 5-14b 所示，在尺架的左端装有测砧，尺架右端装有固定套管，固定套管（尺身）上沿轴向有间距为 0.5mm 的刻线。固定套管外面的内孔螺距为 0.5mm，与测微螺杆的螺纹相配合。测微螺杆的右端有棘轮与微分筒相连。微分筒圆周上刻有 50 格刻度。

2）读数原理。固定套管上有上、下两排刻线，刻线每小格为 1mm，相互错开 0.5mm，微分筒转一周，螺杆轴向移动 0.5mm。

如果微分筒转一格，则测微螺杆的轴向位移为 0.5mm/50＝0.01mm。

这样，测微螺杆轴向位移的小数部分就可从微分筒上的刻度读出。可见，圆周刻度线是用来读出 0.5mm 以下至 0.01mm 的小数值的（0.01mm 后面的值可凭经验估出）。

读数分以下三步进行：

① 读出固定套管上露出刻线的毫米数和 0.5mm 数。

② 读出微分筒上小于 0.5mm 的小数值。

③ 将上述两部分相加，即为零件的总尺寸。

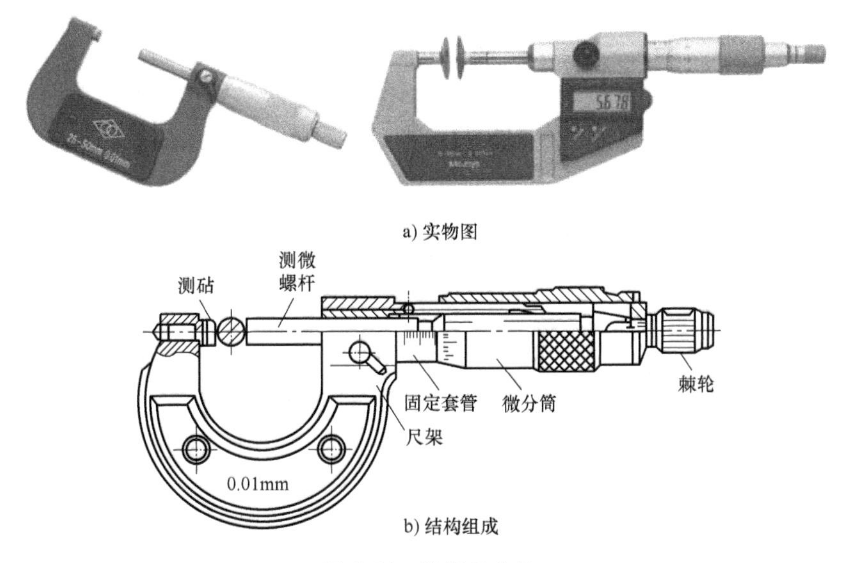

a) 实物图

b) 结构组成

图 5-14　外径千分尺

图 5-15 所示为千分尺的刻线原理和读数示例。图 5-15a 所示的读数为 8mm+0.35mm=8.35mm；图 5-15b 所示的读数为 14.5mm+0.18mm=14.68mm；图 5-15c 所示的读数为 12.5mm+0.26mm=12.76mm。

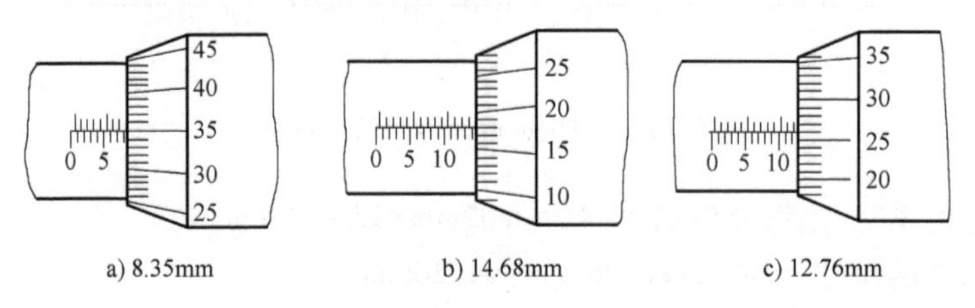

a) 8.35mm　b) 14.68mm　c) 12.76mm

图 5-15　千分尺的刻线原理和读数示例

（3）指示表　指示表是一种进行读数比较的指示式量具，只能测出相对数值，不能测出绝对数值。指示表主要用于测量形状和位置误差，也可用于机床上装夹工件时的精密找正。

1）指示表的实物图如图 5-16a 所示，指示表的组成结构图如图 5-16b 所示。指示表的表盘可以转动，以便测量时大指针对准零刻线，表盘在圆周上有 100 个等分格，每格的分度值为 0.01mm。小指针每格读数为 1mm。

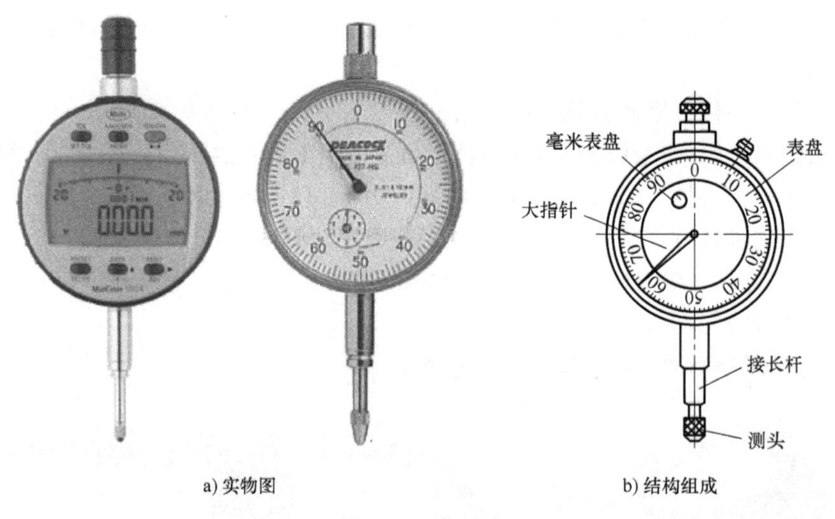

a) 实物图　b) 结构组成

图 5-16　指示表

2）测量时指针读数的变动量即为尺寸变化量。先读小指针转过的刻度线（即毫米整数）；再读大指针转过的刻度线（即小数部分），并乘以 0.01mm；然后两者相加，即为所测量工件的尺寸数值。

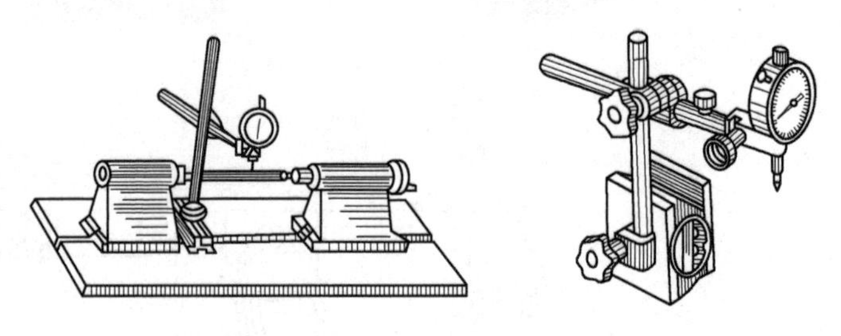

图 5-17　指示表安装在表架上

3）检测时指示表通常装在表架上使用，如图 5-17 所示。

4）指示表的检测应用。指示表可用来精确测量零件的圆度、圆跳动、平面度、平行度和直线度等几何误差。测零件的直线度误差如图 5-18a 所示，测零件的平面度误差如图

5-18b所示，零件的装夹找正如图 5-18c 所示。

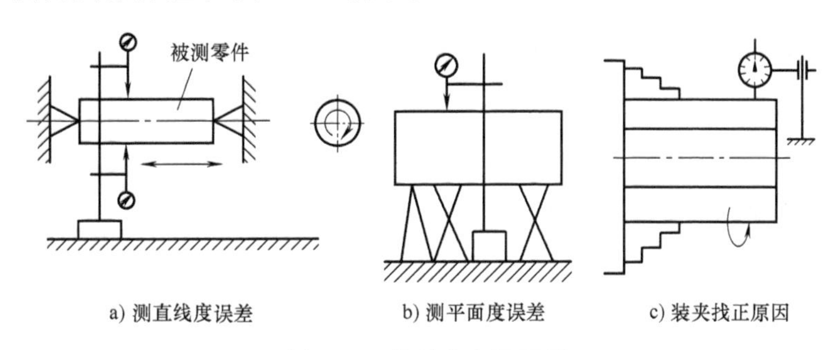

图 5-18　指示表应用举例

（4）三坐标测量机　机械制造中的零部件一般具有形状复杂、精度较高等特点，因此在测量过程中还会用到一些高精度、高柔性的量具。三坐标测量机便以其特有的测量方面的万能性及测量对象的多样性，而逐渐成为应用较多的量具。三坐标测量机的主要功能是：实现空间坐标点的测量，方便地测量各种零件的三维轮廓尺寸、位置精度等；方便地进行数字运算与程序控制，并具有高智能化程序，可实现主动测量和自动检测；生产型三坐标测量机还可用于如划线、微量精加工等。三坐标测量机的实物图如图 5-19a 所示，其结构组成如图 5-19b 所示。

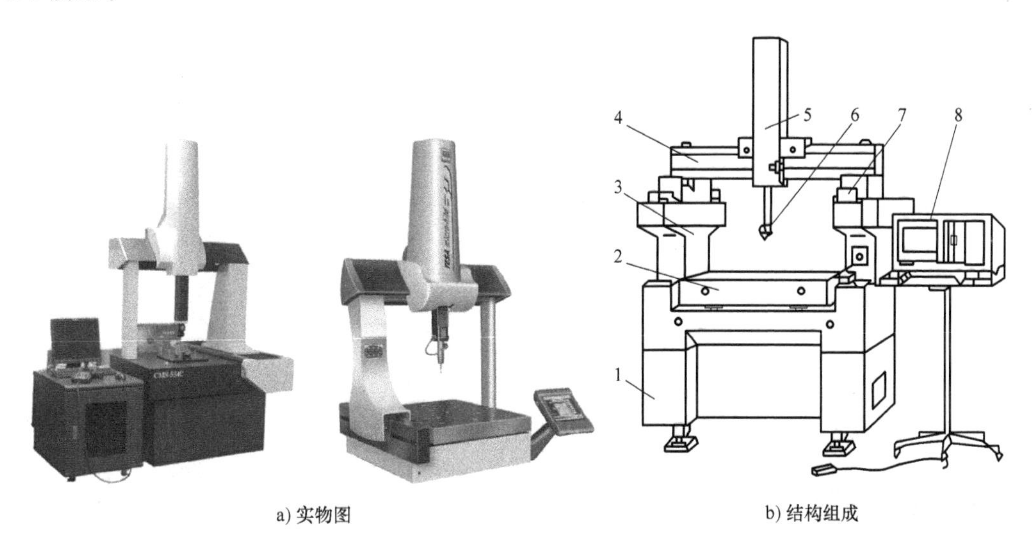

图 5-19　三坐标测量机

1—机座　2—工作台　3—立柱　4—水平导轨　5—铅垂导轨　6—测头　7—导轨　8—计算机

3. 辅助工具

在机械制造中对加工起辅助作用的所有用具都属于辅助工具范围，如仿形加工中的靠模样板、工件的定位与找正装置等。

第三节　铣削加工与装备

铣削加工是在铣床上用旋转的铣刀对各种平面和曲面进行加工的工艺方法，它在零件和模具制造中占相当大的比例。

一、铣削加工范围与铣削方式

铣削加工

1. 铣削加工范围

铣削加工的适用范围很广，可用于各种零件的平面、台阶面、沟槽、成形表面、螺旋表面等的加工，如图 5-20 所示。

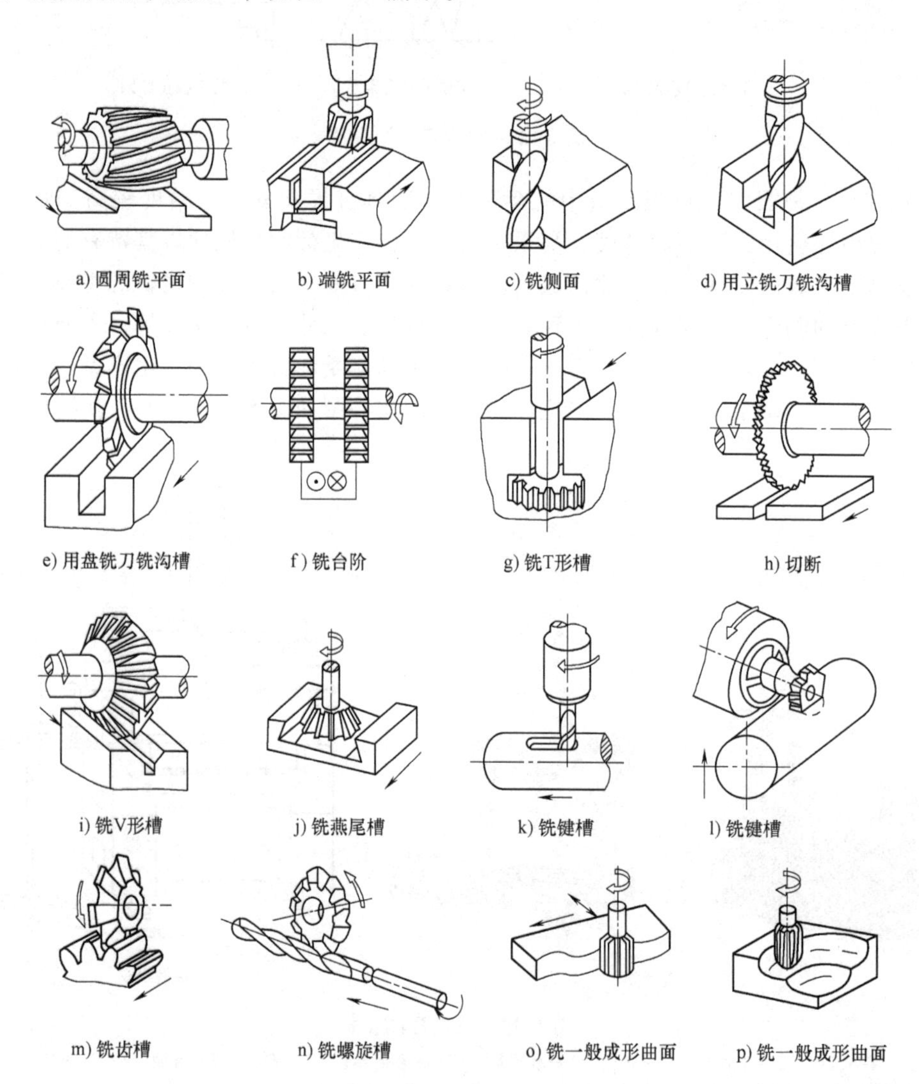

图 5-20　铣削加工的适用范围

铣削的三种运动

2. 铣削加工特点

铣削加工时铣刀的旋转运动为主运动，工件的直线运动或回转运动为进给运动。刀具切入工件的深度有背吃刀量和侧吃刀量之分，进给量也有每转进给量、每齿进给量之分，如图 5-21 所示。

由于铣刀为多刃刀具，故铣削加工生产率高；铣削中每个刀齿是逐渐切入的，形成断续切削，故加工中会产生冲击和振动。铣刀旋转一圈每个刀齿切削一次，刀齿

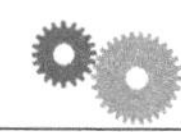

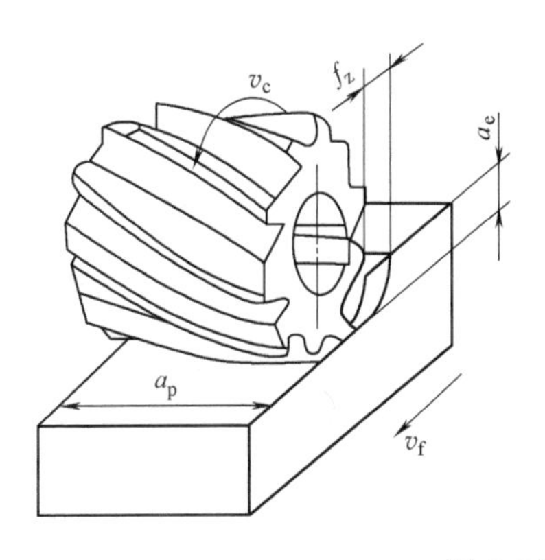

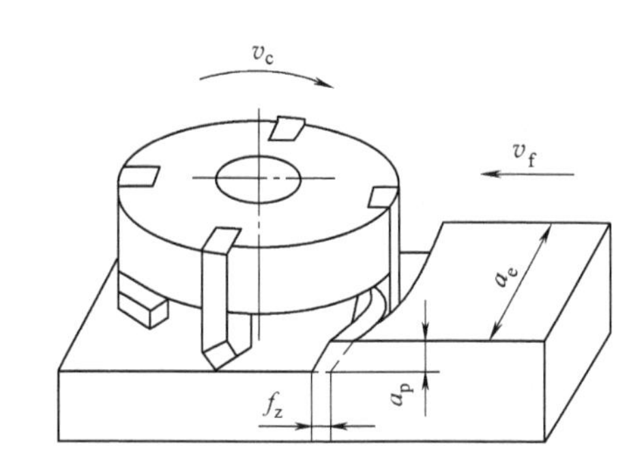

图 5-21　铣削用量要素

散热性能很好。

铣削加工可用于工件粗加工、半精加工和精加工，尺寸公差等级可达 IT9～IT7，表面粗糙度值可达 $Ra6.3 \sim Ra1.6\mu m$。精细铣削的尺寸公差等级可达 IT5，表面粗糙度值可达到 $Ra0.2\mu m$。

铣削加工特别适合模具等形状复杂的组合体零件的加工，在模具制造等行业中占有非常重要的地位。随着数控技术的快速发展，铣削加工在机械加工中的作用越来越重要，尤其是在各种特形曲面的加工中，有着其他加工方法无法比拟的优势。

3. 铣削方式

在铣床上用圆柱铣刀、立铣刀和面铣刀都可进行水平面加工，用面铣刀和立铣刀可进行垂直平面的加工。

用圆柱铣刀圆周方向的刀齿来铣削工件表面的加工方法称为周铣，周铣用的铣刀有多种形式。根据铣削时铣刀的旋转方向和工件进给方向之间的关系，周铣分为顺铣和逆铣两种。

顺铣动画

（1）顺铣　顺铣时，主运动方向与进给运动方向相同，如图 5-22 所示。

当工作台（或工件）向右进给时，因铣刀作用于工件上的水平切削分力与进给方向相同，每个刀齿的切削厚度是由大减小到零的，有利于提高工件表面的质量，所以顺铣常用于精加工。

逆铣动画

（2）逆铣　逆铣时，主运动方向与进给运动方向相反，如图 5-23 所示。当工作台（或工件）向左运动时，因铣刀作用于工件上的水平切削分力与进给方向相反，每个刀齿的切削厚度由薄到厚，使工件表面粗糙度值增大，所以逆铣多用于粗加工。

二、铣床种类

铣床的类型很多，主要以布局形式和适用范围不同加以区分。铣床的主要类型有卧式升降台铣床、立式升降台铣床、龙门铣床、工具铣床、圆台铣床、仿形铣床和各种专门化铣床等。

1. 卧式铣床

卧式升降台铣床、万能升降台铣床和万能回转头铣床都属于卧式铣床，其主轴均水平安

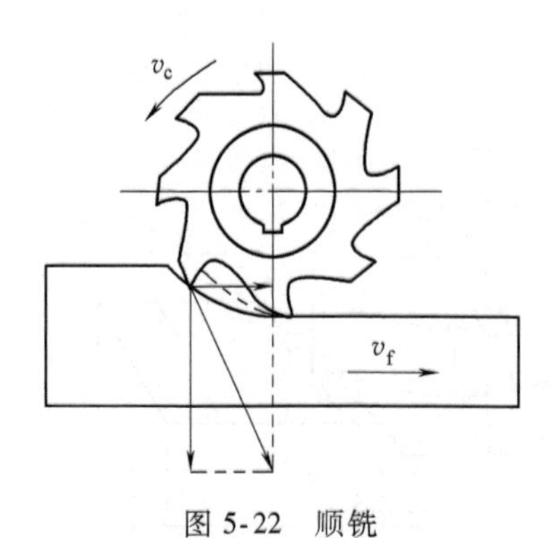

图 5-22　顺铣

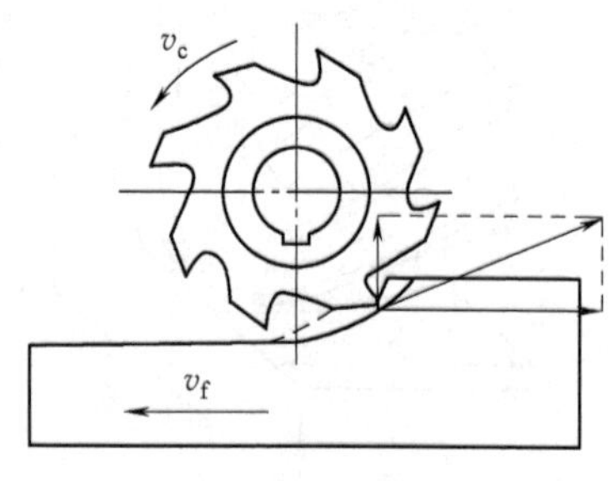

图 5-23　逆铣

装。其中，卧式升降台铣床主要用于铣平面、沟槽和多齿零件等。万能升降台铣床除完成与卧式升降台铣床同样的工作外，还可以使工作台斜向进给，以加工螺旋槽。万能回转头铣床除有一个水平主轴外，还有一个可在一定空间内任意调整的主轴，其工作台和升降台可分别在三个方向上运动，而且还可以在两个互相垂直的平面内回转。

卧式升降台铣床外形如图 5-24a 所示，结构组成如图 5-24b 所示。

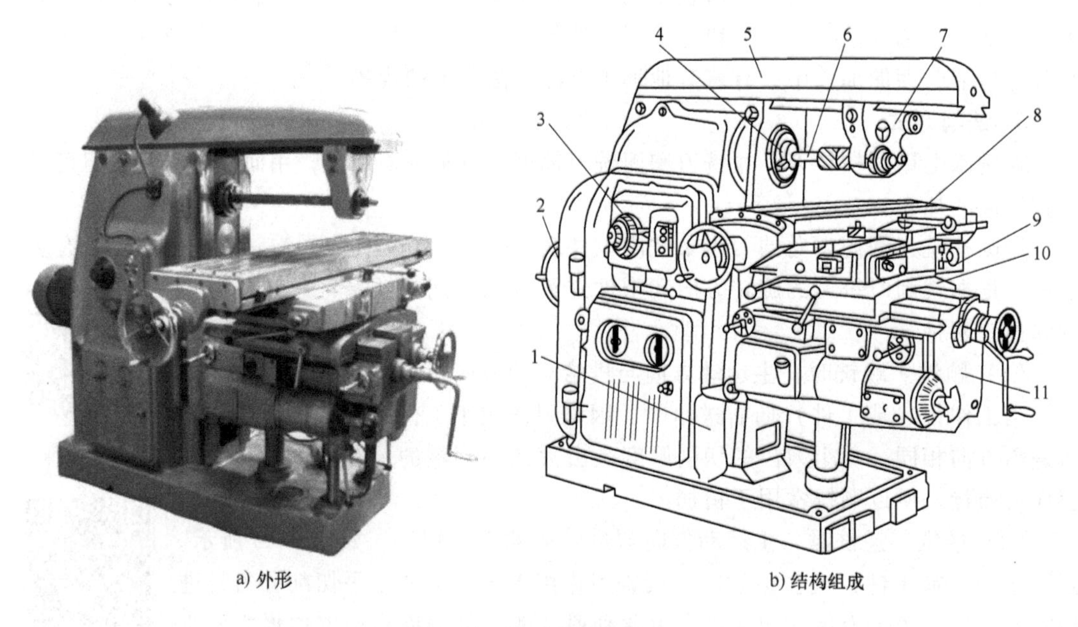

图 5-24　卧式升降台铣床

1—床身　2—电动机　3—变速箱　4—主轴　5—横梁　6—刀杆
7—吊架　8—工作台　9—转台　10—滑板　11—升降台

2. 立式铣床

立式铣床的主轴是垂直安装的，可在垂直面内调整角度。立式铣床适用于平面、沟槽、台阶等表面的加工，若与分度头、回转工作台等配合，还可加工齿轮、凸轮、铰刀及钻头等。在模具加工中，立式铣床最适合加工模具型腔等成形表面。图 5-25a 所示为立式升降台铣床外形，图 5-25b 所示为立式升降台铣床的结构组成。

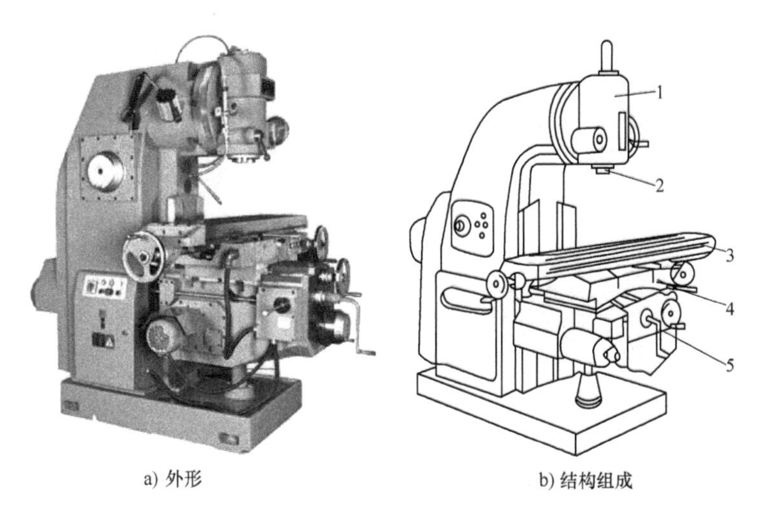

a) 外形　　　　b) 结构组成

图 5-25　立式升降台铣床

1—铣头　2—主轴　3—工作台　4—床鞍　5—升降台

3. 龙门铣床

龙门铣床是一种大型、高效的铣床，结构呈龙门式布局，具有较高的刚度及抗振性。在龙门铣床的横梁与立柱上均安装有铣削头，每个铣削头都是一个独立部件，其中包括单独的驱动电动机、变速机构、传动机构、操纵机构和主轴部件等。

在龙门铣床上可利用多把铣刀同时加工几个表面，生产率很高。所以，龙门铣床广泛应用于大中型工件平面、沟槽的加工。龙门铣床的外形如图 5-26a 所示，结构组成如图 5-26b 所示。

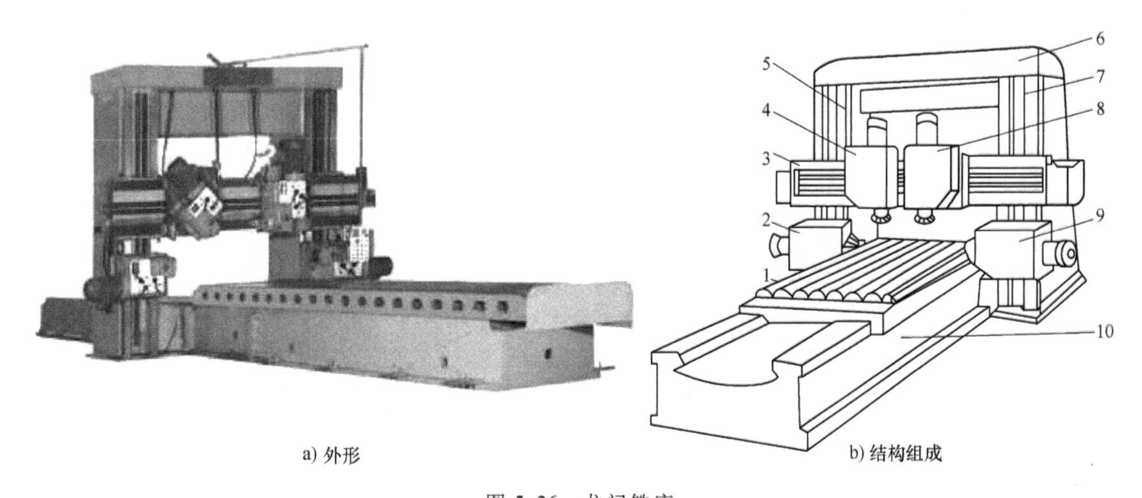

a) 外形　　　　b) 结构组成

图 5-26　龙门铣床

1—工作台　2、9—卧式铣头　3—横梁　4、8—立式铣头　5、7—立柱　6—悬梁　10—床身

4. 万能工具铣床

万能工具铣床常配备有可倾斜工作台、回转工作台、平口钳、分度头、铣刀头与插销等附件。所以，万能工具铣床除能完成卧式与立式铣床的所有加工内容外，还可用于工具、刀具及各种模具的加工，也可用于仪器、仪表等行业，加工形状复杂的零件。万能工具铣床如

图 5-27 所示。

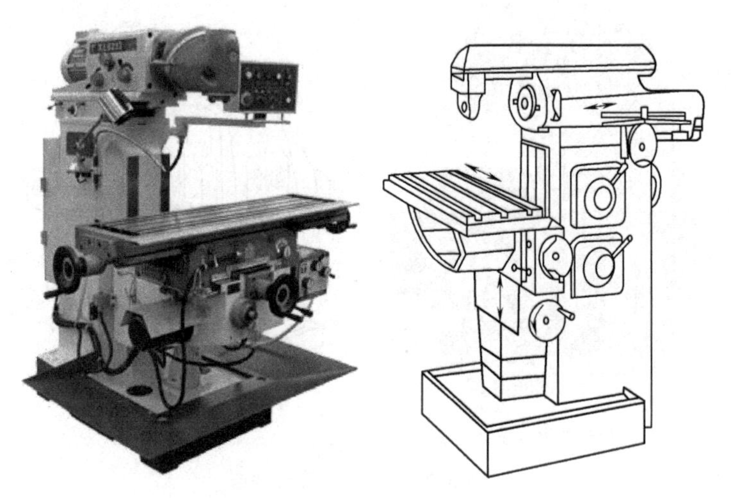

图 5-27 万能工具铣床

5. 圆台铣床

圆台铣床的回转工作台上可安装多个工件并且做连续的旋转，使工件的切削时间和装夹等辅助时间重合，获得较高的生产率。圆台铣床又可分为单轴和双轴两种形式。图 5-28a 所示为双轴圆台铣床外形，它的两个主轴可分别装夹进行粗铣和半精铣的面铣刀，因此可同时进行粗铣和半精铣，生产率更高。图 5-28b 所示为单轴圆台铣床的结构组成。

圆台铣床适用于成批大量生产时加工中、小型零件的平面。

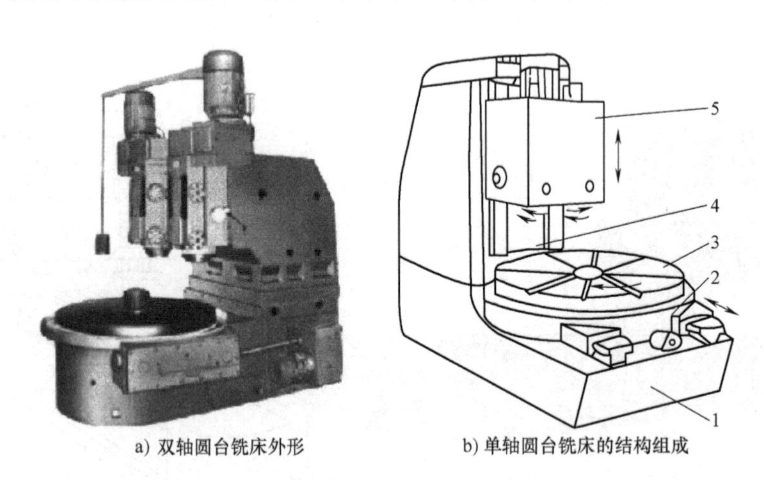

图 5-28 圆台铣床

1—床身 2—滑座 3—工作台 4—滑鞍 5—主轴箱

三、铣床附件

铣床附件除常用的螺栓、压板等基本零件与工具外，主要有平口钳、万能分度头、回转工作台、立铣头、V 形块等。对于形状简单的中小型工件，可用平口钳装夹；加工轴类零件上有对中性要求的表面时，采用 V 形块装夹；对需要分度的工件，可用分度头装夹。

1. 平口钳

平口钳组装动画

回转式平口钳是平口钳的一种，它的钳身可绕底座回转 360°，如图 5-29a 所示。图5-29b 所示为简单固定式平口钳。

(1) 结构组成 简单固定式平口钳由固定钳身、螺杆、固定螺母、活动钳身、手柄等组成，如图 5-29c 所示。

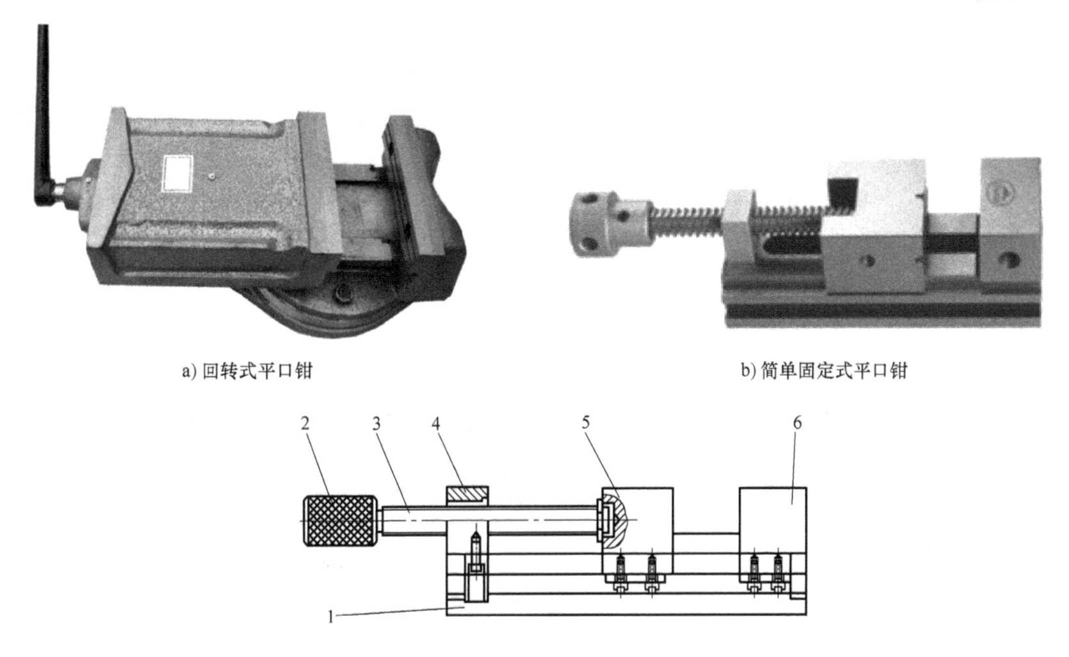

a) 回转式平口钳 b) 简单固定式平口钳

c) 简单固定式平口钳的结构组成

图 5-29 平口钳

1、6—固定钳身 2—手柄 3—螺杆 4—固定螺母 5—活动钳身

(2) 工作原理 用扳手转动螺杆 3，带动活动钳身 5 移动，可夹紧或松开工件。

分度头圆盘铣刀加工齿轮

平口钳的装配结构是可拆卸的螺纹连接和销连接，活动钳身的直线运动是由螺杆 3 与螺母 4 的螺旋传动转变的，工作表面是螺旋副、固定钳身与活动钳身的导轨副摩擦面。

2. 万能分度头

万能分度头的外形如图 5-30a 所示，结构组成如图 5-30b 所示。

3. 回转工作台

回转工作台除了能带动装夹在其上的工件旋转外，还可完成分度工作。回转工作台常用来加工圆弧形周边、圆弧形槽、多边形工件以及有分度要求的槽或孔等，其外形如图 5-31a 所示，其结构组成如图 5-31b 所示。

4. 立铣头

立铣头可在垂直平面内顺时针或逆时针方向回转 90°，起到扩大铣削加工范围的作用。立铣头的外形如图 5-32a 所示，结构组成如图 5-32b 所示。

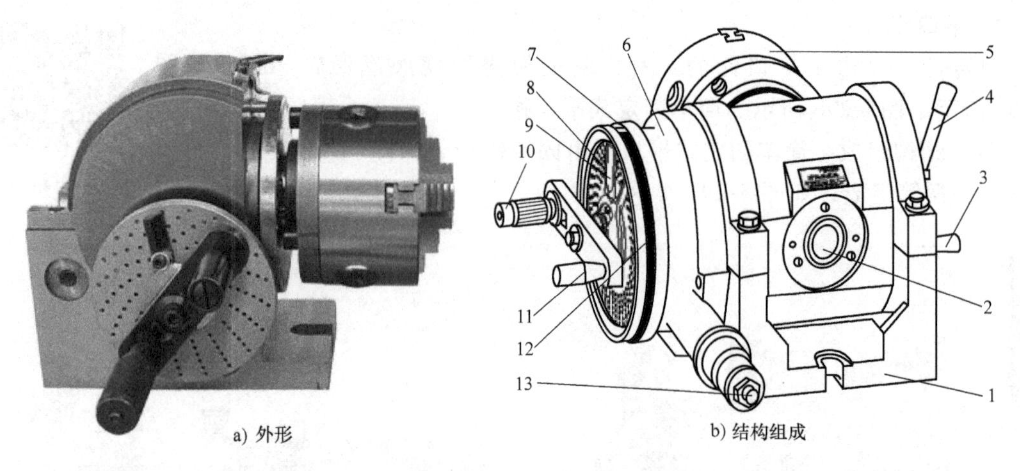

图 5-30　万能分度头

1—固定底座　2—脱落蜗杆手柄　3—主轴锁紧手柄　4—卡盘　5—分度盘　6—端盖　7—刻度环锁紧螺钉　8—分度盘　9—分度拨叉　10—定位销　11—分度手柄　12—游标环　13—交换齿轮输入轴

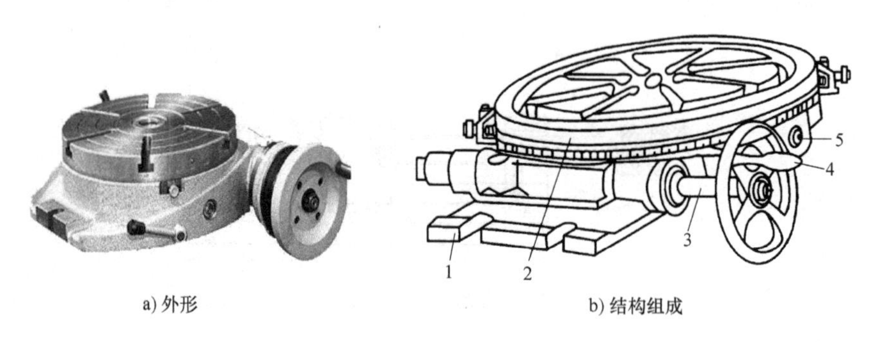

图 5-31　回转工作台

1—固定底座　2—回转工作台　3—蜗杆轴　4—手柄　5—对准读取标志

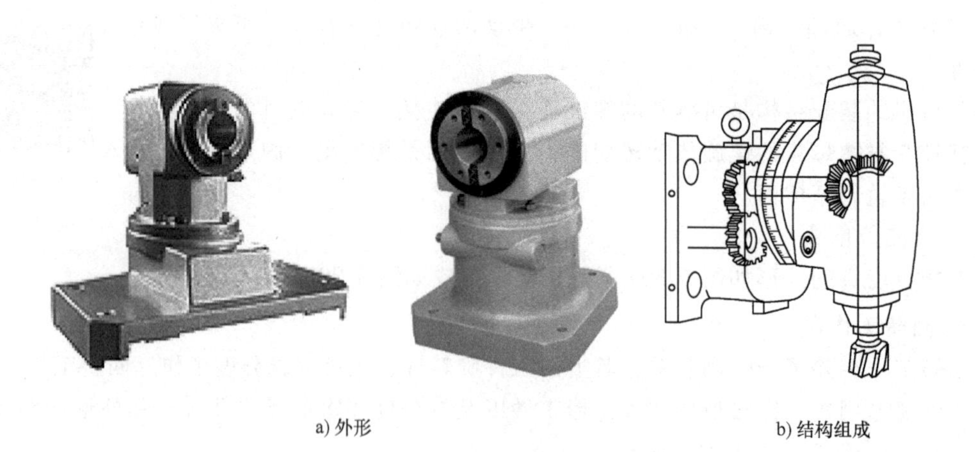

图 5-32　立铣头

5. V 形块

V 形块有空心式（图 5-33a）、实体式（图 5-33b）、电磁式（图 5-33c）等结构，用于

装夹圆柱形工件。

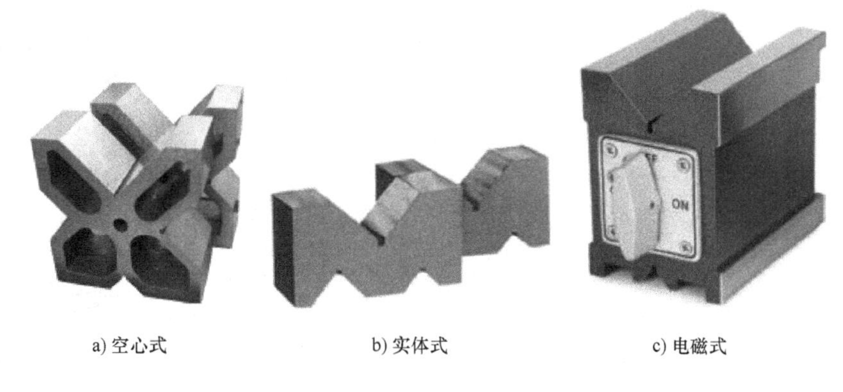

a) 空心式　b) 实体式　c) 电磁式

图 5-33　V 形块

第四节　刨削、插削、拉削加工及装备

刨削、插削是平面和沟槽常用的加工方法。拉削是孔、槽常用的快速精加工方法。

一、刨削、插削加工及装备

刨削、插削加工是刀具相对工件做往复直线运动的切削加工方法。

1. 加工范围

刨削和插削主要用于平面和沟槽的加工，其中刨削加工范围如图 5-34 所示。

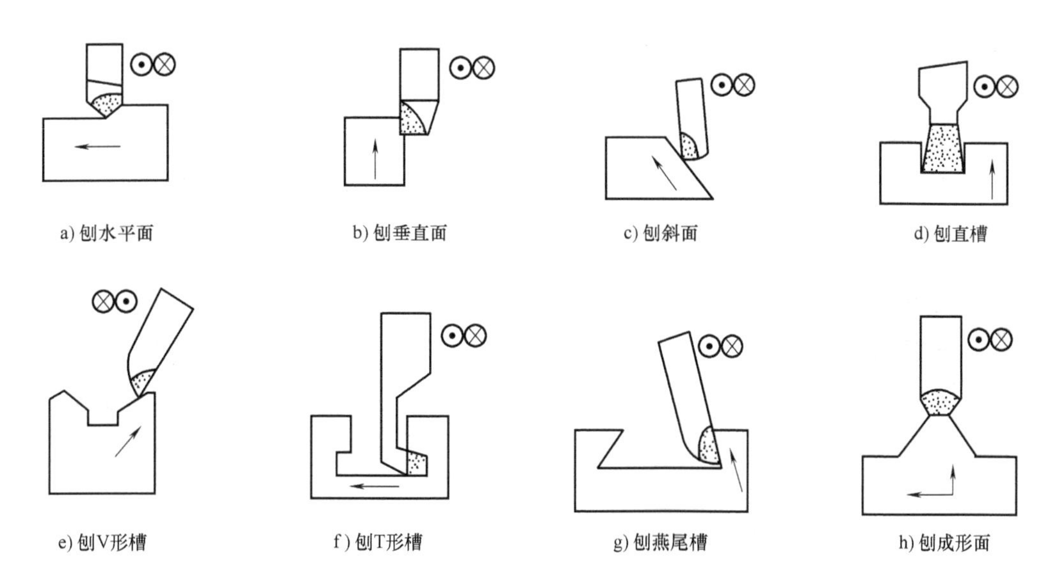

a) 刨水平面　b) 刨垂直面　c) 刨斜面　d) 刨直槽　e) 刨V形槽　f) 刨T形槽　g) 刨燕尾槽　h) 刨成形面

图 5-34　刨削加工范围

2. 刨、插床

根据结构和性能不同，刨床分为牛头刨床、龙门刨床、单臂刨床和专门化刨床等。

（1）牛头刨床　牛头刨床因滑枕和刀架形似牛头而得名。牛头刨床的外形如图 5-35a 所示，结构组成如图 5-35b 所示。

牛头刨加工动画

牛头刨床加工时，主运动由滑枕带动刀具完成，为直线往复运动，进给运动由工作台带动工件完成，为间歇直线运动。

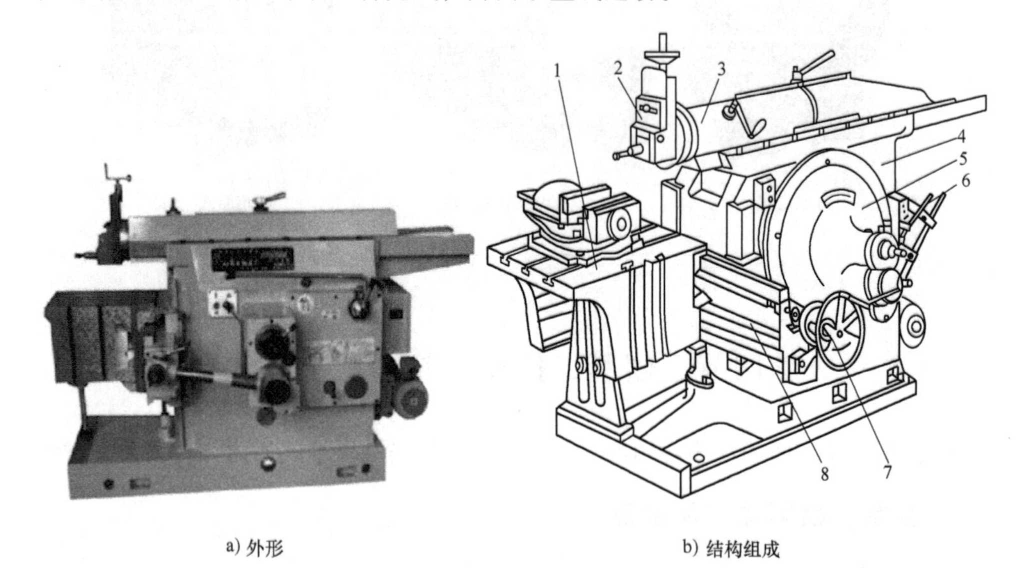

a) 外形　　b) 结构组成

图 5-35　牛头刨床

1—工作台　2—刀架　3—滑枕　4—床身　5—传动轮
6—操纵手柄　7—横向进给手柄　8—横梁

（2）龙门刨床　龙门刨床因由一个顶梁和两个立柱组成的龙门式框架结构而得名，其外形如图 5-36a 所示。龙门刨床由侧刀架 9、横梁 3、立柱 6、顶梁 5、垂直刀架 4、工作台 2 和床身 1 等组成，如图 5-36b 所示。

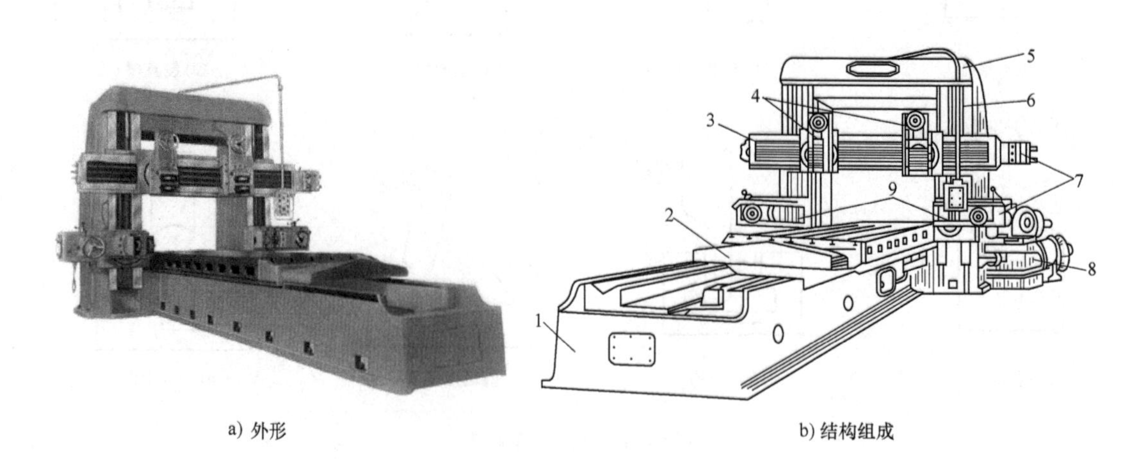

a) 外形　　b) 结构组成

图 5-36　龙门刨床

1—床身　2—工作台　3—横梁　4—垂直刀架　5—顶梁
6—立柱　7—进给箱　8—减速器　9—侧刀架

龙门刨床加工时，主运动为工作台沿床身导轨的直线往复运动，进给运动为横梁上的刀架所做的横向或垂直移动，横梁可沿立柱升降，以适应不同高度工件的需要。立柱上的侧刀架可沿垂直方向做自动进给或快移，各刀架的自动进给运动是在工作台完成一次往复运动后，刀架沿水平或垂直方向移动一定距离，直至逐渐刨削出完整表面。对于大型工件，进给运动为工作台的往复移动。

龙门刨床主要应用于大型或重型零件上各种平面、沟槽及各种导轨面的加工，也可在工作台上一次装夹多个中小型零件进行多件加工。

大型龙门刨床往往附有铣头和磨头等部件，这样就可以在工件一次装夹后完成刨、铣、磨平面等工作。

（3）插床　插床的外形如图 5-37a 所示，结构组成如图 5-37b 所示。

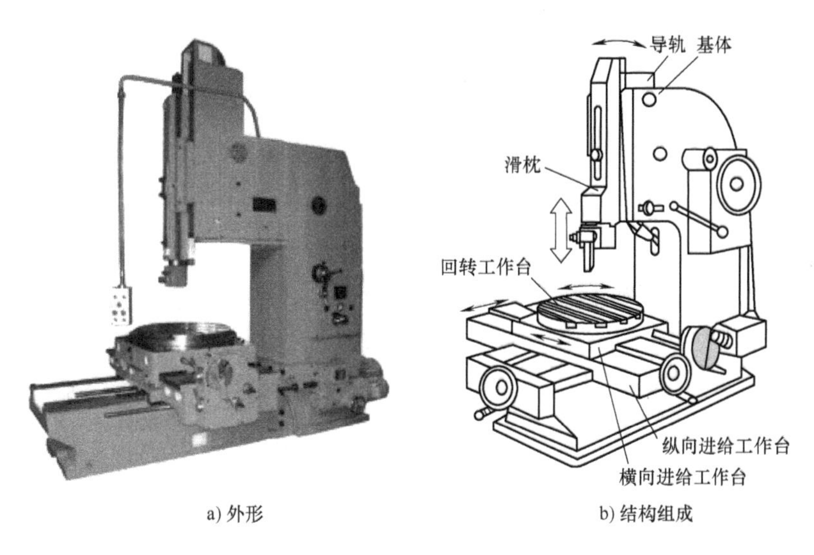

a) 外形　　b) 结构组成

图 5-37　插床

插削加工可以看成是一种“立式”刨削加工。加工时工件装夹在能分度的回转工作台上，插刀装在插床滑枕下部的刀杆上，可伸入工件的孔内插键槽、花键孔、方孔、多边形孔，尤其是能加工一些不通孔或有障碍台阶的内花键槽。

3. 加工特点

刨削和插削所需的刀具结构简单，制造装夹方便，调整容易，通用性强。但加工时的主运动是间歇变速往复直线运动，惯性较大，限制了切削速度，并且在回程时不切削，所以生产率低。

刨削和插削加工尺寸公差等级一般可达 IT10～IT8，表面粗糙度值为 Ra12.5～Ra3.2μm，采用宽刃刨刀精刨时，表面粗糙度值可达 Ra1.6～Ra0.8μm。

4. 应用场合

刨削和插削加工常用于单件小批生产，特别适合窄长工件加工。一般情况下，刨削加工效率远低于铣削加工，在大批生产中一般用铣削代替。

5. 常用附件

刨削和插削加工中常用的附件有 C 形夹、压板、螺栓、挡铁、角铁等，如图 5-38 所示。

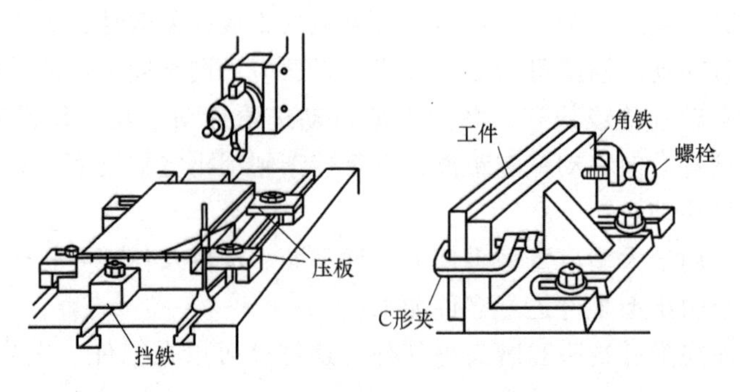

图 5-38　刨削和插削加工常用附件

二、拉削加工及装备

拉削加工是拉刀在拉力作用下做轴向运动进行加工的一种加工方法，它既可加工工件外表面，也可作为工件内表面与沟槽的精加工方法。拉削可以认为是刨削的进一步发展，它是利用多齿的拉刀，逐齿依次从工件上切下很薄的金属层，使表面达到较高的精度和较小的表面粗糙度值。

1. 加工范围

拉削只能加工通孔，不能加工台阶孔、不通孔、复杂形状零件上的孔（如箱体上的孔），也不宜加工薄壁孔。拉削圆孔的直径一般为 $\phi8 \sim \phi125$mm，孔的深径比小于5。拉削原理示意及拉削工件的横截面形状如图 5-39 所示。

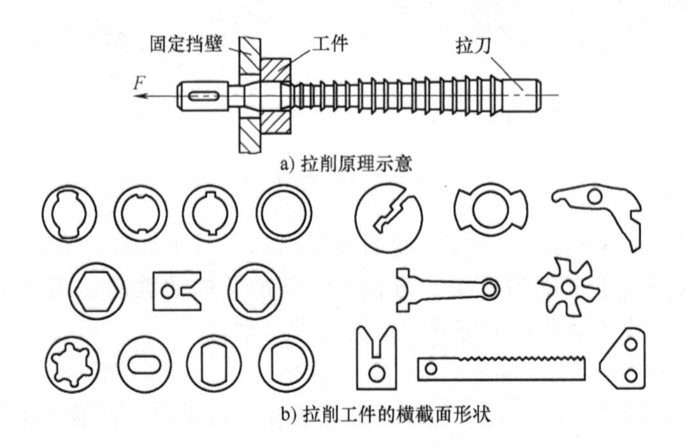

图 5-39　拉削加工及应用

2. 拉床

拉床分为卧式拉床（图 5-40a）和立式拉床（图 5-40b）。

3. 拉削特点

拉削时拉刀做平稳的低速（<18m/min）直线移动，切削过程平稳，并可避免积屑瘤的产生。通常拉削时的尺寸公差等级可达 IT8 ~ IT7，表面粗糙度值为 $Ra0.8 \sim Ra0.4\mu m$。

生产中常用的拉刀如图 5-41 所示。

拉削加工有如下特点：

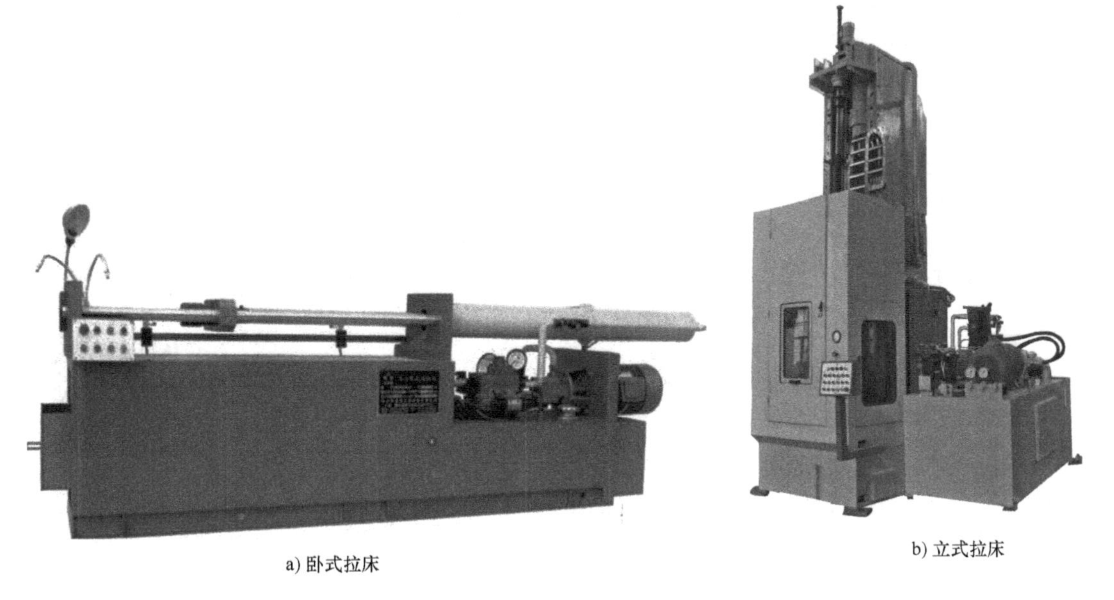

a) 卧式拉床　　b) 立式拉床

图 5-40　拉床类型

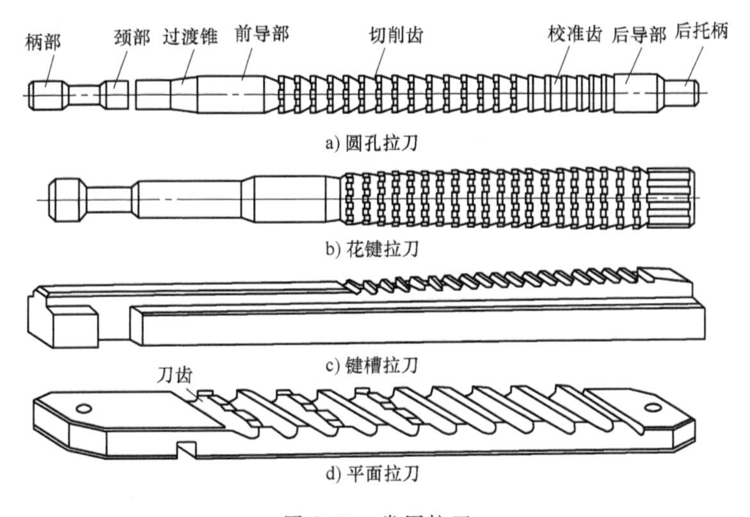

a) 圆孔拉刀

b) 花键拉刀

c) 键槽拉刀

d) 平面拉刀

图 5-41　常用拉刀

1）拉床结构简单，使用寿命长，拉削的生产率和工件质量高。

2）拉削只能提高工件的尺寸精度和降低表面粗糙度值，不能改变工件的相互位置精度。

3）拉刀为内、外表面多齿刀具，结构复杂，制造难度大。

拉削通常适用于批量生产。

第五节　钻削、铰削、镗削加工及装备

大多数机械零件上都有内孔，根据孔与其他零件相互连接关系的不同，孔有配合孔与非

配合孔之分；根据孔几何特征的不同，有通孔、不通孔、阶梯孔、锥孔等。由于孔在各零件中的作用不同，孔的形状、结构、精度及技术要求也不同。

生产中孔加工方法很多，既可对实体零件直接进行孔加工，也可对已有的孔进行扩大尺寸及提高质量的加工。与外圆表面加工相比，由于受孔径的限制，加工内孔表面时刀具的刚度不高，冷却及观察较难，并且随着孔的长径比增大，孔的加工难度也增大，因此，孔加工的难度远大于外表面加工。

一、钻削、铰削和镗削加工

1. 钻孔

在实体工件上加工孔的方法称为钻孔。在钻床上钻孔时工件是固定不动的，主轴的回转运动为主运动，钻头的轴向移动为进给运动。

钻孔加工工艺

根据孔的直径、深度不同，生产中有各种不同结构的钻头，最常用的为麻花钻。采用麻花钻钻孔时，进给力很大，定心能力差，冷却润滑不方便，尺寸公差等级一般为IT13~IT11，表面粗糙度值为 $Ra25 \sim Ra12.5\mu m$。麻花钻主要用于直径为 $\phi 80mm$ 以下孔的粗加工，或对精度要求高的孔的预加工，以及对精度要求不高的螺钉孔、油孔与气孔的终加工。

当孔的深径比超过5以上时，称为深孔。深孔加工难度大，主要表现为钻头容易变弯、导向排屑难、润滑冷却难。对深径比为5~20的孔，需在车床或钻床上用加长麻花钻加工。对深径比达20以上的深孔，需采用深孔钻加工。

当工件上已有孔（如铸造孔、锻造孔或已加工的孔）时，可采用扩孔钻对孔径进行扩大的加工，称为扩孔。扩孔加工的精度、质量比直接钻孔有所提高，尺寸公差等级可达IT11~IT10，表面粗糙度值可达 $Ra12.5 \sim Ra6.3\mu m$。因此，扩孔除可用于对较高精度的孔进行预加工外，还可用于一些要求不高的孔的终加工。通常扩孔加工的孔径不超过 $\phi 100mm$。

2. 铰孔

铰孔是对中小直径工件的孔提高精度的加工方法。铰孔加工余量小，粗铰的加工余量一般为0.15~0.35mm；精铰的加工余量为0.05~0.15mm。铰孔通过对孔壁薄层余量的去除使孔的尺寸精度、表面质量得到提高，一般铰孔尺寸公差等级可达IT8~IT6，表面粗糙度值可达 $Ra1.6 \sim 0.8\mu m$。

铰孔既可加工圆柱孔，也可加工圆锥孔；既可加工通孔，也可加工不通孔。铰孔前，被加工孔应先经过扩孔加工。铰削加工余量既不能过大也不能过小，速度与切削余量也应合适，才能保证质量。另外在操作中，铰刀不能倒转，加工完成后应先从孔中退出铰刀之后再停止机床。

镗孔加工

3. 镗孔

镗孔加工是以旋转的刀杆上装有镗刀的运动为主运动，工件或镗刀移动做进给运动，进行扩大孔径及提高质量的加工方法。镗孔尺寸公差等级可达IT9~IT7，一般表面粗糙度值可达 $Ra6.3 \sim Ra0.8\mu m$。要保证工件获得高的加工质量，除与所用加工设备密切相关外，还与工人技术水平有直接的关系。镗孔装夹调整工件与刀具的时间较长，生产率不高，但灵活性大，适应性强。

镗轴承座

镗孔一般用于加工机座、箱体、支架及非回转体等外形复杂的大型工件上较大直径的

孔，对外圆、端面、平面也可采用镗削加工，且加工尺寸可大可小。当配备各种附件、专用镗刀杆和相应装置后，镗削还可以用于加工螺纹孔、孔内沟槽、内外球面、锥孔等。

当利用高精度镗床及具有锋利刃口的金刚石镗刀，采用较高的切削速度和较小的进给量进行镗削时，可获得更高的加工精度，称为精镗或金刚石镗。

二、钻削和镗削设备

1. 钻床

钻床是对实体工件进行孔加工的主要机床之一。钻床种类很多，主要有立式钻床、台式钻床、摇臂钻床、深孔钻床、数控钻床等。

（1）立式钻床　常用的立式钻床外形如图 5-42a 所示，其结构组成如图 5-42b 所示，主要由立柱、主轴箱、垂直布置的主轴、水平布置的工作台等组成。

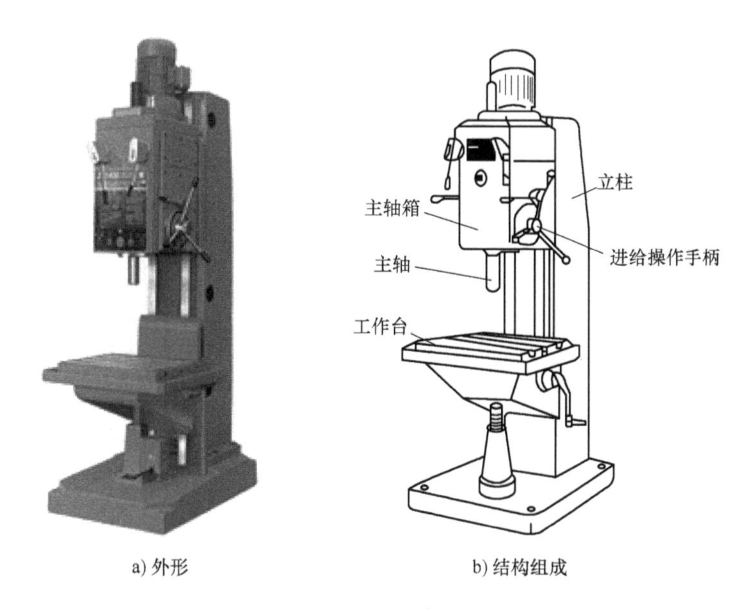

a) 外形　　b) 结构组成

图 5-42　立式钻床

立式钻床主轴可机动或手动进给，主轴的轴线位置固定，靠移动工件位置使主轴对准需加工孔的中心，主轴与工作台之间的距离可通过主轴箱沿立柱导轨的上、下移动来调整，以适应不同工件高度钻孔的要求。

立式钻床上可进行中小型工件钻孔、扩孔、铰孔、攻螺纹、锪沉头孔、锪孔口端面等工作。

（2）台式钻床　台式钻床是一种可放在工作台上使用的小型钻床。台式钻床可加工的孔径一般为 $\phi0.1 \sim \phi13$mm，采用手动进给，适用于钻小直径孔。台式钻床的外形如图 5-43a 所示，结构组成如图 5-43b 所示。

（3）摇臂钻床　摇臂钻床的外形如图 5-44a 所示，结构组成如图 5-44b 所示。

主轴箱装于可绕立柱回转的摇臂上，并可沿摇臂水平移动，摇臂还可以沿立柱调整高度以适合不同的工件。加工时，工件固定于工作台或底座上。

摇臂钻工作过程

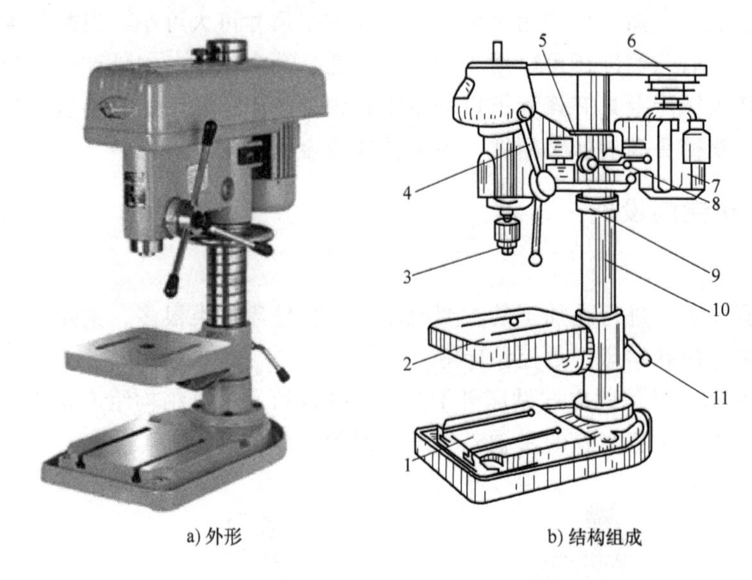

图 5-43　台式钻床

1—机座　2—工作台　3—钻夹头　4—钻头进给手柄　5—主轴架
6—带传动　7—电动机　8、11—锁紧手柄　9—定位环　10—立柱

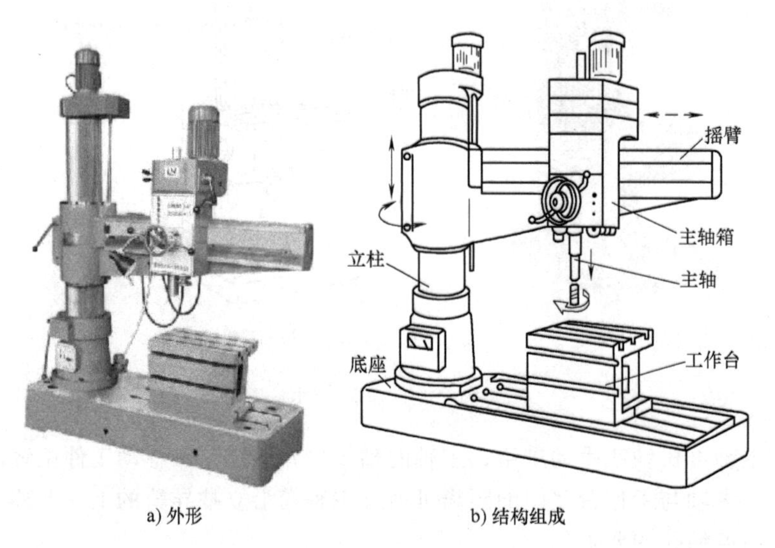

图 5-44　摇臂钻床

摇臂钻床是加工中型、大型工件上孔的主要设备。

2. 镗床

镗床用于加工重量、尺寸较大工件上的大直径孔系，尤其是加工有较高位置、形状精度要求的孔系。镗床的主要类型有卧式镗床、坐标镗床、金刚镗床等。

（1）卧式镗床　卧式镗床是一种应用较广泛的镗床，其外形如图 5-45 所示。

卧式镗床的结构组成如图 5-46 所示，前立柱 7 固连在床身 10 上，在前立柱 7 的侧面轨道上安装着可沿立柱导轨上下移动的主轴箱 8 和后尾筒 9，平旋盘 5 上有径向 T 形槽，用于安装刀架，镗轴 6 的前端有精密莫氏锥孔，可用于装夹刀具或刀杆，后立柱 2 和工作台 3 均

图 5-45　卧式镗床的外形

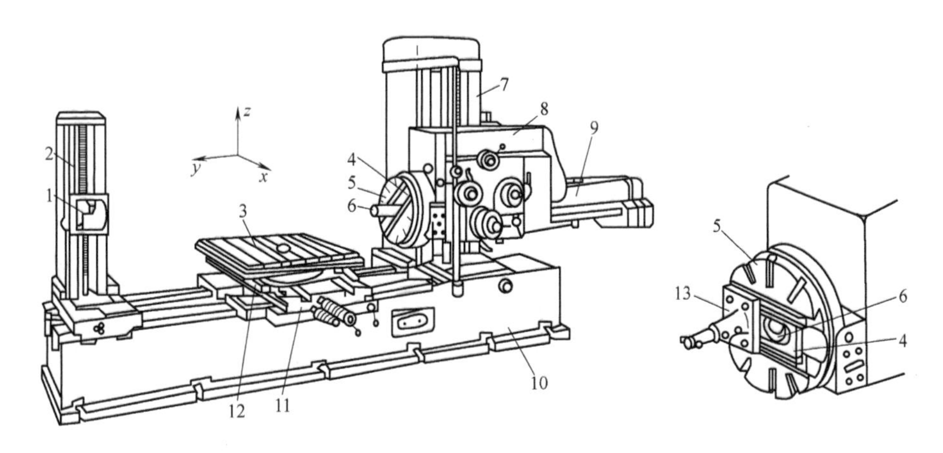

图 5-46　卧式镗床的结构组成

1—支架　2—后立柱　3—工作台　4—径向刀架　5—平旋盘　6—镗轴　7—前立柱
8—主轴箱　9—后尾筒　10—床身　11—下滑座　12—上滑座　13—刀座

能沿床身导轨纵向移动，安装于后立柱上的支架 1 可支承悬伸较长的镗杆。工作台 3 除能随下滑座 11 沿导轨纵向移动外，还可做横向移动及绕铅垂轴转动。

（2）坐标镗床　坐标镗床上装有坐标位置的精密测量装置，可按直角坐标精密定位，主要用于镗削高精度的孔，尤其适合于相互位置精度很高的孔系加工，如钻模、镗模等孔系的加工；也可用于钻孔、扩孔、铰孔以及精铣工件；还可用于精密刻度、样板划线、孔距及直线尺寸的测量工作。坐标镗床有立式和卧式之分。

立式坐标镗床适宜加工轴线与安装基面垂直的孔系，卧式坐标镗床则适宜加工轴线与安装基面平行的孔系。立式坐标镗床还有单柱和双柱之分，图 5-47a 所示为立式单柱坐标镗床的外形，图 5-47b 所示为立式单柱坐标镗床的结构组成。

在立式单柱坐标镗床上，将工件装夹在工作台上，坐标位置由工作台沿滑座的导轨纵向移动和滑座沿底座导轨的横向移动实现，主轴箱可在立柱的垂直轨道上上下移动来调整位置，以加工不同高度的工件，主轴箱内装有电动机和变速、进给及操纵机构，主轴由精密轴承支承在主轴套筒中。当进行镗孔时，主轴由主轴套筒带动，在竖直方向做机动或手动进给运动。当进行铣削时，则工作台在纵、横向做进给运动。

a) 外形

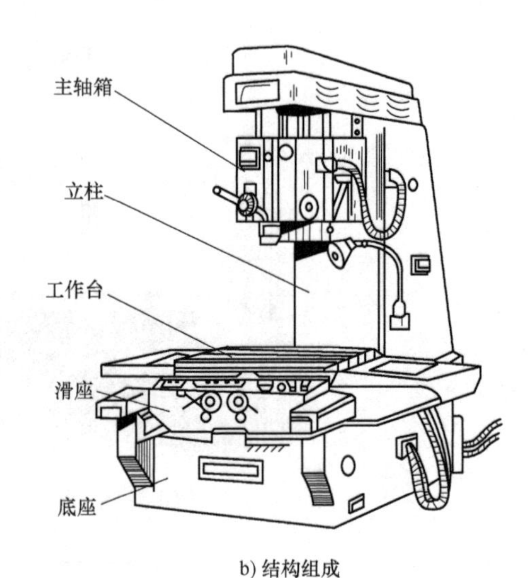

b) 结构组成

图 5-47　立式单柱坐标镗床

第六节　磨削加工及装备

磨削是在磨床上通过砂轮与工件做相对运动进行的一种多刃高速切削加工。随着科学技术的不断发展，对机械零件精度的要求越来越高，零件表面粗糙度值要求越来越小，各种高硬度材料的使用日益增多，精密铸造和精密锻造工艺不断发展，很多毛坯不需要经过切削加工，而直接采用磨削就能成为成品。

一、磨削加工范围与磨床

1. 磨削加工范围

磨削加工属于精加工范畴，可加工各种外圆、内孔、平面和成形表面，以及刃磨各种刀具等。磨削加工范围如图 5-48 所示。

2. 磨床

利用磨具（砂轮、砂带）作为刀具对工件表面进行磨削加工的机床称为磨床。磨床的种类很多，除生产中常用的外圆磨床、内圆磨床、平面磨床外，还有工具磨床、刃具磨床及其他磨床。

（1）外圆磨床　外圆磨床包括万能外圆磨床、普通外圆磨床和无心外圆磨床等。

外圆磨削

1）万能外圆磨床。万能外圆磨床的外形如图 5-49a 所示，结构组成如图 5-49b 所示，由床身、头架、砂轮架、工作台、内圆磨具、滑鞍及尾座等部分组成。

床身是磨床的基础支承件，工作台、砂轮架、头架、尾座都安装在床身上，保证工作时各部件间有准确的相对位置关系。砂轮架用于安装砂轮并使其高速旋转，头架起着装夹工件并带动工件旋转的作用，尾座顶尖和头架顶尖一起支承工件，尾座顶尖的移动可以是手动或机动。

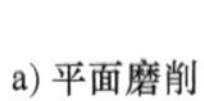

a) 平面磨削

b) 外圆磨削

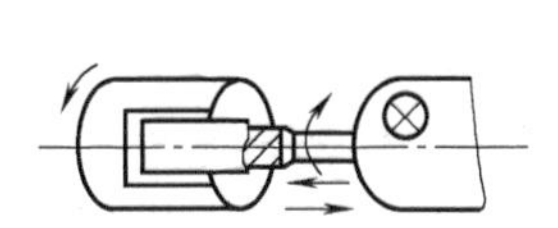

c) 内圆磨削

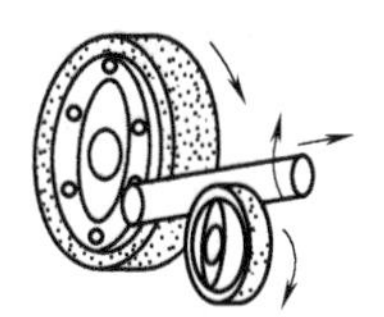

d) 无心磨削

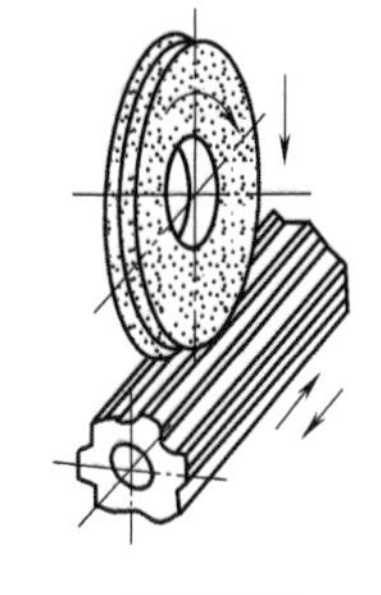

e) 磨削花键

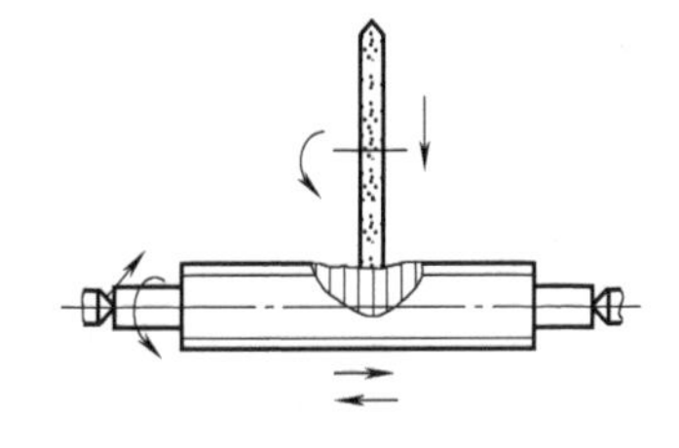

f) 磨削螺纹

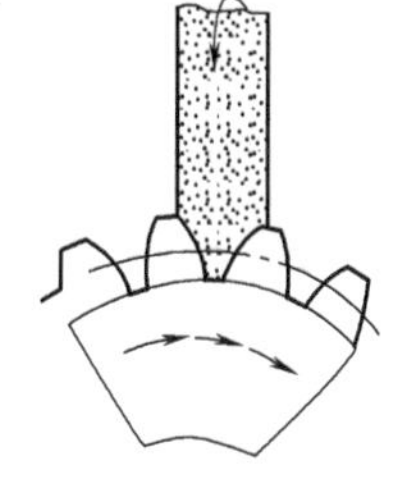

g) 磨削齿轮

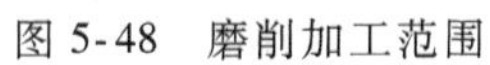

图 5-48　磨削加工范围

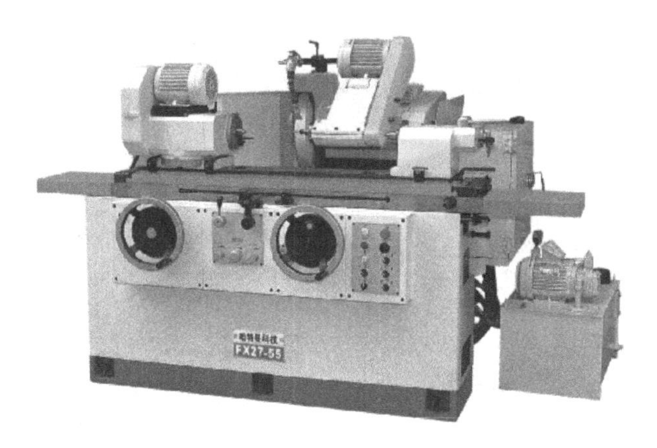

a) 外形

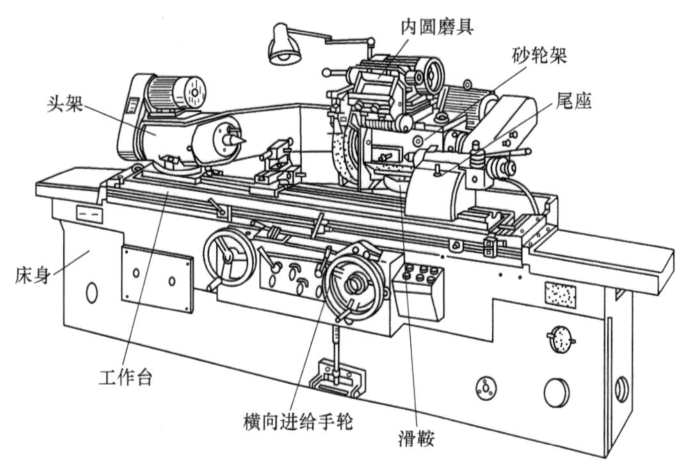

b) 结构组成

图 5-49　万能外圆磨床

工作台由上、下两层组成，上层工作台相对于下层工作台可在水平面内回转±10°，用于磨削小角度的长锥面。

2）普通外圆磨床。普通外圆磨床的头架主轴直接固定在箱体上，不能回转，工件只能支承在顶尖上磨削，头架和砂轮架不能绕垂直轴线调整角度，也没有内磨装置。普通外圆磨床工艺范围较窄，只能磨削外圆柱面和锥度不大的外圆锥面。普通外圆磨床由于主要部件的结构层次少，机床刚度高，允许采用较大的磨削用量，生产率高，容易保证磨削精度和表面粗糙度方面的要求。

3）无心外圆磨床。图 5-50a 所示为生产中使用得最普遍的无心外圆磨床外形，图5-50b 所示为无心外圆磨床的结构组成，主要由床身、座架、导轮架、砂轮架、砂轮修整器、托板、导板等组成。

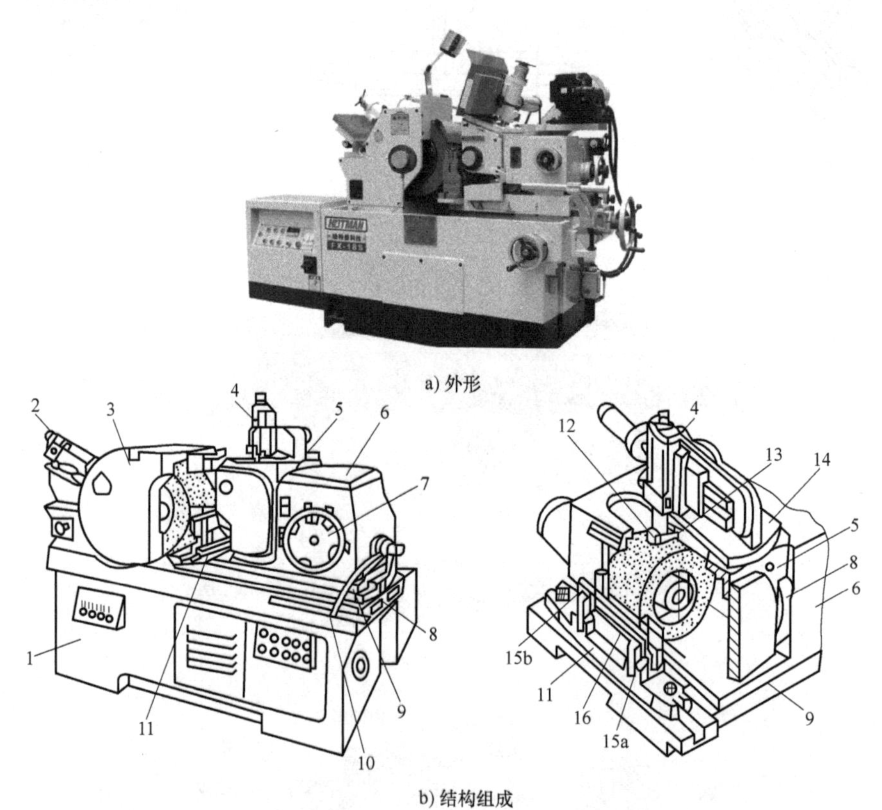

图 5-50　无心外圆磨床

1—床身　2—砂轮修整器　3—砂轮架　4—导轮修整器　5—转动体　6—座架　7—微量进给砂轮　8—回转底座　9、16—托板　10—快速进给手柄　11—工件座架　12—直尺　13—金刚石　14—尾座　15a、b—导板

图 5-50b 中，床身 1 为磨床的基础支承，用于安装砂轮架、导轮等各主要部件；砂轮架 3 用于安装主轴，主轴由装在床身内的电动机直接驱动，一般不变速。导轮由转动体 5 和座架 6 组成，装于托板 9 上，转动体可在垂直平面内相对于座架转位，使装于其上的导轮根据加工需要相对水平线偏转一定的角度。座架内装有导轮传动装置，使导轮有级或无级变速。托板 16 用于支承工件，导板 15 用于保持工件正确的运动方向，它们均装于托板 9 左端的工件座架 11 上，托板 9 可带动导轮架、托架等沿回转底座 8 的燕尾形导轨移动，实现横向进

给运动。

内圆磨削

（2）内圆磨床　内圆磨床包括普通内圆磨床、无心内圆磨床和行星内圆磨床等。其中，普通内圆磨床应用最广。图 5-51a 所示为普通内圆磨床的外形。普通内圆磨床主要由床身、工作台、主轴箱、磨具座、纵向和横向进给机构以及砂轮修整器等部件组成，如图 5-51b 所示。

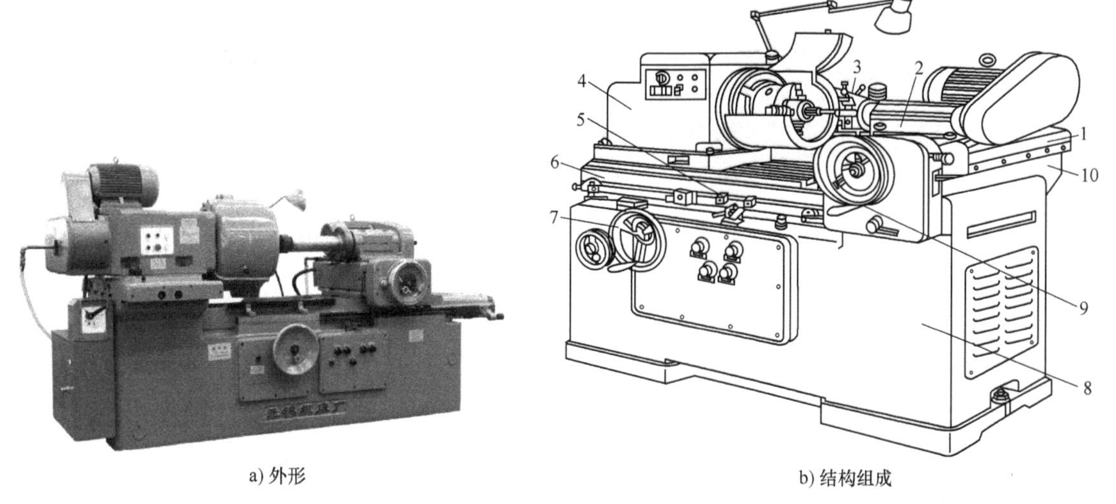

a) 外形　　b) 结构组成

图 5-51　普通内圆磨床

1—横托板　2—磨具座　3—砂轮修整器　4—主轴箱　5—挡块
6—矩形工作台　7—纵向进给手轮　8—床身　9—横向进给手轮　10—桥板

平面磨削磁力盘安装

普通内圆磨床用于加工时，工件头架安装在工作台上并随工作台一起往复移动，做纵向进给，并且可绕轴线调整角度，以便磨削锥孔。砂轮主轴部件（内圆磨具）是磨床的关键部分，为保证磨削质量，要求砂轮主轴在高速旋转时有稳定的回转精度、足够的刚度和寿命。周期性的横向进给由砂轮架沿滑座移动完成。

平面磨削

（3）平面磨床　平面磨床包括卧轴矩台平面磨床、立轴矩台平面磨床、卧轴圆台平面磨床和立轴圆台平面磨床。

1）卧轴矩台平面磨床。图 5-52a 所示为卧轴矩台平面磨床的外形。卧轴矩台平面磨床主要由床身、工作台、立柱、托板和磨头等部件组成，如图 5-52b 所示。

卧轴矩台平面磨床也有采用十字导轨式布局的，工作台装于床鞍，除做纵向往复运动外，还随床鞍一起沿床身导轨做周期性的横向进给运动，砂轮架只做垂直进给运动。为减轻工人劳动强度和减少辅助工作时间，有些磨床具有快速升降功能，以实现砂轮的快速机动调位运动。

2）立轴圆台平面磨床。图 5-53a 所示为立轴圆台平面磨床的外形。立轴圆台平面磨床主要由砂轮架、立柱、床身、工作台和床鞍等部件组成，如图 5-53b 所示。

砂轮架中的主轴由电动机直接驱动，砂轮架可沿立柱导轨做周期性垂直切入运动，圆工作台旋转做周期性进给运动，同时还可沿床身导轨做纵向移动，以便于工件的装卸。

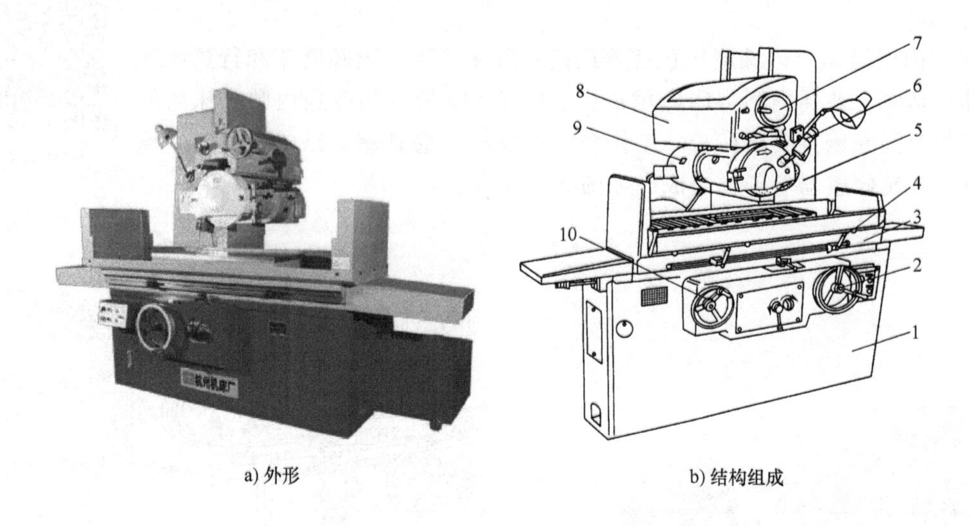

a) 外形　　b) 结构组成

图 5-52　卧轴矩台平面磨床

1—床身　2—砂轮垂直进给手轮　3—工作台　4—挡块　5—立柱
6—砂轮修整器　7—砂轮横向进给手轮　8—托板　9—磨头　10—工作台纵向移动手轮

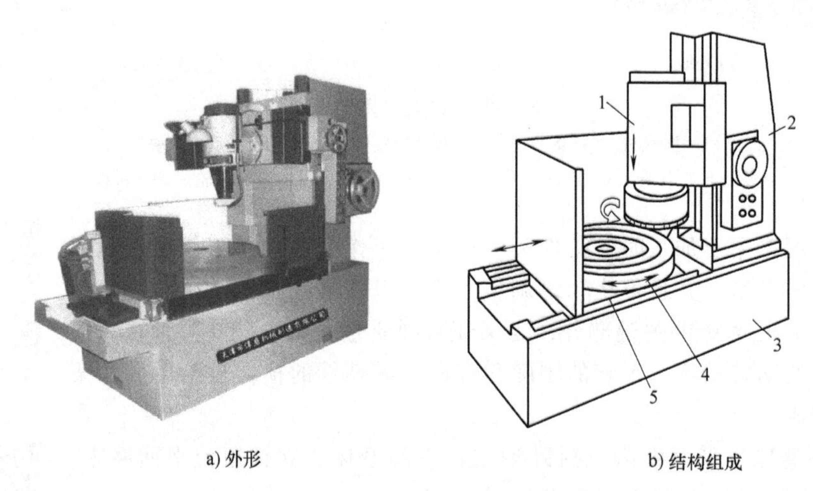

a) 外形　　b) 结构组成

图 5-53　立轴圆台平面磨床

1—砂轮架　2—立柱　3—床身　4—工作台　5—床鞍

另外，如珩磨机、超精加工机床、砂带磨床、研磨机和抛光机等也都属于磨床系列。

二、磨削加工特点

与其他加工方法相比，磨削加工有如下特点：

1）磨削加工精度高。磨削加工由于参加工作的磨粒数多，各磨粒切去切屑少，可获得 IT7~IT5 尺寸公差等级，表面粗糙度值可达 $Ra1.6 \sim 0.2\mu m$。

磨齿

2）磨削加工范围广。磨削可分为粗磨、精磨、精细磨和镜面磨削，可适应各种表面，如内圆表面、外圆表面、圆锥面、平面、齿轮齿面、螺旋面及各种成形面的加工。

3）磨粒硬而脆，可在磨削力作用下破碎、脱落、更新切削刃，保持磨粒锋利，并在高温下不会失去切削性能。

4）磨削加工的不足之处是磨削温度高，效率低，消耗能量多，会使工件表面产生烧伤等缺陷。

第七节　光整加工

光整加工是指不切除或从工件上切除极薄材料层，用以改善工件表面质量或强化工件表面的加工方法。对于要求高精度、小表面粗糙度值的零件，常用的光整加工方法有研磨、珩磨、超精加工、滚压和抛光等。

一、研磨

研磨是一种古老而简便、可靠的表面光整加工方法，属于自由磨粒加工，是一种采用研磨工具和磨料从工件表面磨去一层极薄金属的高精密加工方法。研磨是通过研具在一定压力下与被加工表面做复杂的相对运动而完成的，研磨后工件的尺寸公差等级可达 IT4～IT0，通常研磨后的表面粗糙度值小于 $Ra0.05\mu m$。

1. 研磨的工作原理

研磨过程中研具和工件之间的磨粒与研磨剂做相对运动，那些直接参与切除工件的磨粒不像砂轮、磨石和砂带、砂纸那样总是固结或涂附在磨具上，而是处于自由游离状态，分别起到机械切削与物理化学作用，它们在一定的压力下滚动、刮擦和挤压，达到切除细微材料层的效果，如图 5-54 所示。

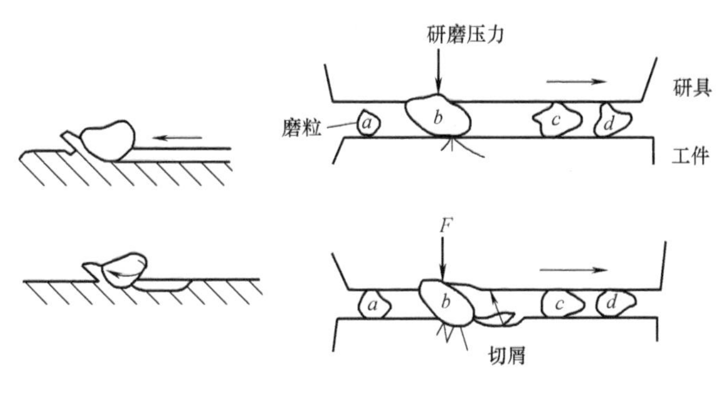

图 5-54　研磨时磨粒的切削作用

磨粒在研磨塑性材料时，受压力的作用，首先使工件被加工表面产生裂纹，随着磨粒的运动，裂纹扩大、交错，以致形成碎片，最后脱离工件。

研磨时磨粒与工件接触点局部压力非常大，因而瞬时产生高温与挤压作用，致使工件表面平滑，表面质量提高，这是研磨时产生的物理作用。

由于研磨时在研磨液中加入了硬脂酸或油酸，与覆盖在工件表面上的氧化物薄膜间还会产生化学作用，使被研磨的工件表面软化，提升研磨效果。

2. 研磨方法

研磨分为手工研磨和机器研磨两种。

(1) 手工研磨　研磨平面时，如图 5-55a 所示，将工件放置于上、下研盘之间，适当施加力 F，上、下研盘各自做定轴反向转动，带动工件做平面运动，研磨外圆时，如图 5-55b 所示，将工件夹持在车床卡盘上或用顶尖支承，使工件做低速定轴回转运动，研具套在工件上，在研具与工件之间加入研磨剂，然后用手推动研具，使其做往复运动，往复运动速度常选用 20~70m/min 为宜。

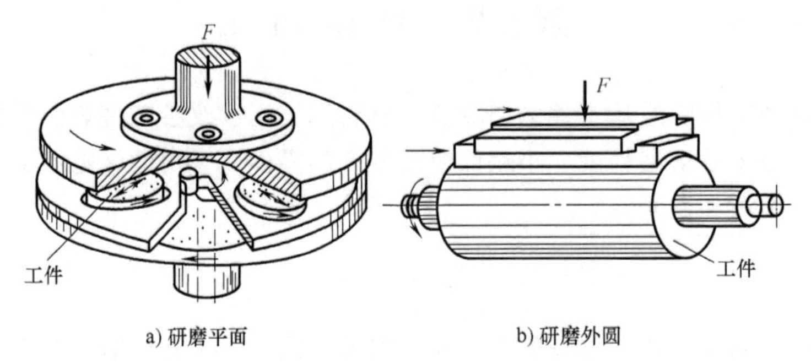

a) 研磨平面　　b) 研磨外圆

图 5-55　研磨平面与外圆

(2) 机器研磨　用于研磨的机器种类很多，有单面平面研磨机、双面平面研磨机、高效率卧式振动研磨机、六角（八角）滚筒研磨机、三次元振动研磨机、强力高速离心研磨机等。常用的单面平面研磨机如图 5-56a 所示，双面平面研磨机如图 5-56b 所示，高效率卧式振动研磨机如图 5-56c 所示，六角滚筒研磨机如图 5-56d 所示。

a) 单面平面研磨机　　b) 双面平面研磨机

c) 高效率卧式振动研磨机　　d) 六角滚筒研磨机

图 5-56　研磨机

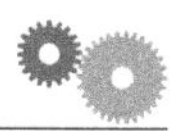

3. 研磨种类

研磨的种类有湿研、干研和半干研三种。

（1）湿研　湿研时将液状研磨剂涂敷或连续加注于研具表面，使磨料 F500 在工件与研具间不断地滑动与滚动，从而实现对工件的切削加工。

（2）干研　干研时将磨料均匀地压嵌在研具表层上，研磨时需在研具表面涂以少量的润滑剂。干研多用于精研。

（3）半干研　半干研的研磨剂为糊状的研磨膏，粗、精研均可采用。

4. 研具和研磨剂

（1）研具　研具的作用是使研磨剂赖以暂时固着或获得一定的研磨运动，并将自身的几何形状按一定的方式传递到工件上。因此，制造研具的材料对磨料要有适当的嵌入性，研具自身几何形状应有长久的保持性。

（2）研磨剂　研磨剂包含磨料、研磨液和辅助材料。

磨料应具有高硬度、高耐磨性；磨粒还应有适当的锐利性，在加工中破碎后仍能保持一定的锋刃；磨粒的尺寸应大致相近，使加工中尽可能有均一的工作磨粒。常用磨料的种类及适用材料可参考表 4-5。

研磨液使磨粒在研具表面上均匀散布，承受一部分研磨压力，以减少磨粒破碎，并兼有冷却、润滑作用。常用的研磨液有煤油、汽油、机油、动物油脂等。

辅助材料能使工件表面氧化物薄膜破坏，增加研磨效率。

5. 研磨特点

1）研磨使用的设备、工具简单。

2）研磨能获得稳定的高精度表面，表面粗糙度值极小，耐磨性、耐蚀性良好。

3）研磨质量很大程度上取决于前道工序的加工质量。

4）研磨时只要改变研具形状就可进行各种形状表面的加工。

6. 应用范围

研磨广泛用于加工各种高精度型面，可加工各种钢、铸铁、硬质合金、陶瓷、玻璃等，尤其对脆性材料更显特色，适用于多品种小批量零件加工。

二、珩磨

珩磨是用镶嵌在珩磨头上的磨石对工件表面施加一定压力，使工件表面达到高精度、高质量、高寿命的一种高效加工方法。

1. 珩磨设备

（1）珩磨头　珩磨头有机械加压式、气压或液压自动调压式等多种。实际生产中使用机械加压式和液压调压式珩磨头的较多。机械加压式珩磨头采用外周镶有 2~10 根长度为孔长 1/3~3/4 的磨石。珩磨内孔用的机械加压式珩磨头产品图如图 5-57a 所示，其全剖视结构图如图 5-57b 所示。

珩磨头的胀缩方式一般有定压进给和定量进给两种。定压进给一般由液压或弹簧力实现。定量进给通常由伺服电动机、步进电动机或其他一些间歇机构实现。

（2）珩磨机　珩磨机有立式和卧式两种结构。立式珩磨机的外形如图 5-58a 所示，卧式珩磨机的外形如图 5-58b 所示。

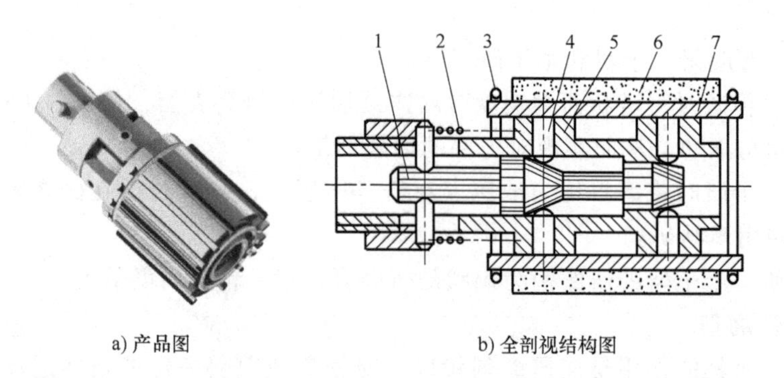

a) 产品图　　b) 全剖视结构图

图 5-57　机械加压式珩磨头

1—顶柱　2—回位弹簧　3—收紧弹簧　4—圆柱推销　5—珩磨头基体　6—磨条　7—夹板

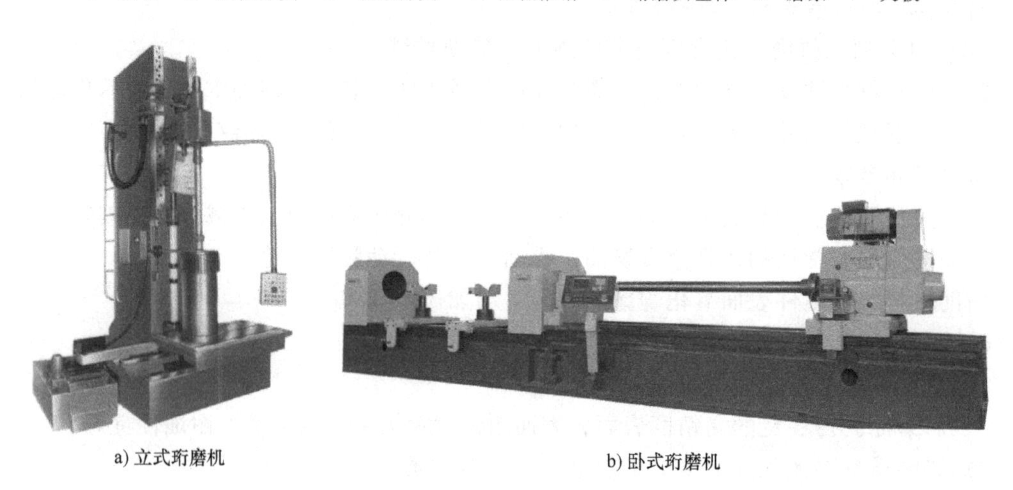

a) 立式珩磨机　　b) 卧式珩磨机

图 5-58　珩磨机外形

立式珩磨机的主轴工作行程较短，适用于珩磨缸体和箱体孔等。镶嵌有磨石的珩磨头由竖直安置的主轴带动旋转，同时在液压装置的驱动下做垂直往复进给运动。

卧式珩磨机的工作行程较长，适用于珩磨深孔，深度可达 3000mm。水平安置的珩磨头不旋转，只做轴向往复运动，工件由主轴带动旋转，床身中部设有支承工件的中心架和支承珩磨杆的导向架。在加工过程中，珩磨头的磨石在胀缩机构作用下做径向进给，把工件逐步加工到所需尺寸。

新型的珩磨机多采用液压胀缩的珩磨头。珩磨机大多是半自动的，常带有自动测量装置，还可纳入自动生产线工作。除加工孔的珩磨机外，还有加工其他表面的外圆珩磨机、轴承滚道珩磨机、平面珩磨机和曲面珩磨机等。

2. 工作原理

珩磨时珩磨头与主轴一般成浮动连接，工件装夹在珩磨机工作台上或夹具中，具有若干磨石条的珩磨头插入已加工的孔中，磨石条以一定压力与孔壁接触，珩磨机主轴带动珩磨头在孔内旋转，并同时做直线往复运动，这是主运动；同时，通过珩磨头中的弹簧或液压力控制磨石均匀外胀，对被加工的孔壁做径向进给。图 5-59 所示为内圆珩磨原理示意图。

珩磨头每分钟往复次数与转数之比应取非整数，磨石上下往复一次，工件回转一圈多，

使磨料在工件表面形成的加工痕迹成为交叉的网纹而不相重复。珩磨头的转速一般为 100~200r/min，往复运动的速度一般为 15~20m/min。粗珩时磨石的磨料粒度为 F120~F180，精珩用 F360 以下的细粒度磨石。磨石宽为 3~20mm，长度为孔长的 1/3~3/4。磨石在孔内往复移动时，两端超越孔外的长度不宜大于磨石全长的 1/3，否则易产生喇叭口；但超程小于磨石长度 1/4 时，又会使孔呈鼓形。为冲去切屑和磨粒，改善表面质量，降低切削区温度，操作时常需用大量切削液，如煤油或内加少量锭子油，有时也用乳化液。外圆、平面的珩磨原理和操作要求与内圆珩磨相同。

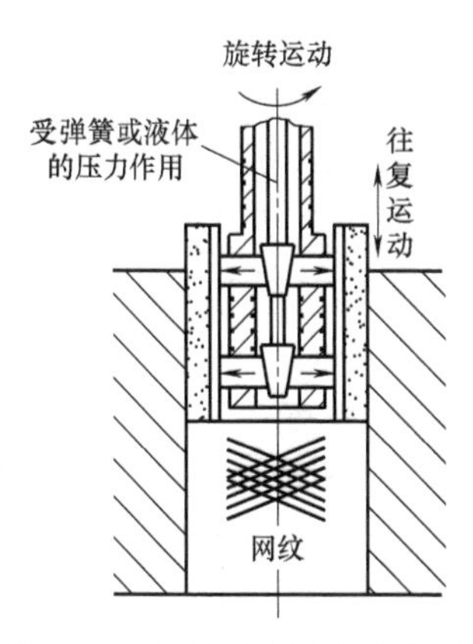

图 5-59　内圆珩磨原理示意图

3. 特点

珩磨是以原加工孔中心来进行导向的，珩磨头中的磨石条与孔表面的接触面积较大，加工效率较高，可有效地提高尺寸精度。珩磨后孔的尺寸公差等级可达 IT6~IT4，表面粗糙度值为 $Ra0.2 \sim 0.05\mu m$，圆度与圆柱度误差为 0.003~0.005mm。珩磨余量的大小取决于孔径和工件材料，一般铸铁件为 0.02~0.15mm，钢件为 0.01~0.05mm。珩磨与研磨相比，珩磨具有减轻工人体力劳动、生产率高、易实现自动化的优点。珩磨不能提高孔与其他表面的位置精度，不宜加工韧性大的有色金属件。

4. 应用范围

珩磨主要加工直径为 5~500mm 甚至更大的各种圆柱孔，孔深与孔径之比可达 10 或更大。

珩磨通常用于大批量生产时的终加工；珩磨的生产率高于内圆磨削，一般用于铸铁、淬硬钢件孔的精加工；广泛用于大批大量生产中加工气缸孔、液压缸、阀孔以及多种炮筒等。珩磨在一定条件下也可加工平面、外圆面、球面、齿面等，不宜加工带键槽和花键槽的断续表面以及软而韧的材料。

三、超精加工

超精加工是用装有细磨粒、低硬度的磨石磨头，在一定压力下对工件表面进行磨光加工的方法。

1. 工作原理

图 5-60 所示为超精加工外圆原理示意图。加工时，工件旋转的圆周线速度一般为 6~30m/min，磨头磨石以恒力轻压于工件表面，在做轴向进给运动的同时还沿轴向有微小的往复振动，一般振幅为 1~6mm，频率为 5~50Hz，从而对工件微观不平的表面进行光磨。

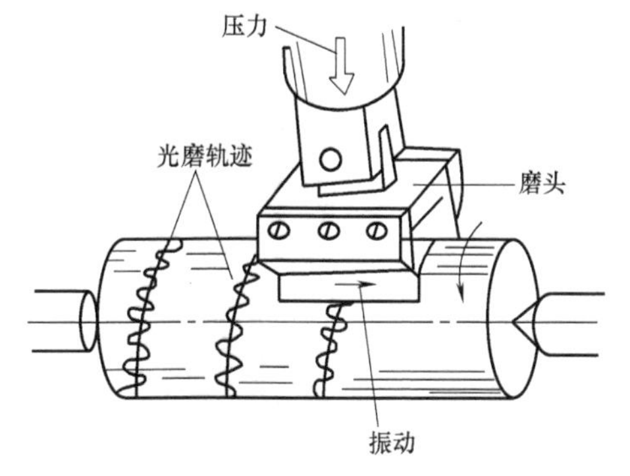

图 5-60　超精加工外圆原理示意图

加工过程中，磨石和工件之间的磨液一般为煤油加锭子油。磨液具有冷却、润滑及清除切屑的作用。加工可分为四个阶段：一是强力切削阶段，磨石磨粒细，压力小，工件与磨条之间的油膜易形成，单位面积上的压力大，故切削作用强烈；二是正常切削阶段，当少数凸峰磨平后，单位接触面积上的压力降低，切削磨条自锐性作用减弱，进入正常切削阶段；三是微弱切削阶段，随着切削面积的增大，单位面积上的压力更小，切削作用微弱，且细小的切屑形成氧化物嵌入磨石空隙中，使磨石产生光滑表面，具有摩擦抛光作用，从而降低工件的表面粗糙度值；四是自动停止阶段，工件磨平，单位面积上的压力极小，工件与磨条之间又形成了油膜，不再切削，切削作用自动停止。

2. 特点

1）超精加工具有设备简单、操作方便、效果显著、经济性好等优点。

2）加工磨粒的运动轨迹复杂，能由切削过程过渡到抛光过程，表面粗糙度值达 $Ra0.1 \sim 0.04\mu m$。

3）加工磨条的粒度极细，只能切削工件凸峰，所以加工余量很小，一般为 0.005～0.02mm。

4）磨条往复振动，磨条的微刃两面切削，磨屑易于清除，不会在工件表面形成划痕。

5）切削速度低，磨条对工件表面的压力小，工件表面不易发热，不会烧伤表面，也不易使工件表面变形。

6）加工后的表面耐磨性好。

3. 应用

超精加工适用于轴类零件的外圆表面加工，对平面、球面、锥面和内孔也适用。

四、滚压

滚压是一种无切削的塑性加工方法，它是利用滚压工具对工件表面施加一定的压力，使工件表层金属产生塑性流动，填入到低凹波谷中，以使工件表面粗糙度值减小的一种精加工方法。

1. 工作原理

滚压加工是使高硬度且光滑的滚柱与金属表面滚压接触，在常温下利用金属的塑性变形，将工件表面的微观不平度辗平，从而改变表层结构，使表层组织硬化，并形成残余压应力层。

2. 滚压设备

滚压设备有滚压工具和滚压机，图 5-61 所示为滚压头及装置。

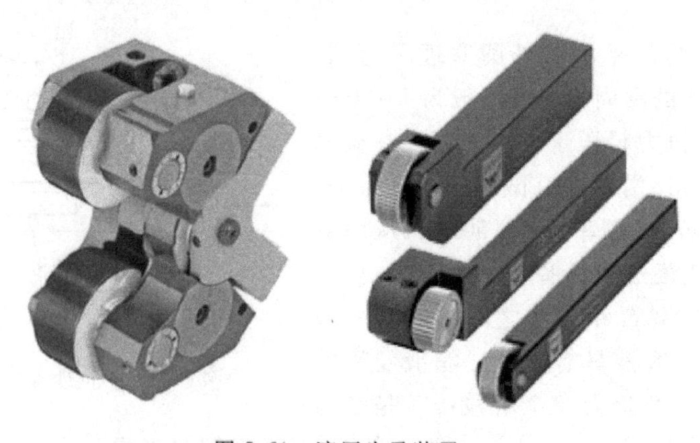

图 5-61　滚压头及装置

大批量生产时可采用滚压机进行，轴用滚压机如图 5-62 所示。

3. 特点

1）滚压加工生产率高，工艺范围广，不仅可以用来加工外圆表面，而且也适用于内孔、端面等的加工。滚压后的工件表面耐磨性、耐蚀性明显提高。

2）前道工序的表面粗糙度值不应大于 $Ra3.2\mu m$，滚压前表面要洁净，直径方向的余量为 0.02～0.03mm。

图 5-62　轴用滚压机

3）滚压后工件的形状精度及相互位置精度主要取决于前道工序的形状及位置精度。前道工序的表面圆柱度、圆度误差较大时还会出现表面粗糙度不均匀的现象。

4）滚压的对象一般为塑性材料，并要求材料组织均匀。

通过滚压加工的工件表面粗糙度值瞬间就可以从 $Ra6.3\mu m$ 降到 $Ra0.2\mu m$，而且表面硬化后疲劳强度增加了 30%，硬度可提高 15%～30%，耐磨性提高 15%。因此，这种加工方法可同时达到光整加工及强化两种目的。

五、抛光

1. 概念

抛光是用抛光机的高速旋转的、涂有抛光膏的抛光轮（帆布、皮革、毛毡轮等）对零件表面进行加工的方法。

2. 抛光机

抛光机的外形如图 5-63 所示。抛光不能提高工件的尺寸、形状及位置精度，生产中常用作装饰镀铬前的准备工作。

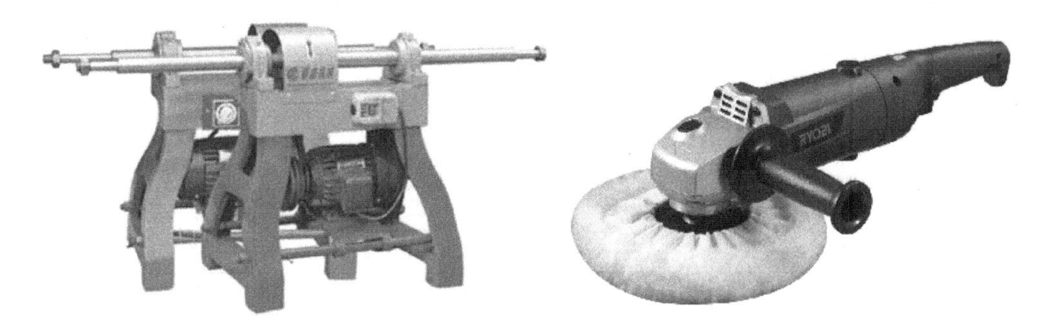

图 5-63　抛光机外形

六、各种加工方法所能达到的尺寸公差等级和表面粗糙度值

1. 尺寸公差等级比较

各种加工方法所能达到的尺寸公差等级见表 5-7。

表 5-7 各种加工方法所能达到的尺寸公差等级

加工方法	IT01	IT0	IT1	IT2	IT3	IT4	IT5	IT6	IT7	IT8	IT9	IT10	IT11	IT12	IT13	IT14	IT15	IT16
研磨		○	○	○	○	○												
珩磨						○	○	○	○									
外圆磨							○	○	○	○								
平面磨							○	○	○	○								
金刚石车							○	○	○									
金刚石镗							○	○	○									
拉削								○	○	○								
铰孔								○	○	○	○							
车									○	○	○	○	○					
镗									○	○	○	○	○					
铣										○	○	○	○					
刨、插												○	○					
钻削													○	○	○			
滚压、挤压												○	○					
冲压												○	○	○	○	○		
压铸													○	○	○	○		
粉末冶金成形								○	○	○								
粉末冶金烧结									○	○	○	○						
砂型铸造															○	○	○	○

2. 表面粗糙度值与尺寸公差等级的对应关系

各种加工方法所能达到的表面粗糙度值和尺寸公差等级的对应关系可按表 5-8 选择。

表 5-8 各种加工方法所能达到的表面粗糙度值和尺寸公差等级的对应关系

表面要求	加工方法	表面粗糙度值 Ra/μm	尺寸公差等级	表面特征
不加工		—	IT18~IT14	铸件、锻件、冲压件、型材毛坯表面
粗加工	粗车、粗铣、粗刨、粗锉、粗镗、钻	50	IT13~IT10	明显可见刀痕
		25	IT10~IT8	微见刀痕
		12.5	IT10~IT8	可见加工痕迹
半精加工	半精车、精铣、精刨、拉、铰、锉、精镗、粗磨	6.3	IT8~IT7	不见加工痕迹
		3.2	IT8~IT7	可辨加工痕迹的方向
		1.6	IT8~IT6	微辨加工痕迹的方向
精加工	精车、精细车、精铣、精刨、磨、珩磨、刮、高速精铣、宽刃精刨	0.8	IT8~IT6	不可辨加工痕迹的方向
		0.4	IT7~IT6	暗光泽面
		0.2	IT7~IT6	亮光泽面
光整加工	精密磨削、超精磨、超级光磨、研磨、镜面磨	0.1	IT7~IT5	镜状光泽面
		0.05	IT6~IT5	雾状镜面
		0.025	IT6~IT5	镜面
		0.01	—	

小　　结

本章主要介绍了机床的组成与分类，机床型号编制，车削加工主要工艺类型，车床类型，工装设备，铣削加工范围与铣削方式，铣床种类、铣床附件、刨削和插削加工及装备，拉削加工及装备，钻削、铰削和镗削加工，钻削、镗削设备，磨削加工范围与磨床，磨削加工特点，研磨，珩磨，超精加工，滚压，抛光，以及各种加工方法可达到的尺寸公差等级与表面粗糙度值范围。

金属切削机床分为车床、钻床、镗床、磨床、齿轮加工机床、螺纹加工机床、铣床、刨插床、拉床、锯床和其他机床。

金属切削机床由机床框架结构、运动部分、动力部分和控制部分等组成。

车削主要用于各种轴类、盘套类零件上的内外圆柱面、圆锥面、台阶面及各种成形回转面等的加工。

车削一般分为粗车、半精车、精车和精细车等。

车床类型主要有卧式车床、立式车床、转塔车床、单轴自动车床、多轴自动车床、半自动车床、仿形车床和多刀车床等。

卧式车床主要由床身、主轴箱、进给箱、溜板箱、刀架和尾座等组成。

机床夹具有自定心卡盘、单动卡盘、花盘、中心架、跟刀架、顶尖和心轴等。

铣削可以加工各种零件的平面、台阶面、沟槽、成形表面、螺旋表面等。

铣床的主要类型有卧式升降台铣床、立式升降台铣床、龙门铣床、工具铣床、圆台铣床、仿形铣床和各种专门化铣床等。

铣床附件主要有平口钳、万能分度头、回转工作台、立铣头等。

刨床分为牛头刨床、龙门刨床、单臂刨床和专门化刨床等。

刨削加工常用附件有C形夹、压板、螺栓、挡铁、角铁等。

光整加工是指不切除或从工件上切除极薄材料层，用以改善工件表面质量或强化工件表面的加工方法。

研磨是采用研磨工具和磨料从工件表面磨去一层极薄金属的精密加工方法。

珩磨加工是一种使工件表面达到高精度、高质量、高寿命的一种高效加工方法。

超精加工是用装有细磨粒、低硬度的磨石磨头，在一定压力下对工件表面进行磨光加工的方法。

滚压是一种无切削的塑性加工方法，利用滚压工具对工件表面施加一定的压力，使工件表层金属产生塑性流动，填入到低凹波谷中，以使工件表面粗糙度值减小的一种精加工方法。

思考与练习

一、判断题

1. （　　）牛头刨床只能加工平面，不能加工曲面。
2. （　　）刨削加工常用在大批大量的生产类型中。

3.（ ）磨削加工是一种多刃高速切削方法。

4.（ ）台式钻床可加工的孔径一般为 $\phi 0.1 \sim \phi 13$mm。

5.（ ）逆铣时，主运动 v_c 的方向与进给运动方向相反。

6.（ ）拉削只能加工通孔，不能加工台阶孔和不通孔。

7.（ ）粗车时应尽可能采用较大的背吃刀量和进给量。

8.（ ）精车时一般采用较小的进给量、背吃刀量和较高的切削速度。

9.（ ）单动卡盘能进行自动定心。

10.（ ）铣削加工不会产生冲击和振动。

11.（ ）顺铣多用于粗加工。

12.（ ）拉削加工孔的深径比小于5。

13.（ ）周铣时采用顺铣比逆铣能获得高的表面质量。

14.（ ）铣削主要用于加工各种平面。

15.（ ）滚压加工的目的主要是使工件表面上的凸峰填充到相邻的凹谷中，从而减小加工表面的表面粗糙度值。

16.（ ）光整加工技术是精密加工技术。

17.（ ）研磨后工件的尺寸公差等级可达 IT10~IT9。

18.（ ）珩磨用于有色金属零件孔的精加工。

二、填空题

1. 磨削可加工各种外圆、________、平面和成形表面及刃磨各种切削刀具等。

2. 刨床加工尺寸公差等级可达______________，表面粗糙度值可达 Ra__________。

3. 车削一般分为粗车、________、精车和精细车等。

4. 车削装备包括机床、____________ 和辅助量具。

5. 铣床附件主要有平口钳、____________、回转工作台、立铣头等。

6. 周铣分为________和逆铣两种。

7. 金属切削机床通常按功用、__________、结构及精度进行分类。

8. 车床有卧式车床、立式车床、__________、单轴自动车床、多轴自动车床、半自动车床、仿形车床、多刀车床等。

9. 刨削加工时的常用附件有C形夹、压板、螺栓、______、角铁等。

10. 按千分尺的用途来分，有外径千分尺、__________、深度千分尺等。

11. 铣削加工可以加工各种零件的平面、台阶面、沟槽、__________、螺旋表面等。

12. 平口钳由固定钳身、__________、螺母、活动钳身、手柄等组成。

13. 插刀可深入工件的孔内插键槽、花键孔、__________、多边形孔。

14. 常用的光整加工方法有研磨、__________、超精加工、滚压和抛光等。

三、简答题

1. 钻床通常分为哪几种类型？

2. 刨削加工有哪些特点？

3. 加工窄长形状的工件应选择哪种机床？

4. 卧式车床主要由哪几部分组成？

5. 拉削的特点是什么？

6. 什么是光整加工？

7. 什么是研磨？

8. 什么是珩磨？

9. 什么是超精加工？

10. 什么是滚压？

四、选择题

1. 铣削加工时，主运动是________。

A. 铣刀的旋转运动　　B. 铣刀的直线运动

C. 工作台的直线运动　　D. 工作台的旋转运动

2. 镗削加工最适宜于加工________零件。

A. 轴类　　B. 套类　　C. 箱体类　　D. 杆类

3. 对淬硬工件进行平面精加工时应选择________加工方式。

A. 精细刨　　B. 磨削　　C. 精铣　　D. 刮研

4. 在大批量生产中，加工各种形状的通孔常用的方法是________。

A. 铣削　　B. 插削　　C. 拉削　　D. 镗削

5. 用抛光的方法加工能________。

A. 提高加工效率　　B. 修正位置偏差　　C. 提高表面质量　　D. 改善形状精度

6. 珩磨孔属于________。

A. 粗加工阶段　　B. 半精加工阶段　　C. 精加工阶段　　D. 光整加工阶段

7. 车床上不能加工的表面有________。

A. 外圆　　B. 内圆　　C. 螺纹　　D. 齿轮的齿廓

8. 在实体工件上加工孔采用________加工方法。

A. 钻削　　B. 镗削　　C. 车削　　D. 铣削

第六章

零件加工工艺规程制订

技能目标

1. 会安排工件的加工工序与进行工件的定位、装夹。
2. 会制订机械加工工艺过程卡、机械加工工艺卡、机械加工工序卡。
3. 会选择工件定位基准，确定采用工序集中原则还是工序分散原则。

机械零件加工工艺制订一般包括工件加工的工艺路线，各工序的具体内容，所用的设备和工艺装备，切削参数的选择，工件的检验项目及方法等。

第一节　加工工艺规程概述

机械加工工艺规程根据生产纲领的不同分为工序集中与工序分散。

一、生产过程和零件机械加工工艺过程

1. 生产过程

将原材料转变成成品的全过程称为生产过程。一个产品的生产过程常常包括：生产准备工作，如原材料采购，工装、工具与专用工艺装备的准备等；毛坯制造，如铸造、锻造、焊接等；零件加工，如车、铣、刨、钻、磨等；零件热处理；产品装配、产品调试、产品检验、产品包装与发运等工作。

为便于组织生产和有利于保证产品质量、提高生产率、降低成本，一个机械产品往往会由若干个企业或生产部门联合完成生产。因此，一个企业（或部门）的生产过程可能只是一个产品生产过程中的某一部分。

2. 零件机械加工工艺过程

改变生产对象的形状、尺寸、相对位置或性质等，使其成为成品或半成品的过程称为工艺过程，如毛坯制造、零件加工、热处理、表面处理、零部件的装配等。显然，工艺过程是生产过程的主要组成部分。

采用机械加工方法并将它们合理有序地组织在一起，逐步改变毛坯形状、尺寸及表面质量，使其成为合格零件的过程称为零件机械加工工艺过程。

每个零件的机械加工工艺过程都是由若干个基本单元组成的，分别称为工序、工步、进给、装夹和工位。

（1）工序　工序是指一个或一组工人在一个工作地对同一个或同时对几个工件所连续

完成的那一部分工艺过程。

工序通常有三个特点：一是工作地不变动，二是加工对象唯一，三是工作连续完成。

同一零件的加工可以有不同的加工工艺过程。工序不仅是编制工艺规程的基本单元，也是制订生产计划和进行质量检验、生产管理的基本单元。

（2）工步　工步是指在加工表面（或装配时的连接表面）和加工（或装配）工具不变的情况下，所连续完成的那一部分工序。只要加工表面和加工工具有一项改变，即成为新的工步。同一工序可以包含几个工步。为提高生产率，生产中常采用数把刀具（或复合刀具）组合，同时加工几个表面，这种工步称为复合工步。图6-1所示为采用组合刀具加工零件的复合工步。

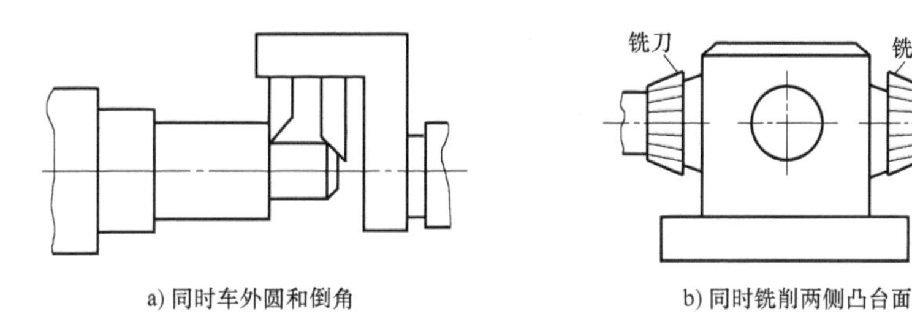

图6-1　复合工步

另外，生产中还习惯将相同要素的连续加工看成一个工步，如连续加工图6-2所示圆盘零件上3个直径为ϕ8mm的孔。

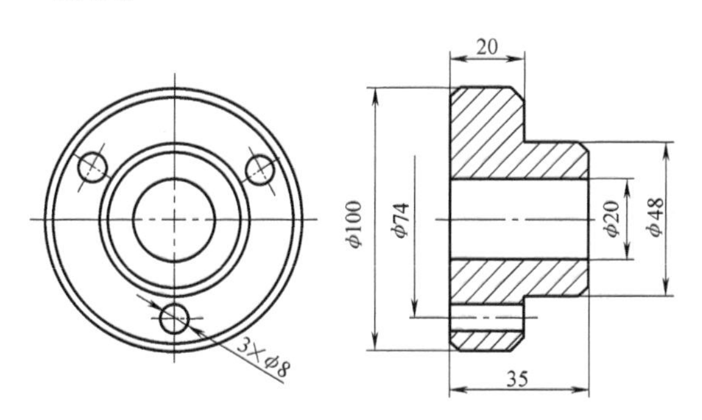

图6-2　圆盘零件

（3）进给　在一个工步中，若加工表面的余量不能一次去除，则每次去除一层金属所做的工作称为一次进给，每一个工步可以进给一次或进给多次。

（4）装夹　装夹是指将工件在机床上或夹具中定位、夹紧的过程。显然，装夹包括定位和夹紧两个内容。一道工序中，工件可以装夹数次。装夹次数多，除增加辅助时间外，还会降低加工精度。因此，在一道工序中，应尽量减少装夹次数。

销轴

定位支承块虚拟加工

（5）工位　工件一次装夹后，工件（或装配单元）与夹具或设备的可动部分一起相对刀具或设备的固定部分所占据的每一位置称为工位。为减少工件装夹次数，可以采取各种回转工作台和回转夹具，使工件在一次装夹中获得多个工位，以便于加工。例如在铣床上加工六角头螺栓头，可采用分度头装夹，若用单刀加工需回转五次获得六个工位，若用组合铣刀加工，则只需回转两次获得三个工位即可。

图 6-3 所示六角头螺钉的加工工艺过程见表 6-1。

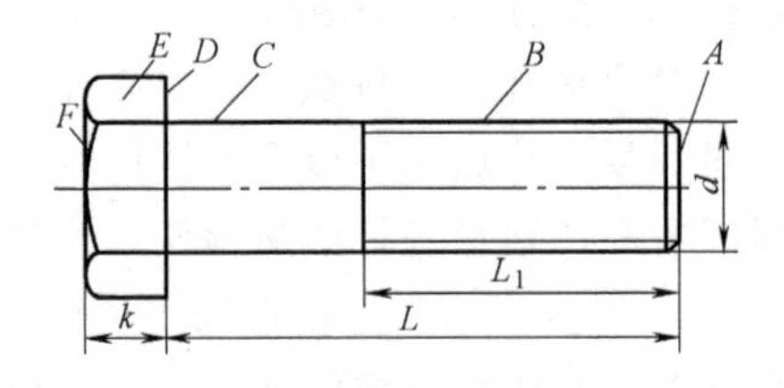

图 6-3　六角头螺钉

表 6-1　六角头螺钉的加工工艺过程

工序号	工序名称	装夹	工步	工位	进给
1	车	自定心卡盘	车端面 A	1	1
			车外圆 C		1
			车端面 D		1
			倒角		1
			车断		1
		调头装夹 自定心卡盘	车端面 F	1	1
			车螺钉头外圆		1
			倒角		1
2	铣	旋转夹具	铣螺钉头 E 六方面(复合工步)	3	3
3	车	自定心卡盘	车螺纹 B	1	3
4	热处理				

二、生产纲领与生产类型

产品的制造过程能否满足优质、高效、低耗与环境保护的要求，不仅取决于零件的技术要求以及企业生产条件等因素，更取决于生产纲领及生产组织类型。生产纲领不同则生产过程也不同，生产的综合效果也会不同。

1. 生产纲领

生产纲领是指企业在计划内应当生产的产品产量和进度计划。计划期通常为一年，故生产纲领又称年产量。零件的生产纲领应将备品及废品计入在内，计算公式为

$$N=Qn(1+\alpha)(1+\beta) \tag{6-1}$$

式中　N——零件的年产量（件/年）；

Q——产品的年产量（台/年）；

n——每台产品中该零件的数量（件/台）；

α——零件的备品率（%）；

β——零件的废品率（%）。

不同的生产纲领对于设备的专业化、自动化程度，所采用的加工方法，制造装备条件的要求均不相同，生产纲领对生产组织有着重要的影响。

2. 生产类型

根据生产专业化程度的不同，生产类型可分为单件生产、成批生产、大量生产三种。表

6-2 为不同零件的生产纲领与生产类型的关系。

表 6-2　生产纲领与生产类型的关系

生产类型		零件的年生产纲领/件		
		重型零件	中型零件	轻型零件
单件生产		≤5	≤20	≤100
成批生产	小批生产	6~100	20~200	100~500
	中批生产	100~300	200~500	500~5000
	大批生产	300~1000	500~5000	5000~50000
大量生产		>1000	>5000	>50000

（1）单件生产　单件生产年产量小，但产品品种多，如新品试制及工艺装备的制造。单件生产中，一般较多采用普通设备及标准附件，极少采用专用工装，常靠试切、划线等方法保证加工精度。因此，单件生产效率低，质量主要取决于操作者水平。

（2）成批生产　成批生产的产品有一定的数量，分批投入制造，生产呈周期性重复，机床设备的生产便属于此类型。成批生产中，选用通用设备、专业设备相结合，工装上通用与专用兼顾，工艺方法较为灵活。

成批生产又分为小批生产、中批生产、大批生产三种，小批生产接近单件生产，大批生产接近大量生产。

（3）大量生产　大量生产产量很大，品种单一而固定，大多长期重复同一工作内容，如轴承等标准件的生产便属于此类型。大量生产时，广泛采用专用机床、自动生产线及专用工装，加工过程自动化程度高、效率高、质量稳定。汽车、摩托车和自行车生产属于大量生产。

3. 生产类型的工艺特点

生产类型不同，产品制造方法不同，采用的设备、工装及生产组织形式等也都有不同的工艺特征，表 6-3 为各种生产类型的工艺特征。

表 6-3　各种生产类型的工艺特征

项目	单件生产	成批生产	大量生产
产品数量	少	中等	大量
加工对象	经常变换	周期性变换	固定不变
机床设备和布置	采用通用（万能）设备，按机群布置	通用设备和部分专用设备，按零件类别分工段排列	广泛采用高效率专用设备和自动化生产线
夹具	极少用专用夹具和特种工具	广泛使用专用夹具和特种工具	广泛使用高效率专用夹具
刀具和量具	一般刀具和通用量具	较多采用专用刀具和量具	采用高效率专用刀具和量具
装夹方法	划线与试切法找正	部分划线找正	不需划线找正
加工方法	根据测量进行试切加工	用调整法加工，有时还可组织成组加工	使用调整法自动化加工
装配方法	钳工试配	普遍应用互换性，同时保留某些修配	全部互换，某些精度较高的配合件用配磨、配研

（续）

项目	单件生产	成批生产	大量生产
毛坯制造	木模造型和自由锻	部分采用金属型和模锻，毛坯精度和加工余量相等	采用金属型机器造型、模锻、压力铸造等高效率毛坯制造方法
工人技术水平	需技术熟练工人	需技术比较熟练的工人	调整工要求技术熟练，操作工要求技术熟练程度较低
工艺过程的要求	只编制简单的工艺过程卡	除有较详细的工艺过程卡，对重要零件的关键工序需有详细说明的工序卡	详细编制工艺过程和各种工艺文件
生产率	低	中	高
成本	高	中	低

第二节　基准与定位

零件的机械加工过程中，基准确定和定位选择合理与否，决定零件的质量好坏，因此基准选择和定位方法是一个很重要的工艺问题，必须引起足够的重视。

一、基准

设计机械零件或对机械零件进行加工时，基准的选择是否合理，将直接影响零件加工表面的尺寸精度和相互位置精度。基准选择不同，加工方法及工艺过程也将随之而异。

1. 概念

基准通常是指用来确定生产对象上的几何要素所依据的那些点、线、面。

产品质量与产品的设计、制造质量密切相关，而从产品设计到产品制造的多个环节都涉及基准问题，基准是机械制造中应用广泛且不可忽略的一个重要概念。

根据性质的不同，基准分为尺寸基准和位置基准两种，分别用于标注尺寸和表面间相互位置的要求。

根据其作用的不同，基准又分为设计基准和工艺基准两类。

2. 设计基准

设计基准是指在设计图样上用以确定零件间相互位置关系及自身结构所采用尺寸（或表面位置）的起点位置，它们可以是点，也可以是线和面。图 6-4a 所示为钻模套的基准分析示例。

钻模套的轴线 $O—O$ 是各外圆表面及内孔的设计基准，端面 A 是端面 B 和端面 C 的设计基准，内孔的中心线 D 是 $\phi40h6$ 外圆表面的径向圆跳动和端面 B 的轴向圆跳动设计基准。同样，图 6-4b 中，F 面是 C 面和 E 面的设计基准，也是两孔垂直度和 C 面平行度的设计基准；A 面为 B 面及其平行度的设计基准。

作为设计基准的点、线、面在工件上不一定具体存在，如表面的几何中心、对称中心线、对称中心平面等，常常采用某些具体的表面来体现，这些表面称为设计基面。

3. 工艺基准

工艺基准是指在零件机械加工工艺过程中所采用的基准。根据环节和作用的不同，工艺

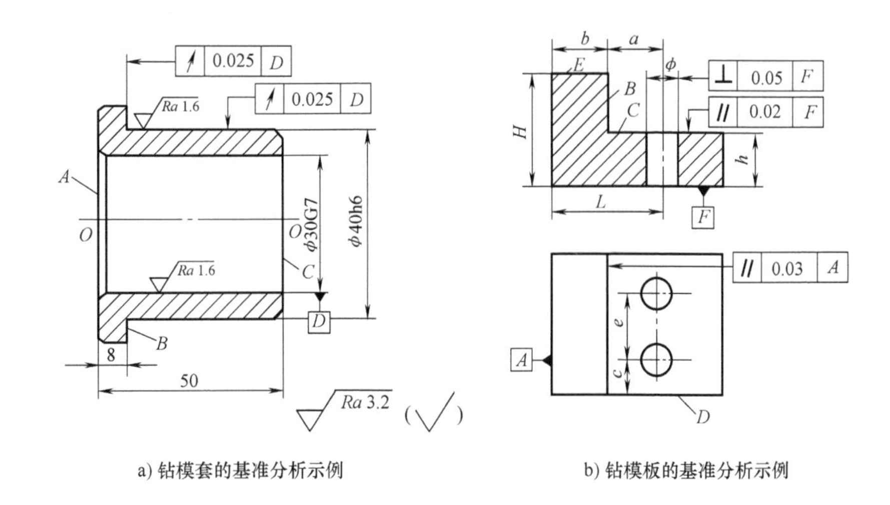

a) 钻模套的基准分析示例　　b) 钻模板的基准分析示例

图 6-4　基准分析示例

基准又分为工序基准、定位基准和测量基准。

（1）工序基准　工序基准是指在工序图上用来确定本工序加工表面加工后的尺寸、形状和位置的基准，如图 6-5 所示。

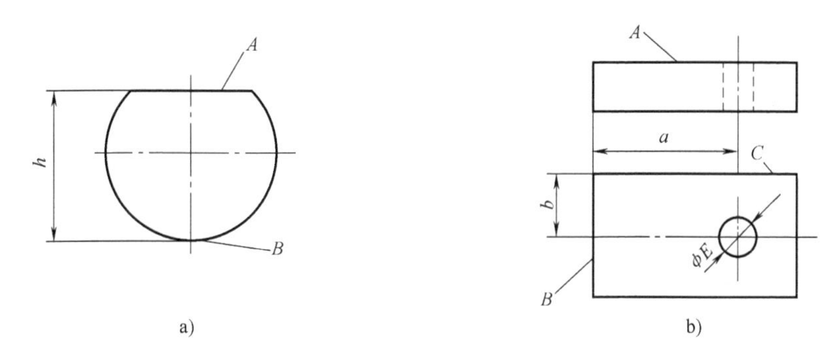

a)　　b)

图 6-5　工序基准

如图 6-5a 所示，A 面为加工表面，最下方素线至 A 面的距离 h 为工序尺寸，位置要求为 A 面对素线 B 的平行度（没有标出则包含在 h 的尺寸公差内），所以最下方素线为本工序的工序基准。有时确定一个表面需要几个工序基准，如图 6-5b 中，加工 ϕE 孔时，要求其中心线与 A 面垂直，并与 B 面及 C 面保持距离 a、b，因此表面 A、表面 B 和表面 C 均为本工序的工序基准。

（2）定位基准　定位基准是指在加工中用作工件定位的基准，它是获得零件尺寸的直接基准，在加工中占有很重要的地位。定位基准有粗基准和精基准之分。

1）粗基准。加工中若采用未经机械加工的面作为工件定位定准，则该定位基准称为粗基准。

2）精基准。加工中用已加工过的表面作为定位基准，则该基准称为精基准。

例如图 6-4a 所示钻模套，在心轴上加工 ϕ40h6 外圆时，内孔中心线即为定位基准。加工一个表面时，往往同时需要数个定位基准。例如图 6-5b 所示的零件，加工 ϕE 孔时，为保证内孔中心线对 A 面的垂直度，要用 A 面作为定位基准，为保证 a、b 尺寸，用 B 面、C 面作为定位基准。

作为定位基准的点、线、面在工件上不一定存在，但必须由相应的实际要素来体现，这些实际存在的要素称为定位基面。

（3）测量基准　在加工中或加工后用来测量工件形状、位置和尺寸所用的基准称为测量基准。

二、工件的装夹与定位

加工工件时的定位基准一旦选定，则工件的定位方案也基本上就确定了，定位方案是否合理，直接关系到工件的加工精度能否保证。

1. 工件装夹的基本要求

工件的装夹质量直接影响工件表面的成形及成形表面间的位置精度，而工件装夹的方便程度又将直接影响生产率和生产成本的高低。

图 6-6a 所示为轴套，由图可知，零件尺寸要求为小孔的直径尺寸 ϕ6H7，零件位置精度要求为小孔中心线距左端面（36±0.1）mm、小孔中心线与轴套内孔中心线的垂直度 0.05mm。以上要求除小孔直径由刀具直径保证而与装夹无关外，其余均与装夹有关。

图 6-6b 所示为加工该轴套小孔工序所用钻模。钻模的工作过程为：工件套装于夹具的心轴上，以 ϕ25H7 孔与心轴外圆柱面相配合，工件左端面贴合于心轴的凸肩面，工件右端面通过心轴、挡板用螺母实现在夹具上的定位。

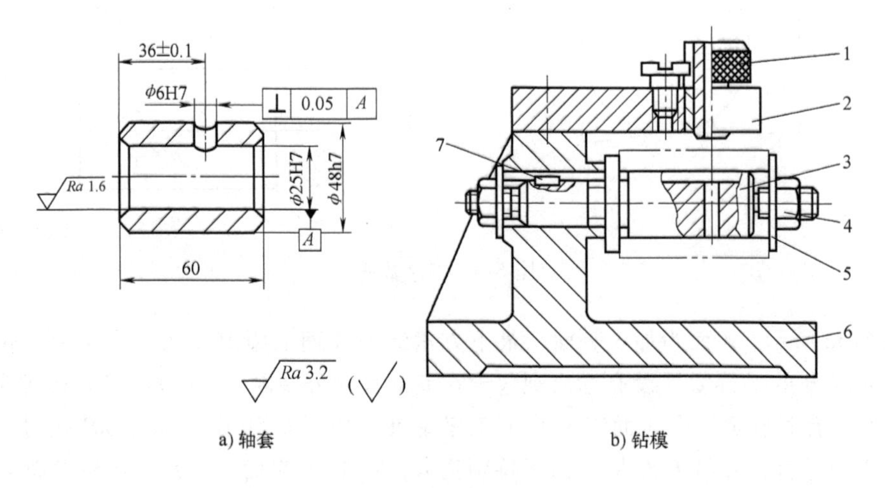

a) 轴套　　b) 钻模

图 6-6　轴套零件装夹

1—快换钻套　2—钻模板　3—心轴　4—螺母　5—开口垫圈　6—夹具体　7—定位键

2. 工件自由度

工件在装夹前，其位置是不确定的，一个工件在未被定位前有六个自由度，分别为沿 x 轴、y 轴、z 轴的移动自由度和绕 x 轴、y 轴、z 轴的转动自由度。

要使工件定位，首先应限制工件的自由度。例如在六面体的三面分别设置三个、两个、一个支承点（共六点），即可使工件在坐标系中的位置定下来，如图 6-7 所示。

当工件为圆盘时，也可在工件的适当位置设置六个点得以定位，如图 6-8 所示。

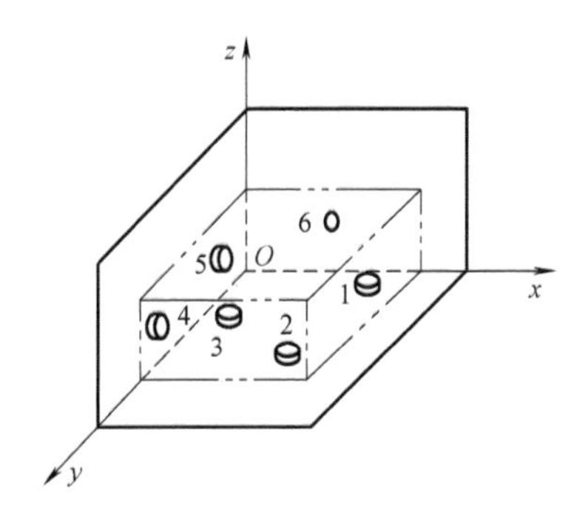

图 6-7　长方体定位时的支承分布

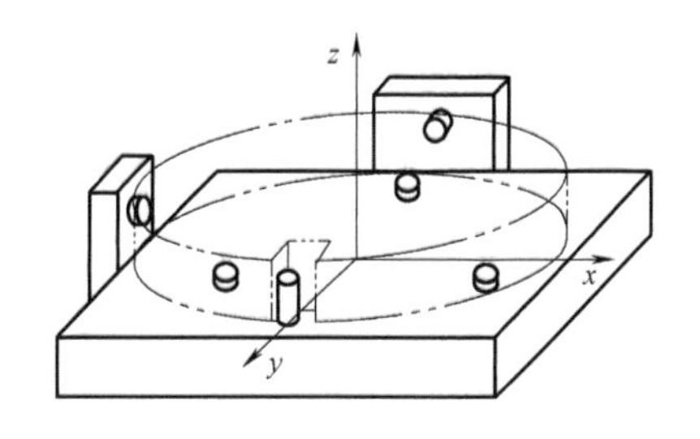

图 6-8　圆盘零件定位时的支承分布

对于圆柱形工件，可在其外圆表面上设置四个定位支承点 1、3、4、5，限制工件沿 x 轴、z 轴的移动和绕 x 轴、z 轴的转动四个自由度；在键槽内侧设置一个定位支撑点 2，限制工件绕 y 轴的转动自由度；在其端面设置一个定位支承点 6，限制沿 y 轴的移动自由度，至此可实现完全定位，如图 6-9a 所示。一般圆柱形工件用 V 形块来支承定位，如图 6-9b 所示。

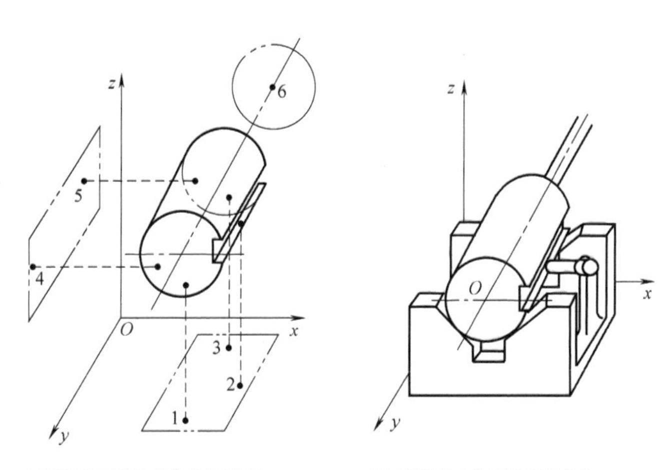

a) 圆柱形工件六点定位原理图　　b) 圆柱形工件用V形块定位

图 6-9　圆柱形工件定位时的支承分布

常用定位元件及其所能限制的自由度见表 6-4。

表 6-4　常用定位元件及其所能限制的自由度

定位基面	定位元件	定位简图	定位元件特点	限制的自由度
对工件平面定位	支承钉	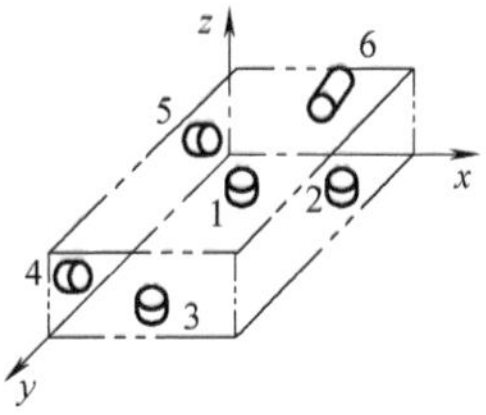		1、2、3—$\bar{z}$、$\widehat{y}$、$\widehat{x}$ 4、5—$\bar{x}$、$\widehat{z}$ 6—$\bar{y}$

（续）

定位基面	定位元件	定位简图	定位元件特点	限制的自由度
对工件平面定位	支承板	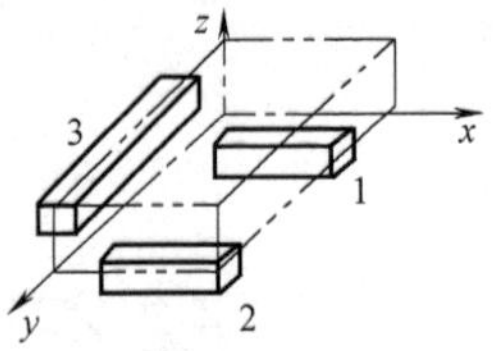		1、2—$\bar{z}$、$\widehat{y}$、$\widehat{x}$ 3—$\bar{x}$、$\widehat{z}$
对工件圆孔定位	定位销（心轴）	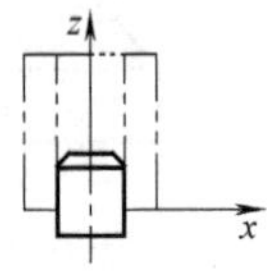	短销（短心轴）	$\bar{x}$、$\bar{y}$
		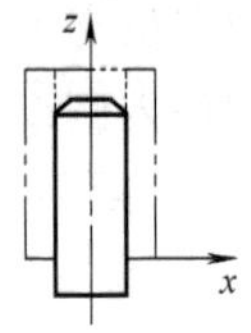	长销（长心轴）	$\bar{x}$、$\bar{y}$、$\widehat{x}$、$\widehat{y}$
	短圆锥销	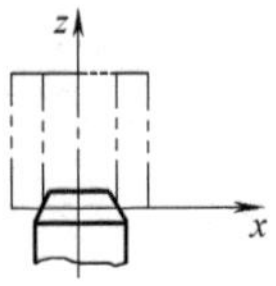		$\bar{x}$、$\bar{y}$、$\bar{z}$
		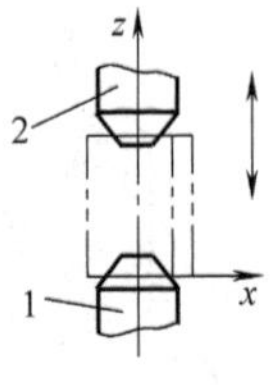	1—固定销 2—活动销	1—$\bar{x}$、$\bar{y}$、$\bar{z}$ 2—$\widehat{x}$、$\widehat{y}$
对工件外圆柱面定位	支承钉或支承板	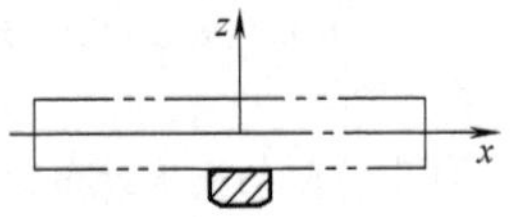		$\bar{z}$
		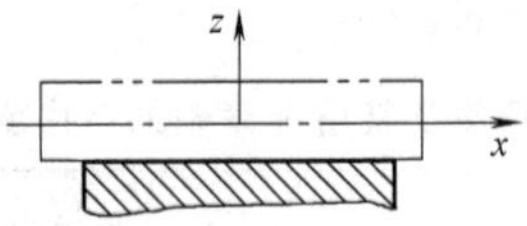	支承板或两个支承钉	$\bar{z}$、$\widehat{y}$
	V 形块	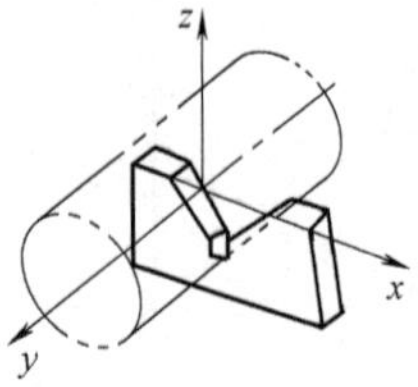	窄 V 形块	$\bar{z}$、$\bar{x}$

（续）

定位基面	定位元件	定位简图	定位元件特点	限制的自由度
对工件外圆柱面定位	V形块	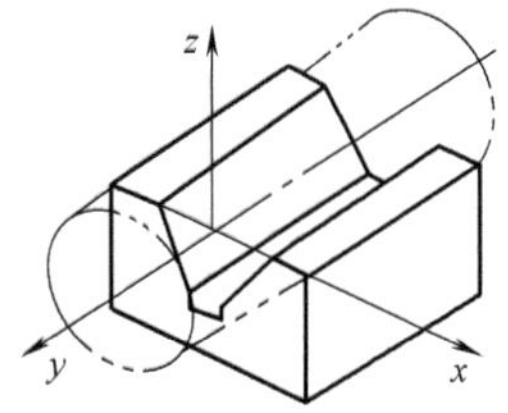	宽V形块	$\overline{z}$、$\overline{x}$ $\widehat{z}$、$\widehat{x}$
	定位套	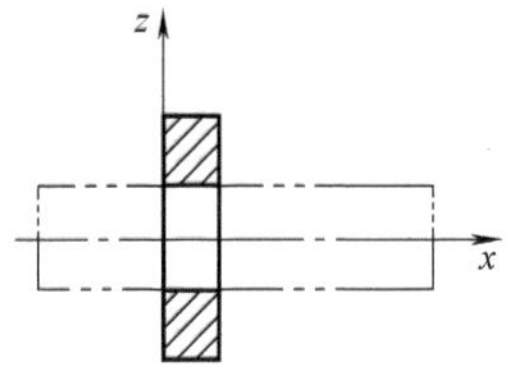	短套	$\overline{z}$、$\overline{y}$
		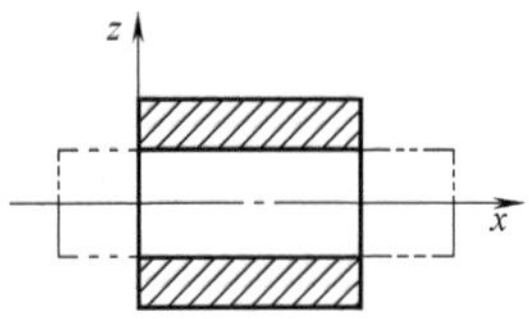	长套	$\overline{z}$、$\overline{y}$ $\widehat{z}$、$\widehat{y}$
	半圆套	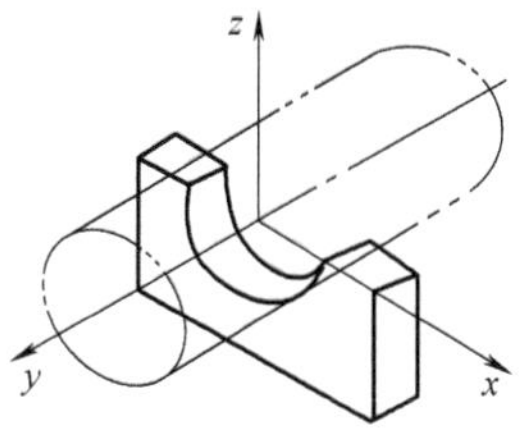	短半圆套	$\overline{z}$、$\overline{x}$
			长半圆套	$\overline{z}$、$\overline{x}$、$\widehat{z}$、$\widehat{x}$
	锥套	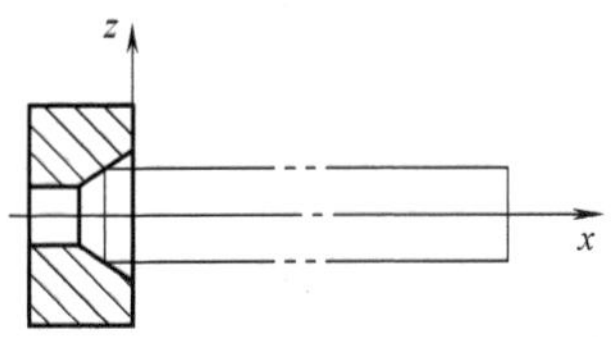		$\overline{x}$、$\overline{y}$、$\overline{z}$
		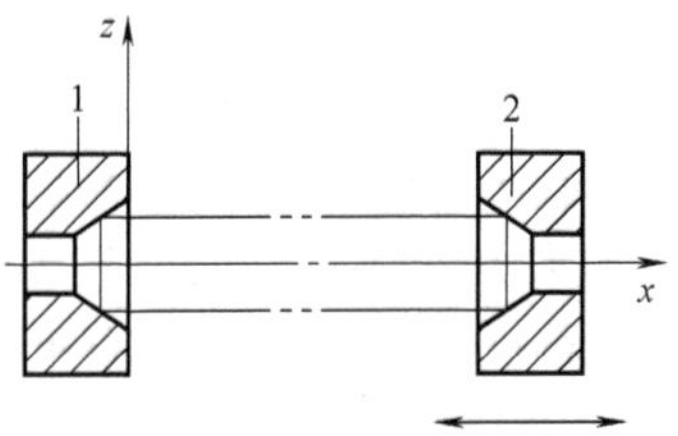	1—固定锥套 2—活动锥套	1—$\overline{x}$、$\overline{y}$、$\overline{z}$ 2—$\widehat{y}$、$\widehat{z}$

（续）

定位基面	定位元件	定位简图	定位元件特点	限制的自由度
对工件组合表面定位	平面和定位销		1—大支承板 2—短圆柱销 3—菱形销（削边销）	1—$\bar{z}$、$\hat{x}$、$\hat{y}$ 2—$\bar{x}$、$\bar{y}$ 3—$\hat{z}$

3. 六点定位法则

工件定位时，通常用一个支承点限制一个自由度。因此，无论工件形状、结构如何，其六个自由度均可用六个支承点加以限制。

用合理分布的六个支承点来限制工件的六个自由度，使工件位置完全确定的法则称为六点定位法则。

工件表面与支承点的接触形态有面、线、点三种，为确保接触质量，提高接触稳定性，各支承点位置不得随意分布。接触形态为面接触时，三个支承点构成的受力三角形面积越大，定位越稳定，故三个支承点分布越远越好，且相对工件接触面对称布置。线接触时，两个支承点越近，越易引起较大转角误差，故两个支承点越远越好。点接触时分两种情况：当支承点阻止工件轴向移动时，该点应位于几何中心处；当支承点阻止工件绕轴转动时，该点位于工件外缘处，可增加限制自由度的可靠性，如图 6-10 所示。

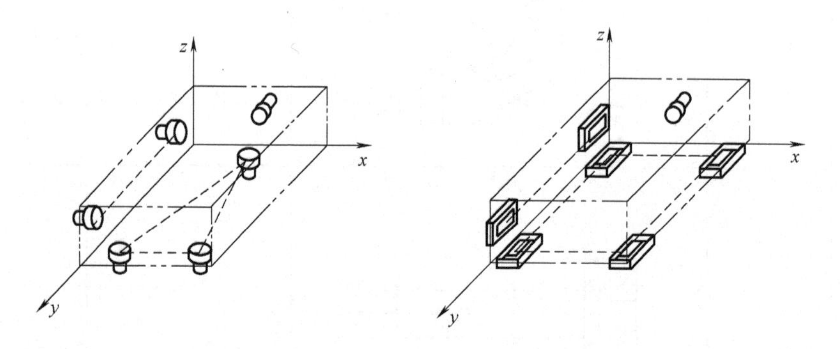

图 6-10　支承点布置

4. 工件的定位形态

根据工件形状、加工要求的不同，要求限制的自由度种类及数目也不同，工件定位可分为完全定位、不完全定位、欠定位和过定位四种不同的形态。

（1）完全定位　当工件的六个自由度都被限制时，称为完全定位。工件被加工表面位置需由三个坐标方向的工序尺寸确定时，往往需限制工件的全部自由度，即完全定位。

（2）不完全定位　当工件上有回转表面时，可能会允许保留绕轴线转动的自由度，这种工件自由度未被全部限制的形态称为不完全定位。

（3）欠定位　当工件装夹中实际限制的自由度数少于满足加工要求所必须限制的自由

度数时，称为欠定位。由于工件工作时定位不足，无法满足加工精度要求，因此加工时绝不允许出现欠定位。

（4）过定位　用两个或两个以上的定位元件重复限制同一个自由度的现象称为过定位。如图6-11a所示，连杆用一个平面、一长一短两个圆柱销定位的状况。因为一个长圆柱销限制四个自由度，一个短圆柱销限制两个自由度，当连杆以工作台平面及连杆两孔的两圆柱销定位时，x 向、y 向的转动自由度及 x 向的移动自由度被重复限制，造成过定位。这很可能造成零件底面与平面贴合不好，使定位精度降低，也有可能在大的夹紧力作用下有了很好的贴合，却使零件的定位产生明显的变形（图6-11b），严重时将导致无法完成工件装夹。

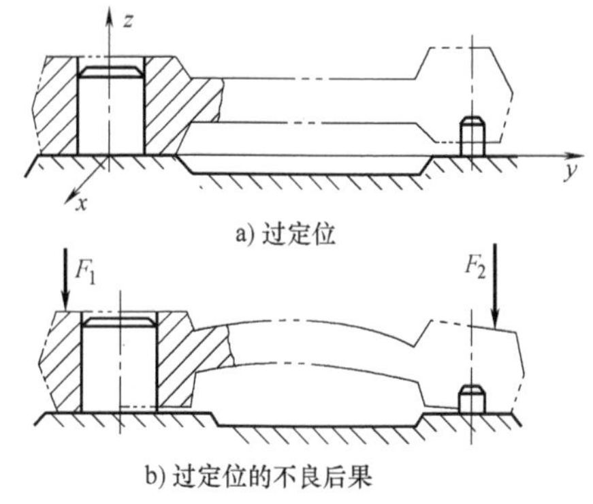

图6-11　连杆零件的过定位及其不良后果

三、定位基准的选择

按照零件的加工精度要求，确保零件加工时应限制的自由度数目后，需在工件上选择合理的定位基准，实施工件装夹。

1. 粗基准的选择

选择粗基准时应参考下列原则：

1）对于同时具有加工表面和不加工表面的工件，为了保证不加工表面与加工表面之间的位置精度，应优先选择不加工表面作为粗基准。如果工件上有多个不加工表面，则以其中与被加工表面相互位置精度要求较高的表面作为粗基准。

2）对于各表面均需加工的工件，选择粗基准时，应考虑合理分配各加工表面的加工余量。

① 应保证各主要表面都有足够的加工余量。为满足这个要求，应选择毛坯余量最小的表面作为粗基准。

② 对于工件上的某些重要表面，为了尽可能使其表面加工余量均匀，应选择最重要表面作为粗基准。例如图6-12所示的减速器箱体接合面 A 是最重要表面，则在加工时，应选择该表面作为粗基准来加工箱体底面 B，然后再以箱体底面 B 为精基准加工接合面 A。

3）应避免重复使用粗基准。在同一尺寸方向上，粗基准通常只能使用一次，以免产生较大的定位误差。

4）选作粗基准的平面应平整，应没有浇冒口或飞边等缺陷，以便定位可靠。

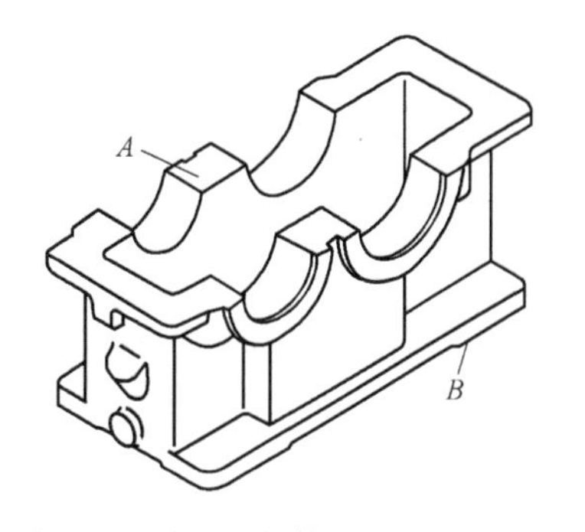

图6-12　减速器箱体加工粗基准选择

2. 精基准的选择

精基准的选择应从保证工件加工精度出发，考虑如下原则：

（1）基准重合原则　应尽量选择被加工表面的设计基准为定位基准，这称为基准重合原则。如果被加工表面的设计基准与定位基准不重合，则会增大定位误差。

(2) 基准统一原则　当工件以某一组精基准定位，可以比较方便地加工其他表面时，应尽可能在多数工序中采用此组精基准定位，这就是基准统一原则。例如轴类零件大多数工序都以中心线为定位基准。这样可减少工装设计制造费用，并可避免因基准转换所造成的误差。

(3) 自为基准原则　当工件精加工或光整加工工序要求余量尽可能小而均匀时，应选择加工表面本身作为定位基准。例如用浮动铰刀铰孔、用拉刀拉孔、用无心磨床磨外圆等，均属于自为基准。

(4) 互为基准原则　为了获得均匀的加工余量或较高的位置精度，可采用互为基准、反复加工的原则。例如要保证两个平面间较高的平行度要求，则应先以一面为定位基准加工另一面，再以另一面为定位基准加工前一面，从而保证两个平面间的相互位置精度。

3. 辅助基准的应用

有时为装夹方便或易于实现基准统一，人为地制造一种定位基准。通常将这种为满足工艺需要而在工件上专门设计的定位基准称为辅助基准。例如机床床身，为保证加工导轨的精度，需在床身的毛坯上先铸出工艺凸台。

第三节　零件加工工艺路线

零件加工工艺路线是指在加工零件过程中由毛坯准备到成品包装入库，经过企业各有关部门和工序的先后顺序。制订零件加工工艺路线的主要任务是选择各个加工表面的加工方法，确定加工顺序，以及整个工艺过程的工序数目和工序内容。

一、零件毛坯的选择

选择零件毛坯时应考虑如下几个方面的因素。

1. 零件的产量

大量生产的零件应该选择精度和生产率高的毛坯制造方法，用于毛坯制造的高昂成本可用减少材料消耗和降低机械加工费用的方法来补偿。例如铸件采用金属型造型和精密铸造；锻件采用模锻；选用冷拉和冷轧型材等。

2. 零件材料的工艺性

材料为铸铁或青铜等的零件应该选择铸造毛坯；对钢质零件，当形状不复杂、力学性能要求又不太高时，可选用型材；对于重要的钢质零件，为保证其力学性能，应选用锻造毛坯。

3. 零件的结构形状和尺寸

形状复杂的毛坯一般采用铸造方法，薄壁零件不宜用砂型铸造。一般用途的阶梯轴，如果各段直径相差不大，可选用圆棒料；反之，为减少材料消耗和机械加工的工作量，则宜采用锻造毛坯。尺寸大的零件一般选用砂型铸造或自由锻，中小型零件毛坯可考虑选用模锻件。

4. 现有的生产条件

选择毛坯时，还要考虑本企业的毛坯制造水平、设备条件以及外协的可能性和经济性等。表 6-5 概括了各类毛坯的加工特点及适用范围。

表 6-5　各类毛坯的加工特点及适用范围

毛坯种类	尺寸公差等级(IT)	加工余量	原材料	工件尺寸	适用生产类型	适用生产成本	工件形状
型材		大	各种材料	小	各类型	低	简单
焊接件		一般	钢材	大、中	单件	低	较复杂
砂型铸造	16~13	大	铸铁、青铜	各种尺寸	单件小批	较低	复杂
自由锻造	16~13	大	钢材为主	各种尺寸	单件小批	较低	较简单
普通模锻	14~11	一般	钢、锻铝、铜	中、小	中大批	一般	一般
精密锻造	10~8	较小	钢材、锻铝	小	大批	较高	较复杂
钢模铸造	12~10	较小	铸铝为主	中、小	中大批	一般	较复杂
压力铸造	11~8	小	铸铁、铸钢、青铜	中、小	中大批	较高	复杂
熔模铸造	10~7	很小	铸铁、铸钢、青铜	小	中大批	高	复杂

二、加工阶段的划分

1. 划分加工阶段的目的

划分加工阶段应从便于安排检验工序，便于合理使用设备，充分发挥机床性能，延长机床使用寿命，避免以精干粗，有利于保证加工质量出发来考虑。加工阶段通常分为粗加工阶段、半精加工阶段、精加工阶段和光整加工阶段。

（1）粗加工阶段　粗加工阶段主要切除各个表面上大部分加工余量，使毛坯形状和尺寸接近于成品。工件在粗加工时，由于加工余量较大，所受的切削力、夹紧力较大，因此会引起较大的变形及内应力重新分布，故粗加工要求采用功率大、刚度高、效率高而精度低的机床。

（2）半精加工阶段　半精加工阶段主要完成次要表面的最终加工，并为主要表面的精加工做准备。

（3）精加工阶段　精加工阶段应保证主要表面达到图样要求，精加工时要求机床精度高。

（4）光整加工阶段　对表面质量及加工精度要求高的表面，还需进行光整加工，以提高表面耐磨性和光亮度。

加工阶段的划分就零件加工整个过程而言，不能以某个表面的加工或某个工序的性质来判断，在具体应用时，不可以绝对化。

2. 加工顺序

安排加工顺序的总原则是前面的工序为后续工序创造条件，并做基准准备。切削加工顺序的安排原则如下：

（1）先粗后精原则　应先进行粗加工，然后进行半精加工，最后是精加工和光整加工。粗加工前一般安排消除内应力的热处理，对毛坯安排粗加工，可及时发现缺陷并进行处理；同时，精加工工序放在最后，可以避免加工好的表面在搬运和夹紧中受损。

（2）先主后次原则　先安排主要表面的加工，后考虑次要表面的加工。应正确理解和应用先主后次原则。主要表面放在前阶段进行加工，若发现废品，可减少工时的浪费。次要表面一般加工余量较小，加工比较方便，因此把次要表面加工穿插在各加工阶段中进行，使加工阶段更明显且能顺利进行，还能增加加工阶段的时间间隔，可以有足够的时间使残余应力重新分布并使其引起的变形充分表现，以便在后续工序中修正。

（3）先面后孔原则　先加工平面，后加工孔。平面面积较大，轮廓平整，先加工好平面，便于加工孔时的定位装夹，利于保证孔与平面间的位置精度。

（4）先基面后其他原则　用作基准的表面要首先加工出来，所以第一道工序一般进行定位基面的粗加工和半精加工，然后以基面定位加工其他表面。

三、工序集中和工序分散

在划分加工阶段以及确定各表面加工先后顺序后，就可以把这些内容组成为各个工序。在组成工序时，有两条原则，即工序集中原则和工序分散原则。

工序集中原则就是将工件加工内容集中在少数几道工序内完成，每道工序的加工内容较多。

工序分散原则就是将工件加工内容分散在较多的工序中进行，每道工序的加工内容较少，最少时每道工序只包含一个简单工步。

1. 工序集中的特点

1）在一次装夹中可以完成零件多个表面的加工，可以较好地保证这些表面的相互位置精度，同时减少工件的装夹时间和搬运工作量，有利于缩短生产周期。

2）采用高效的自动机床，机床数量少，节省车间面积，简化生产组织工作。

3）所用设备调整和维护工作复杂，技术难度大。

2. 工序分散的特点

1）采用简单的设备及工艺装备，调整和维护方便，技术易于掌握。

2）可采用最合理的切削用量，便于平衡工序时间。

3）设备数量多，操作工人多，占用场地大。

工序集中和工序分散各有利弊，应根据生产类型、现有生产条件、企业能力、零件结构特点和技术要求等进行综合分析，择优选用。单件小批生产采用通用机床顺序加工，采用工序集中原则，可以简化生产计划和组织工作。大批生产的产品，可采用专用设备和工艺装备，如多刀机床、多轴机床，既可采用工序集中原则，也可将工序分散后组织流水线生产。

四、零件加工方法与机床的选择

1. 零件加工方法的选择

在加工零件时，获得同一精度和同一表面粗糙度值的方案有多种，选择加工方法时不仅要考虑零件的结构形状、尺寸大小、材料和热处理，还要结合产品生产率及工厂的现有条件等综合分析。表6-6~表6-8分别给出了外圆柱面、孔和平面的典型加工方法能达到的精度和表面粗糙度值。表6-9给出了各种加工方法能达到的与中心线平行的孔的位置精度。各种加工方法所能达到的精度和表面粗糙度等级，在机械加工的各种手册中均能查到。

表 6-6　外圆柱面加工方法

序号	加工方法	精度(用尺寸公差等级表示)	表面粗糙度值 $Ra/\mu m$	适用范围
1	粗车	IT13~IT11	50~12.5	适用于淬火钢以外的各种金属
2	粗车→半精车	IT10~IT8	6.3~3.2	
3	粗车→半精车→精车	IT8~IT7	1.6~0.8	
4	粗车→半精车→精车→滚压(或抛光)	IT8~IT7	0.8~0.4	
5	粗车→半精车→磨削	IT8~IT7	0.8~0.4	主要用于淬火钢,也可用于未淬火钢,但不宜加工有色金属
6	粗车→半精车→粗磨→精磨	IT7~IT6	0.4~0.2	
7	粗车→半精车→粗磨→精磨→超精加工	IT5	0.2~0.05	
8	粗车→半精车→精车→精细车(金刚石车)	IT7~IT6	0.4~0.1	主要用于要求较高的有色金属
9	粗车→半精车→粗磨→精磨→超精磨(或镜面磨)	IT5 以上	0.1~0.05	极高精度的外圆加工
10	粗车→半精车→粗磨→精磨→研磨	IT5 以上	0.02~0.01	

表 6-7　孔加工方法

序号	加工方法	精度(尺寸公差等级表示)	表面粗糙度值 $Ra/\mu m$	适用范围
1	钻	IT13~IT11	12.5	加工未淬火钢及铸铁的实心毛坯,也可用于加工有色金属
2	钻→铰	IT10~IT8	6.3~1.6	
3	钻→粗铰→精铰	IT8~IT7	1.6~0.8	
4	钻→扩	IT11~IT10	12.5~6.3	加工未淬火钢及铸铁的实心毛坯,也可用于加工有色金属
5	钻→扩→铰	IT9~IT8	3.2~1.6	
6	钻→扩→粗铰→精铰	IT7	1.6~0.8	
7	钻→扩→机铰→手铰	IT7~IT6	0.4~0.2	
8	钻→扩→拉	IT9~IT7	3.2~0.8	大批大量生产(精度由拉刀的精度而定)
9	粗镗(或扩孔)	IT13~IT11	12.5~6.3	除淬火钢外的各种材料,毛坯有铸出孔或锻出孔
10	粗镗(粗扩)→半精镗(精扩)	IT10~IT 9	3.2~1.6	
11	粗镗(粗扩) →半精镗(精扩)→精镗(铰)	IT8~IT7	1.6~0.8	
12	粗镗(粗扩)→半精镗(精扩)→精镗→浮动镗刀精镗	IT7~IT6	0.8~0.4	
13	粗镗(扩)→半精镗→磨孔	IT8~IT7	0.8~0.4	主要用于淬火钢,也可用于未淬火钢,但不宜用于有色金属
14	粗镗(扩)→半精镗→粗磨→精磨	IT7~IT6	0.4~0.1	
15	粗镗→半精镗→精镗→精细镗(金刚镗)	IT7~IT6	0.4~0.2	主要用于精度要求高的有色金属加工
16	钻(扩)→粗铰→精铰→珩磨 钻(扩)→拉→珩磨 粗镗→半精镗→精镗→珩磨	IT7~IT6	0.2~0.1	精度要求很高的孔
17	钻(扩)→粗铰→精铰→研磨 钻(扩)→拉→研磨 粗镗→半精镗→精镗→研磨	IT6~IT 5	0.1~0.05	

表 6-8　平面加工方法

序号	加工方法	精度(尺寸公差等级表示)	表面粗糙度值 $Ra/\mu m$	适用范围
1	粗车	IT13~IT11	50~12.5	端面
2	粗车→半精车	IT10~IT8	6.3~3.2	
3	粗车→半精车→精车	IT8~IT7	1.6~0.8	
4	粗车→半精车→磨削	IT9~IT6	1.6~0.4	
5	粗刨	IT13~IT11	25~6.3	一般不淬硬平面
6	粗刨→精刨	IT10~IT8	6.3~1.6	
7	粗刨→精刨→刮削	IT7~IT6	0.8~0.1	精度要求较高的不淬硬平面,批量较大时宜采用宽刃精刨方案
8	粗刨→精刨→宽刃精刨	IT7	0.8~0.4	
9	粗刨→精刨→磨削	IT7	0.8~0.2	精度要求较高的淬硬平面或不淬硬平面
10	粗刨→精刨→粗磨→精磨	IT7~IT6	0.4~0.2	
11	粗铣→拉削	IT9~IT7	0.8~0.4	大量生产,较小的平面
12	粗铣(或精铣)→磨削→研磨	IT5 以上	0.1~0.05	精度平面

表 6-9　与中心线平行的孔的位置精度

加工方法	工件的定位	两孔中心线间的距离误差或从孔中心线到平面的距离误差/mm	加工方法	工件的定位	两孔中心线间的距离误差或从孔中心线到平面的距离误差/mm
立钻或摇臂钻钻孔	用钻模	0.1~0.2	卧式镗床上镗孔	用镗模	0.05~0.1
	按划线	1.0~3.0		按定位样板	0.1~0.2
	用镗模	0.05~0.3		按定位器的指示读数	0.04~0.08
车床上镗孔	按划线	0.5~1.5		用量块	0.05~0.1
	用带有滑磨角尺	0.1~0.4		用内径规或用塞尺	
坐标镗床上镗孔	用光学仪器	0.004~0.015		用程序控制的坐标装置	0.02~0.05
金刚镗床上镗孔		0.008~0.02		用游标卡尺	0.2~0.4
多轴组合机床式镗床	用镗模	0.03~0.05		按划线	0.4~0.8

2. 机床的选择

在设计安排加工工序时，需要正确地选择机床，并填入相应工艺卡中，这是保证零件加工质量、提高生产率和经济效益的重要措施。选择机床时应考虑以下三方面的内容。

1）所选机床应与加工零件相适应。即机床的精度应与加工零件的技术要求相适应，机床的主要规格尺寸应与加工零件的外轮廓尺寸相适应，机床的生产率应与零件的生产纲领相适应。

2）考虑生产现场的实际情况。即现有设备的类型、规格及实际精度、设备的分布排列

及负荷情况、操作者的操作技术水平等。

3）考虑生产工艺技术的发展。如在一定的条件下考虑采用计算机辅助制造时，则有可能选用高效率的专用、自动、组合等机床，以满足相似零件组的加工要求，而不仅仅考虑某一零件批量的大小。

五、工艺装备的选择

1. 夹具的选择

单件小批生产应尽量选用通用夹具，如机床自带的卡盘、平口钳、回转工作台等；大量生产时，应采用高生产率的专用夹具，积极推广气、液传动的专用夹具；在推行计算机辅助制造工艺或提高生产率时，则应采用成组夹具。

2. 刀具的选择

刀具的选择主要取决于工序所采用的加工方法、加工表面尺寸、工件材料、所要求的精度和表面粗糙度、生产率及经济性等。选择刀具时应尽可能采用标准刀具，必要时可采用高生产率的复合刀具和其他专用刀具。

3. 量具的选择

量具的精度必须与加工精度相适应，应结合检验项目和生产类型选择。在单件小批生产中，应尽量采用通用量具、量仪，而在大批大量生产中，则应采用各种量规、高生产率的检验仪器等。

第四节　零件工艺性分析

对零件进行工艺分析的目的，是从工艺的角度审视零件，去除工艺制作的障碍，为后续各工序中确定加工方案奠定基础。

一、分析零件图

零件图是认识零件最基本而详尽的原始资料，零件图反映零件的构造特征、尺寸大小与技术要求。

1. 分析零件的构造特征

分析组成零件各表面的几何形状。从形体上看，构成零件的表面有：平面、内圆柱面、外圆柱面、圆球面、圆锥面、棱柱面、圆环面等，属于基本曲面；椭球面、螺旋面、抛物面、双曲面、渐开线齿形面等，为复杂曲面。零件加工过程实质上是形成这些表面的过程。

在机械制造业中，通常按各表面组合方式的不同，将零件大体上分为轴类、套筒类、盘类、叉架类和箱体类等。不同类型的零件在工艺制作上是很不相同的，而同类零件则具有相似性。

2. 分析零件的技术要求

零件的技术要求通常包括各加工表面的尺寸精度、形状精度、相互位置精度、表面粗糙度、热处理要求等。

分析零件的技术要求，应根据各表面的质量要求及其作用，区分零件的主要表面和次要表面，主要表面是指零件与其他零件相配合的表面，主要表面以外的表面称为次要表面。

3. 分析零件的材料

例如，图 6-13 所示的方头销上有一个孔 ϕ2H7，要求在装配时配作，方头部位要求硬度为 55～60HRC。由于零件长度只有 20mm，方头长度为 5mm，如用 T8A 材料采用局部淬火，势必全长均被淬硬，配作 ϕ2H7 的小孔将很难加工。若将材料改为 20Cr，对方头部位进行渗碳淬火，便能解决 ϕ2H7 小孔的加工问题。

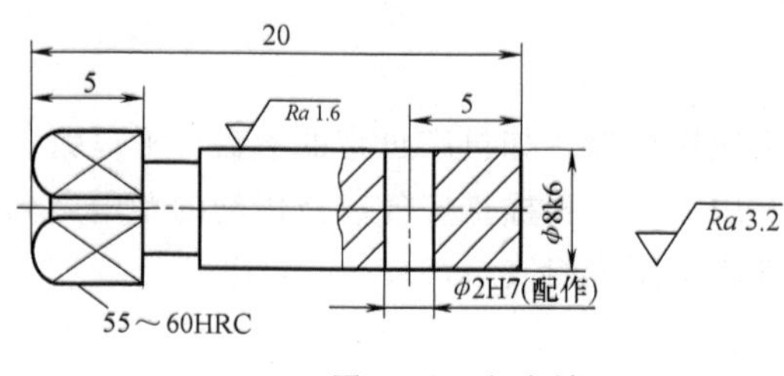

图 6-13　方头销

二、零件制造、加工、装配与维修对结构工艺性的要求

1. 零件制造对结构工艺性的要求

零件的结构工艺性涉及面很广，包括零件加工各环节中的工艺性，如零件结构的铸造、锻造、冲压、热处理和切削加工等工艺性。

2. 零件加工对结构工艺性的要求

良好的结构工艺性体现在装夹、加工和测量方便，效率高，加工量小和易于保证加工质量。在零件的制造过程中，切削加工所耗费的工时和费用最多。下面主要进行切削加工工艺性分析。表 6-10 和表 6-11 对照列出了常见零件切削加工工艺性的优劣。

表 6-10　便于装夹的零件结构工艺性示例

设计准则	结构简图		说　明
	改　进　前	改　进　后	
改变结构			工件装夹在自定心卡盘上车削圆锥面，若用锥面装夹，工件与卡盘呈线接触，无法夹牢；改用圆柱面后，定位、夹紧都可靠
			加工大平板顶面，在两侧设置装夹用的凸缘和孔，既便于用压板及 T 形螺栓将其固定在机床工作台上，又便于吊装和搬运
增设便于装夹的定位基准		工艺凸台	受机床床身结构限制或考虑外形美观，加工导轨时不好定位。为满足工艺要求，可在毛坯上增设工艺凸台，精加工后再将其切除

（续）

设计准则	结构简图		说　明
	改　进　前	改　进　后	
增设便于装夹的定位基准	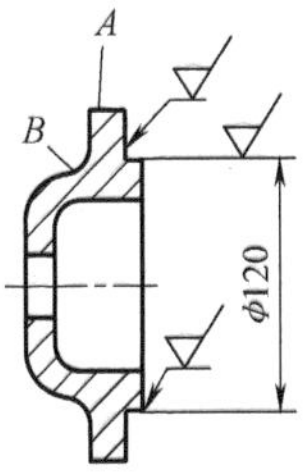	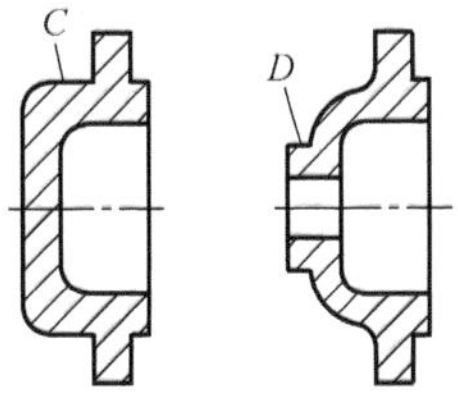	车削轴承盖上 ϕ120mm 外圆及端面，将毛坯 B 面构形改为 C 面或增加工艺凸台 D，使定位准确，夹紧稳固
减少装夹次数	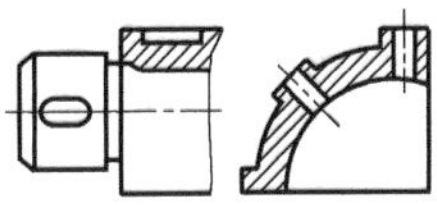	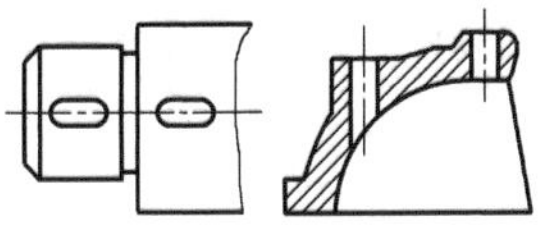	键槽或孔的尺寸、方位应尽量一致，便于在一次进给中铣出全部键槽或一次装夹中钻出全部孔
	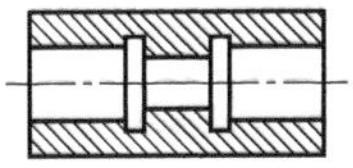	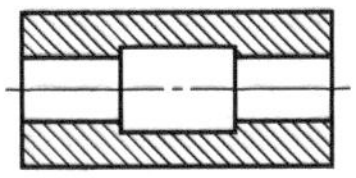	轴套两端轴承座孔有较高的相互位置精度要求，最好能在一次装夹中加工完成
有足够的刚度	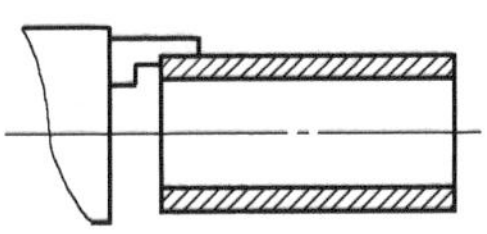	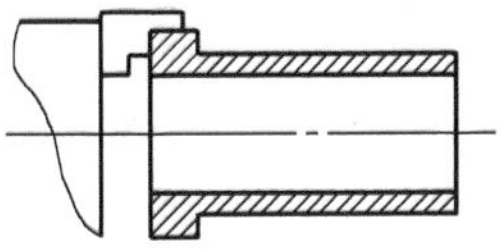	薄壁套筒夹紧时易变形，若一端加凸缘，可增加零件的刚度，保证加工精度。此外，较高的刚度允许采用较大的切削用量进行加工，利于提高生产率
减轻重量	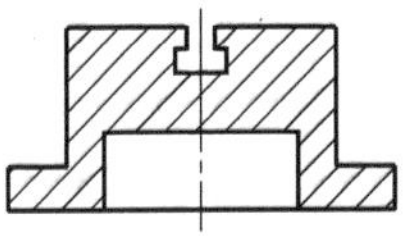	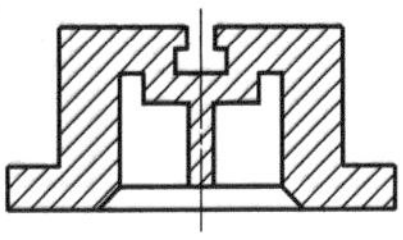	在满足强度、刚度和使用性能的前提下，应从零件结构上考虑减少材料消耗。必要时可在空心处布置加强筋

表 6-11　便于加工和测量的零件结构工艺性示例

设计准则	结构简图		说　明
	改　进　前	改　进　后	
易于进刀和退刀	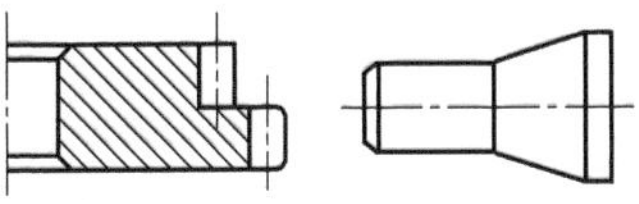	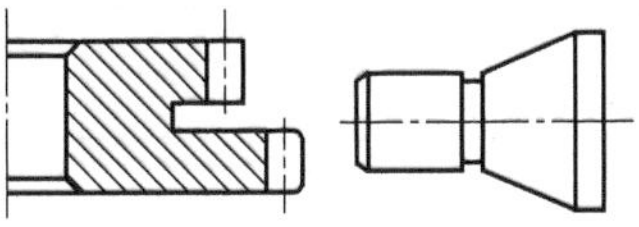	留出退刀空间，小齿轮可以插齿加工；有砂轮越程槽后，方便磨削锥面时清根
	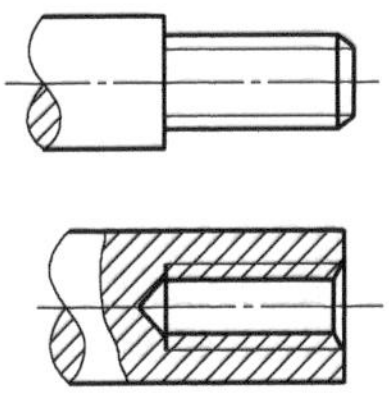	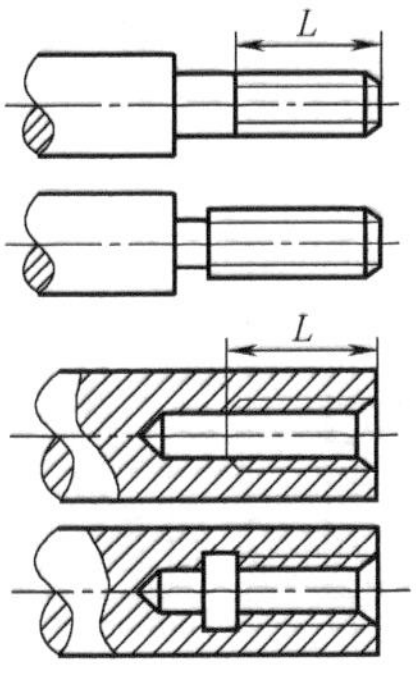	加工内、外螺纹时，其根部应留有退刀槽或保留足够的退刀长度，使刀具能正常地工作

（续）

设计准则	结构简图		说明
	改进前	改进后	
减小加工难度	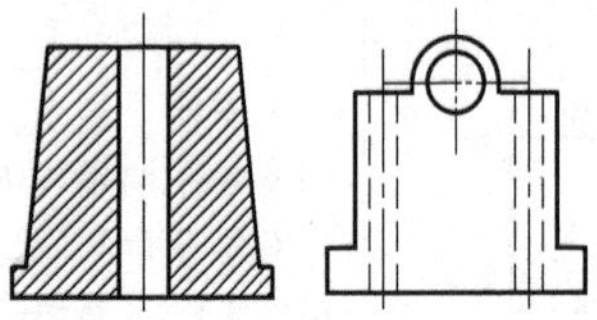		钻孔一端留空刀或减小孔深，可避免深孔加工和钻头偏斜，减少工作量和钻头损耗，并减轻零件重量，节省材料
	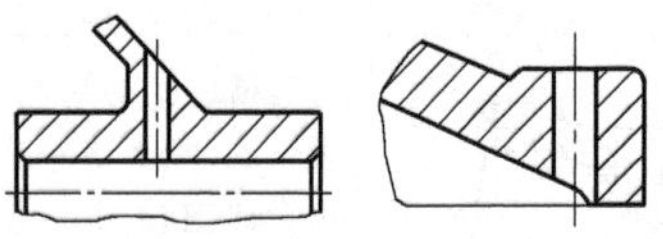	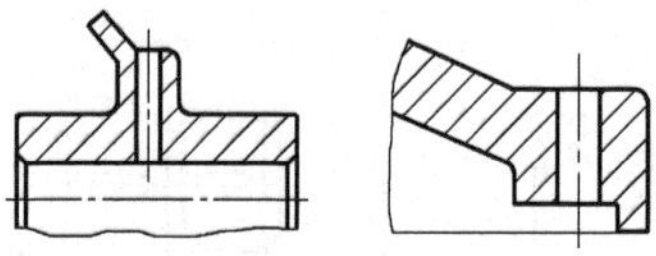	斜面钻孔时，钻头易引偏和折断，只要零件结构允许，应在钻头进出表面铸出平台
	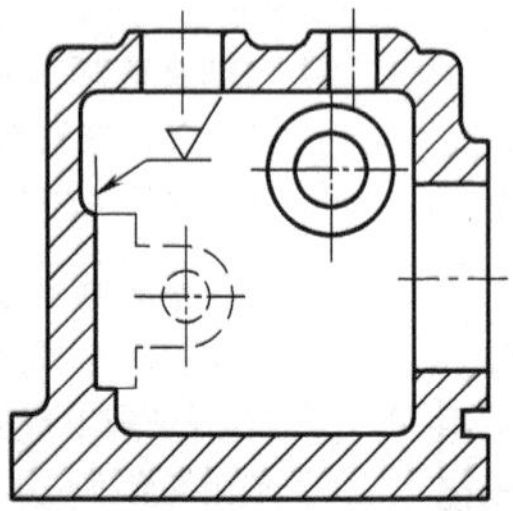	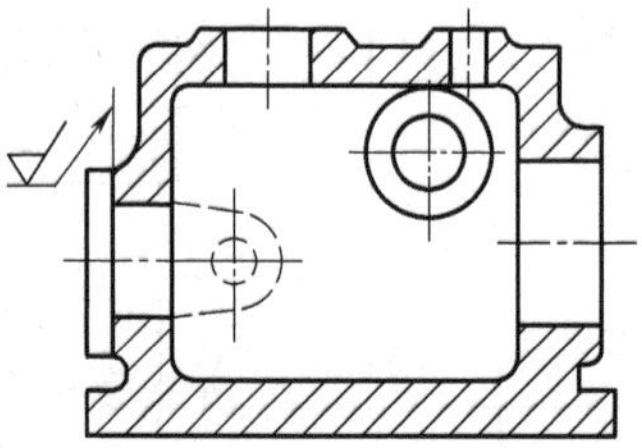	箱体内安放轴承座的凸台面属不敞开的内表面，加工和测量均不方便。改用带法兰的轴承座与箱体外部的凸台面连接，加工时刀具易进入、退出和顺利通过凸台外表面
	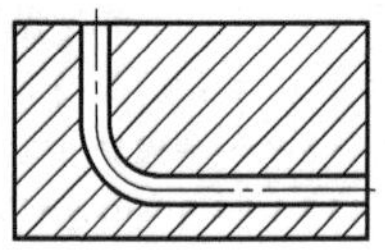	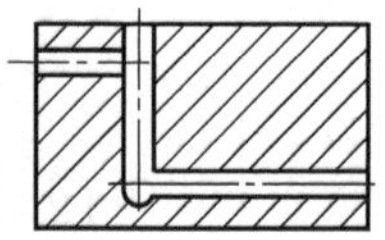	在常规条件下，弯曲孔的加工显然是不可能的，应改为几段直孔相接而成
减少加工表面面积	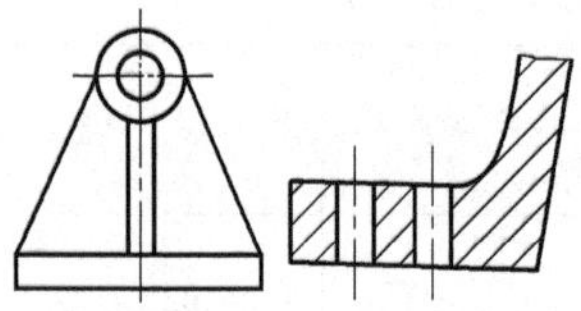	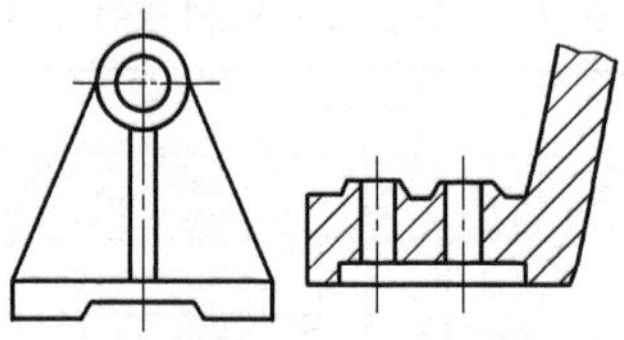	加工表面与非加工表面应明显分开，加工表面之间也应明显分开，以尽量减少加工面积，从而保证工作稳定可靠
便于采用标准刀具	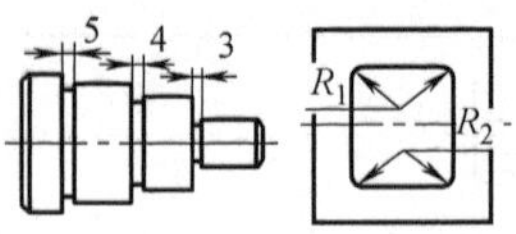 5 4 3 R_1 R_2	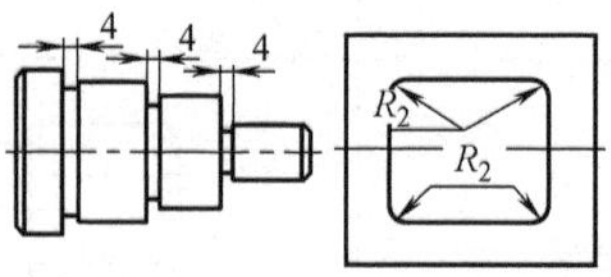 4 4 4 R_2 R_2	各结构要素的尺寸规格相差不大时，应尽量采取统一数值并标准化，以便减少刀具种类和换刀时间，便于采用标准刀具进行加工
	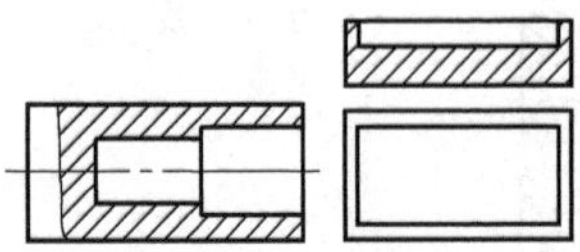	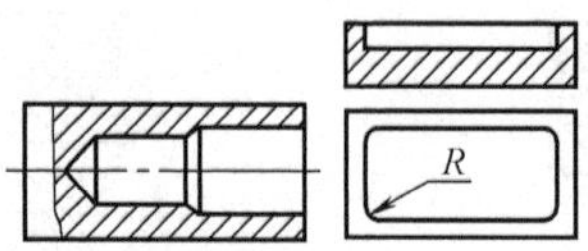 R	加工表面的结构形状尽量与标准刀具的结构形状相适应，使加工表面在加工过程中自然形成，减少专用刀具的设计和制造工作量

（续）

设计准则	结构简图		说　明
	改进前	改进后	
便于采用标准刀具	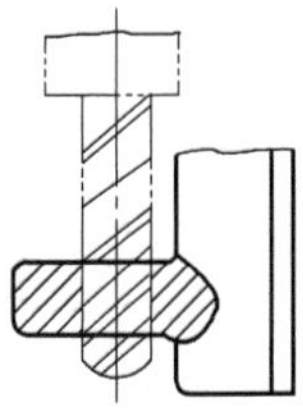	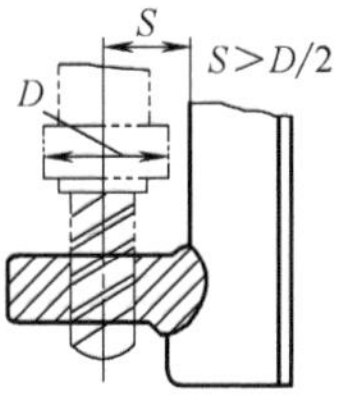 S　S>D/2　D	凸缘上的孔要留出足够的加工空间，当孔的轴线与侧壁面距 S 小于钻夹头外径的一半时，难以采用标准刀具进行加工
减少对刀次数	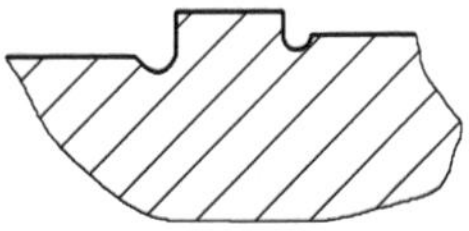	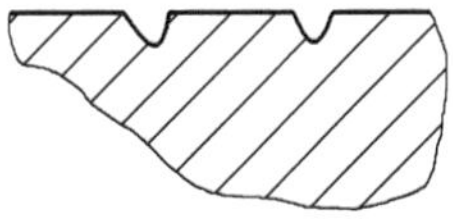	所有凸台面尽可能在同一表面上或同一轴线上，以便一次对刀即可完成加工

3. 装配与维修的要求

零件的结构应便于装配和维修时的装拆。表 6-12 为装配和维修对零件结构工艺性要求的示例。

表 6-12　装配和维修对零件结构工艺性要求的示例

序号	改　进　前	改　进　后	说　明
1	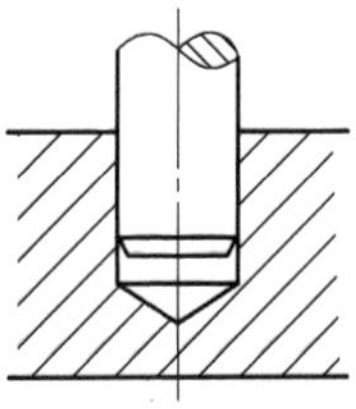	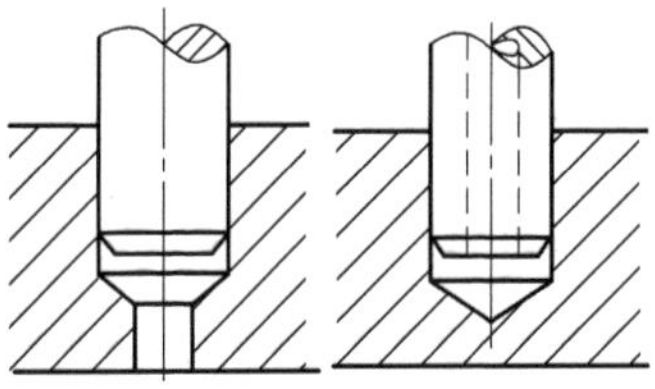	改进后有透气孔
2	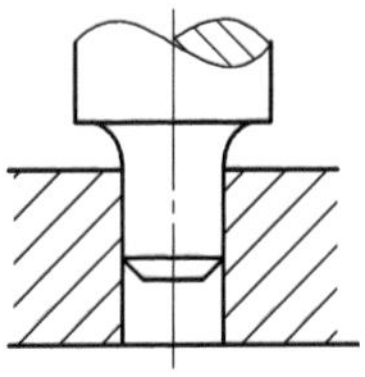	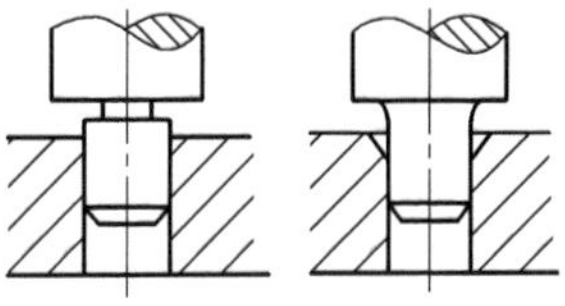	改进后在轴肩处切槽或孔口处倒角
3	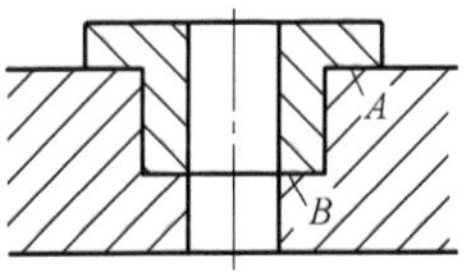 A　B	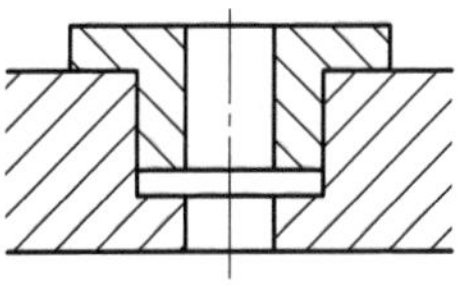	改进前两构件 A、B 两个接合面不合理

续表

序号	改进前	改进后	说明
4		L	改进前装配空间太小，螺钉装不进去

三、工序尺寸的确定

零件加工工艺路线确定后，在进一步安排各个工序的具体内容时，应正确地确定各工序的工序尺寸，首先应确定加工余量。

1. 加工余量的概念

由于毛坯不能达到零件要求，因此要留有加工余量，以便经过机械加工来达到要求。加工余量是指加工过程中从加工表面切除的金属层厚度，如图 6-14 所示。加工余量分为工序余量和加工总余量。

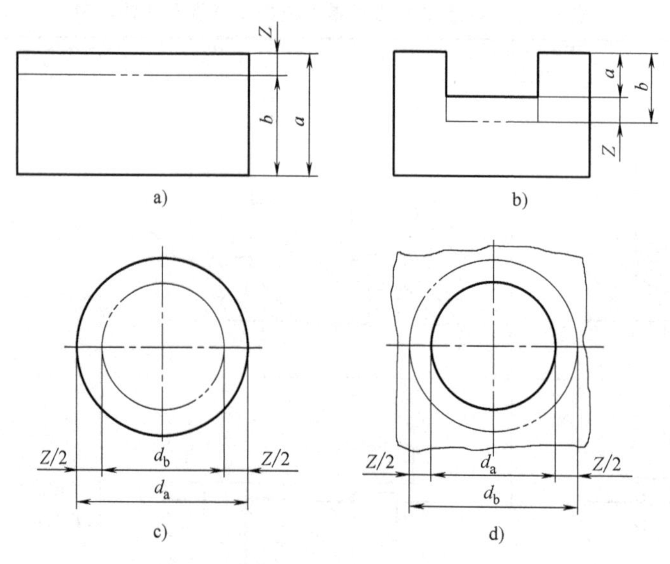

图 6-14　加工余量

（1）工序余量　工序余量是指某一表面在一道工序中切除的金属层厚度。工序余量在数值上等于相邻两工序的工序尺寸之差。

对于外表面，如图 6-14a 所示，工序余量为

$$Z = a - b \tag{6-2}$$

对于内表面，如图 6-14b 所示，工序余量为

$$Z=b-a \tag{6-3}$$

式中　Z——本工序的工序余量（mm）；

a——前工序的工序尺寸（mm）；

b——本工序的工序尺寸（mm）。

上述加工余量均为非对称的单边余量，回转表面的加工余量为双边对称余量。

对于轴，如图6-14c所示，双边对称余量为

$$Z=d_a-d_b \tag{6-4}$$

对于孔，如图6-14d所示，双边对称余量为

$$Z=d_b-d_a \tag{6-5}$$

式中　Z——直径上的加工余量（mm）；

d_a——前工序的加工直径（mm）；

d_b——本工序的加工直径（mm）。

由于毛坯制造和各个工序尺寸都存在着误差，故加工余量也是个变动量。最小余量是保证该工序加工表面的精度和质量所需切除的金属层最小厚度。最大余量是该工序余量的最大值。下面以图6-14c所示的外圆表面为例来进行计算，其他各类表面的情况类似。当尺寸a、b均为工序公称尺寸时，基本余量为

$$Z=a-b \tag{6-6}$$

最小余量为　　$Z_{min}=a_{min}-b_{max}$

最大余量为　　$Z_{max}=a_{max}-b_{min}$

（2）余量公差　图6-15所示为工序尺寸公差与加工余量间的关系。余量公差是加工余量的变动范围，其值为

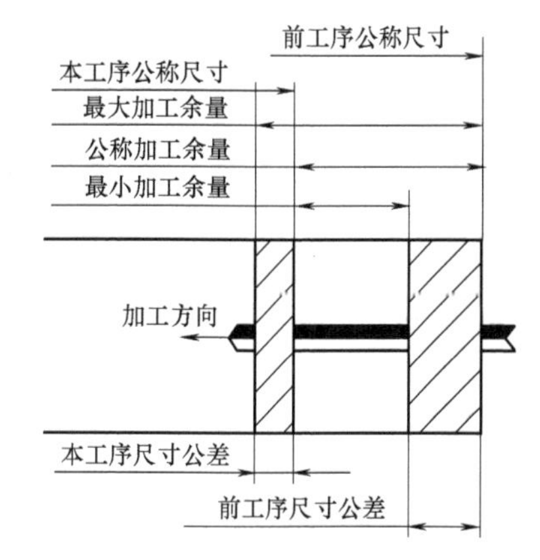

图6-15　工序尺寸公差与加工余量的关系

$$T_Z=Z_{max}-Z_{min}=(a_{max}-a_{min})+(b_{max}-b_{min})=T_a+T_b \tag{6-7}$$

式中　T_Z——本工序余量公差（mm）；

T_a——前工序的工序尺寸公差（mm）；

T_b——本工序的工序尺寸公差（mm）。

所以，余量公差为前工序与本工序尺寸公差之和。

工序尺寸公差带的分布，一般采用“单向入体原则”。即对于被包容面（轴类），公称尺寸取公差带上限，下极限偏差取负值，工序尺寸即为最大尺寸；对于包容面（孔类），公称尺寸为公差带下限，上极限偏差取正值，工序尺寸即为最小尺寸；对于孔中心距及毛坯尺寸公差，采用双向对称布置。

（3）总余量　毛坯尺寸与零件图样的设计尺寸之差称为总余量。它是从毛坯到制成成品时从某一表面切除的金属层总厚度，也等于该表面n个工序余量之和，即

$$Z_{总} = Z_1 + Z_2 + \cdots + Z_{n-1} + Z_n = \sum_{i=1}^{n} Z_i$$

式中　$Z_{总}$——总加工余量；

Z_i——第 i 道工序的工序余量；

n——该表面的加工工序数。

总余量也是个变动值，其值及公差一般可从切削加工有关手册中查得或凭经验确定。图 6-16a 所示为外圆表面经多次加工时，总余量、工序余量与加工尺寸的分布；图 6-16b 所示为内孔表面经多次加工时，总余量、工序余量与加工尺寸的分布。

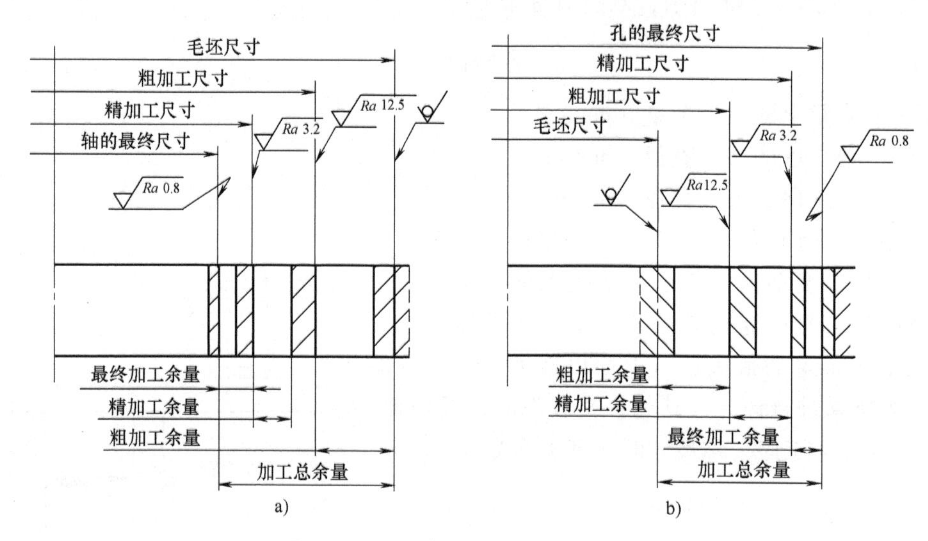

图 6-16　加工余量与加工尺寸的分布

2. 确定加工余量的方法

（1）经验估算法　经验估算法是工艺人员根据经验来确定加工余量。为了避免产生废品，所确定的加工余量一般偏大，适于单件小批生产。

（2）查表修正法　查表修正法是根据切削加工方面的有关手册，查得加工余量的数值，然后根据实际情况进行适当修正。这是一种广泛应用的方法。

（3）分析计算法　分析计算法是对影响加工余量的各种因素进行分析，然后根据一定的计算公式来计算加工余量的方法。此法确定的加工余量合理，但需要全面的试验资料，计算也比较复杂，故很少应用。

3. 工序尺寸的确定

生产中绝大多数零件加工表面是在基准重合（工艺基准和设计基准重合）的情况下进行加工的，工序尺寸通常由以下几方面确定。

1）从最后一道加工工序开始，即从零件图设计尺寸开始，到第一道加工工序，逐次加上每道加工工序余量，可得到各工序公称尺寸，直至毛坯尺寸。

2）除最后一道加工工序外，其他各道加工工序，按各自所采用加工方法的加工精度确定工序尺寸公差。

3）填写工序尺寸并按“入体原则”标注工序尺寸公差。

【例】　已知某一轴段的公称直径为 ϕ50mm，其尺寸公差等级要求为 IT5，表面粗糙度值要求为 Ra0.05μm，并要求高频感应淬火，毛坯为锻件。其工艺路线为：退火→粗车→半精车→高频感应淬火→粗磨→精磨→珩磨。下面计算各工序的工序尺寸及公差。

解：1）按经验估算法计算。从最后一道加工工序开始得：珩磨余量为 0.01mm，精磨余量为 0.1mm，粗磨余量为 0.3mm，半精车余量为 1.1mm，粗车余量为 4.5mm，由此可得总加工余量为 6.01mm，取为 6mm，把粗车余量修正为 4.49mm。

2）计算各加工工序公称尺寸。研磨后工序公称尺寸为 50mm（图样要求尺寸）；其他各工序公称尺寸依次为

精磨　　$\phi(50+0.01)\text{mm}=\phi50.01\text{mm}$

粗磨　　$\phi(50.01+0.1)\text{mm}=\phi50.11\text{mm}$

半精车　　$\phi(50.11+0.3)\text{mm}=\phi50.41\text{mm}$

粗车　　$\phi(50.41+1.1)\text{mm}=\phi51.51\text{mm}$

毛坯　　$\phi(50.51+4.49)\text{mm}=\phi56\text{mm}$

3）确定各工序的尺寸公差等级和表面粗糙度值。珩磨为 IT5，Ra0.05μm（零件的设计要求）；精磨为 IT6，Ra0.2μm；粗磨为 IT8，Ra1.6μm；半精车后选定为 IT10，Ra3.2μm；粗车后选定为 IT12，Ra12.5μm。

四、工艺尺寸链

在机器装配或零件加工过程中，把相互连接的尺寸形成的封闭尺寸组称为尺寸链，如图 6-17 所示。

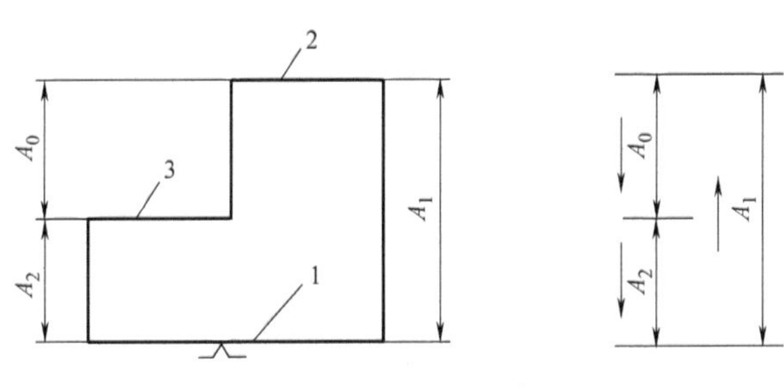

图 6-17　尺寸链示例

如用零件的表面 1 定位，加工表面 2，得尺寸 A_1，再加工表面 3，得尺寸 A_2，自然形成 A_0，于是 A_1、A_2、A_0连接形成一个封闭的尺寸组，即尺寸链。

在机械加工过程中，同一工件的各有关尺寸组成的尺寸链，称为工艺尺寸链。组成工艺尺寸链的各个尺寸称为尺寸链的环。A_1、A_2、A_0都是尺寸链的环，它们可以分为封闭环和组成环。

1. 封闭环

加工最后自然形成的环，称为封闭环，如图 6-17 中的尺寸 A_0。每个尺寸链必须有并且只能有一个封闭环。

2. 组成环

加工直接得到的环，称为组成环。尺寸链中除了封闭环外，都是组成环。组成环又分为增环和减环。

（1）增环　尺寸链中，由于该类组成环的变动引起封闭环同向变动，则该类组成环称为增环，如图 6-17 中的尺寸 A_1。

（2）减环　尺寸链中，由于该类组成环的变动引起封闭环反向变动，则该类组成环称为减环，如图 6-17 中的尺寸 A_2。

同向变动是指组成环增大时封闭环也增大，组成环减小时封闭环也减小；反之，则为反向变动。

为了方便地判别增环和减环，可在尺寸链图上先给封闭环，任意定出方向并画出箭头，然后依此方向环绕尺寸链回路，顺次给每个组成环画上箭头，与封闭环箭头相反的组成环为增环，相同的为减环。

五、工艺规程及其内容

将合理的工艺过程编写成规范的工艺文件，用以作为指导企业生产过程的依据，称为工艺规程。工艺规程是只用文字和图表表达的技术上可行、符合当时当地条件并且能够获得高效率、低成本零件的加工工艺过程。一般情况下，工艺规程一经确定便不可再擅自变动，企业依此作为组织生产过程、管理企业的各项工作，同时作为财务核算的依据。

当然，工艺规程并非一成不变，随着技术进步、生产条件改变等因素，工艺规程也应做适当调整变更。对于机械类技术人员来讲，制订合理的工艺规程是专业能力的综合体现。

1. 机械加工工艺过程卡

工艺规程的制订，需要有产品图样、产品生产类型、企业生产条件、相关技术标准和手册等原始资料作为依据，只有在充分考虑技术性、经济性、先进性及良好的劳动条件等原则后，进行多方比较，才能制订出切合生产实际的机械加工工艺过程。典型的零件机械加工工艺过程卡见表 6-13。

表 6-13　机械加工工艺过程卡

<table>
<tr><td colspan="3" rowspan="2">企业名称</td><td colspan="3" rowspan="2">机械加工工艺过程卡</td><td>产品型号</td><td></td><td>零件图号</td><td></td><td></td><td></td></tr>
<tr><td>产品名称</td><td></td><td>零件名称</td><td></td><td>共　页</td><td>第　页</td></tr>
<tr><td>材料牌号</td><td></td><td>毛坯种类</td><td></td><td>毛坯外形尺寸</td><td></td><td>每毛坯可制件数</td><td></td><td>每台件数</td><td></td><td>备注</td><td></td></tr>
<tr><td rowspan="2">工序号</td><td rowspan="2">工序名称</td><td colspan="3" rowspan="2">工序内容</td><td rowspan="2">车间</td><td rowspan="2">工数</td><td rowspan="2">工段</td><td rowspan="2">设备</td><td rowspan="2">工艺装备</td><td colspan="2">工时定额</td></tr>
<tr><td>准一终</td><td>单件</td></tr>
<tr><td></td><td></td><td colspan="3"></td><td></td><td></td><td></td><td></td><td></td><td></td><td></td></tr>
<tr><td></td><td></td><td colspan="3"></td><td></td><td></td><td></td><td></td><td></td><td></td><td></td></tr>
<tr><td></td><td></td><td colspan="3"></td><td></td><td></td><td></td><td></td><td></td><td></td><td></td></tr>
<tr><td></td><td></td><td colspan="3"></td><td></td><td></td><td></td><td></td><td></td><td></td><td></td></tr>
<tr><td></td><td></td><td colspan="3"></td><td></td><td></td><td></td><td></td><td></td><td></td><td></td></tr>
<tr><td></td><td></td><td colspan="3"></td><td></td><td></td><td></td><td></td><td></td><td></td><td></td></tr>
<tr><td></td><td></td><td colspan="3"></td><td></td><td></td><td></td><td></td><td></td><td></td><td></td></tr>
<tr><td colspan="2" rowspan="3">更改内容</td><td colspan="10"></td></tr>
<tr><td colspan="10"></td></tr>
<tr><td colspan="10"></td></tr>
<tr><td colspan="2">编制（日期）</td><td></td><td colspan="2">审核（日期）</td><td></td><td colspan="2">标准化（日期）</td><td></td><td colspan="2">会签（日期）</td><td></td></tr>
</table>

2. 机械加工工艺卡

机械加工工艺卡是以工序为单位，详细地说明整个工艺过程的一种工艺文件。它是用来指导工人生产和帮助车间管理人员和技术人员，掌握整个零件加工过程的一种主要技术文件，广泛应用于成批生产的零件和重要零件的小批生产中。机械加工工艺卡内容包括零件的材料、毛坯种类、工序号、工序名、工序内容、工艺参数、操作要求以及采用的设备和工艺装备等，见表 6-14。

表 6-14　机械加工工艺卡

（企业名称）			机械加工工艺卡		产品型号			零件图号					共　页	
					产品名称			零件名称					第　页	
材料牌号				毛坯种类		毛坯外形尺寸		每毛坯件数		每台件数			备注	
工序号	装夹	工步	工序内容	同时加工零件数	切削用量			设备名称及编号	工艺装备名称及编号			技术等级	工时定额	
					背吃刀量/mm	切削速度/(m/min)或(r/mim)	进给量/(mm/r)或(mm/min)		夹具	刀具	量具		准一终	单件

更改内容								
					编制（日期）	审核（日期）	标准化（日期	会签（日期）
标记	处理	更改文字号	签字	日期				

3. 机械加工工序卡

机械加工工序卡是根据机械加工工艺卡为每一道工序制订的，它更详细地说明整个零件各个工序的要求，是用来具体指导工人进行操作的工艺文件。机械加工工序卡上要画出工序简图，说明该工序每个工步的内容、工艺参数、操作要求以及采用的设备和工艺装备，一般用于大批生产的零件。机械加工工序卡见表 6-15。

表 6-15 机械加工工序卡

<table>
<tr><td rowspan="2">企业名</td><td rowspan="2">机械加工
工序卡</td><td colspan="2">产品名称及型号</td><td>零件名称</td><td>零件图号</td><td>工序名称</td><td>工序号</td><td>第 页</td></tr>
<tr><td colspan="2"></td><td></td><td></td><td></td><td></td><td>共 页</td></tr>
<tr><td colspan="4" rowspan="11">（工序简图）</td><td>车间</td><td>工段</td><td>材料名称</td><td>材料牌号</td><td>力学性能</td></tr>
<tr><td></td><td></td><td></td><td></td><td></td></tr>
<tr><td>同时加工零件数</td><td>每料件数</td><td>技术等级</td><td>单件时间/min</td><td>准—终时间/min</td></tr>
<tr><td></td><td></td><td></td><td></td><td></td></tr>
<tr><td>设备名称</td><td>设备编号</td><td>夹具名称</td><td>夹具编号</td><td>切削液</td></tr>
<tr><td rowspan="5">更改内容</td><td colspan="4"></td></tr>
<tr><td colspan="4"></td></tr>
<tr><td colspan="4"></td></tr>
<tr><td colspan="4"></td></tr>
<tr><td colspan="4"></td></tr>
</table>

<table>
<tr><td rowspan="2">工步号</td><td rowspan="2">工步
内容</td><td colspan="3">计算数据/mm</td><td rowspan="2">进给次数</td><td colspan="3">切削用量</td><td colspan="3">工时定额/min</td><td colspan="4">刀具、量具及
辅助工具</td></tr>
<tr><td>直径或
长度</td><td>进给
长度</td><td>单边
余量</td><td>背吃
刀量
/mm</td><td>进给量
/(mm/r)</td><td>切削速度
/(r/min)</td><td>基本
时间</td><td>辅助
时间</td><td>工作地点
服务时间</td><td>名称</td><td>规格</td><td>编号</td><td>数量</td></tr>
<tr><td></td><td></td><td></td><td></td><td></td><td></td><td></td><td></td><td></td><td></td><td></td><td></td><td></td><td></td><td></td><td></td></tr>
<tr><td></td><td></td><td></td><td></td><td></td><td></td><td></td><td></td><td></td><td></td><td></td><td></td><td></td><td></td><td></td><td></td></tr>
<tr><td></td><td></td><td></td><td></td><td></td><td></td><td></td><td></td><td></td><td></td><td></td><td></td><td></td><td></td><td></td><td></td></tr>
<tr><td></td><td></td><td></td><td></td><td></td><td></td><td></td><td></td><td></td><td></td><td></td><td></td><td></td><td></td><td></td><td></td></tr>
<tr><td></td><td></td><td></td><td></td><td></td><td></td><td></td><td></td><td></td><td></td><td></td><td></td><td></td><td></td><td></td><td></td></tr>
</table>

<table>
<tr><td></td><td></td><td></td><td></td><td></td><td rowspan="2">编制（日期）</td><td rowspan="2">审核（日期）</td><td rowspan="2">标准化（日期）</td><td rowspan="2">会签（日期）</td></tr>
<tr><td></td><td></td><td></td><td></td><td></td></tr>
<tr><td>标记</td><td>处理</td><td>更改文字号</td><td>签字</td><td>日期</td><td></td><td></td><td></td><td></td></tr>
</table>

小　　结

本章主要介绍了生产过程和零件机械加工工艺过程，生产纲领与生产类型，确定基准的原则，工件装夹与定位，定位基准的选择，零件毛坯的选择，加工阶段的划分，工序集中和工序分散，零件加工方法与机床的选择，工艺装备的选择，零件图分析，零件制造、加工、装配与维修对结构工艺性的要求，工序尺寸的确定，工艺尺寸链，工艺规程及其内容。

零件的机械加工工艺基本单元分为工序、工步、进给、装夹和工位。

工序是指一个或一组工人，在同一工作地对一个或同时对几个工件所连续完成的那部分工艺过程。

生产类型可分为单件生产、成批生产、大量生产三种。

基准通常是指用来确定生产对象上的几何要素所依据的那些点、线、面。

设计基准是指在设计图样上用以确定零件间相互位置关系及自身结构，所采用尺寸

（或表面位置）的起点位置，它们可以是点，也可以是线和面。

工艺基准是指在零件机械加工工艺过程中所采用的基准。工艺基准分为工序基准、定位基准和测量基准。

工件的定位形态分为完全定位、不完全定位、欠定位、过定位。

安排零件加工顺序的总原则是先粗后精、先主后次、先面后孔、先基面后其他。

机械加工工艺卡内容包括零件的材料、毛坯种类、工序、工序内容、工艺参数、操作要求以及采用的设备和工艺装备等。

思考与练习

一、填空题

1. 生产类型可分为单件生产、____________、大量生产三种。

2. 基准有____________和工艺基准两种。

3. 加工阶段通常分为粗加工阶段、________________、精加工阶段和光整加工阶段。

4. 工艺基准有工序基准、__________________、测量基准之分。

5. 零件的技术要求通常包括各加工表面的尺寸精度、形状精度、__________、表面粗糙度、热处理要求等。

6. 零件大体上分为轴类、套筒类、盘形类、________　和箱体类等。

二、名词解释

1. 工序
2. 进给
3. 装夹
4. 工位
5. 基准
6. 设计基准
7. 工艺基准
8. 定位基准
9. 精基准
10. 粗基准

三、判断题

1. （　　）加工高精度表面时所用的定位基准称为精基准。
2. （　　）一批轴要进行粗加工和精加工，通常应至少分成两道工序。
3. （　　）粗基准在同一尺寸方向可以反复使用。
4. （　　）工序是组成工艺过程的基本单元。
5. （　　）不完全定位在零件的定位方案中是允许出现的。
6. （　　）加工直接得到的环称为封闭环。

四、单项选择题

1. 根据加工要求，只需要限制少于六个自由度的定位方案称为________。

A. 六个支承点　　B. 完全定位　　C. 不完全定位　　D. 欠定位

2. 零件在加工过程中不允许出现的情况是________。

A. 完全定位　　B. 欠定位　　C. 不完全定位　　D. 六点定位

3. 定位基准是指________。

A. 机床上的某些点、线、面　　B. 夹具上的某些点、线、面

C. 工件上的某些点、线、面　　D. 刀具上的某些点、线、面

五、简答题

1. 安排加工顺序的原则有哪些？
2. 获得形状精度的方法有哪些？
3. 获得位置精度的方法有哪些？
4. 划分加工阶段的目的是什么？

六、综合题

图 6-18 所示的六角头螺栓采用直径为 ϕ160mm 的圆钢制造，试编制六角头螺栓的单件加工的工艺过程卡。

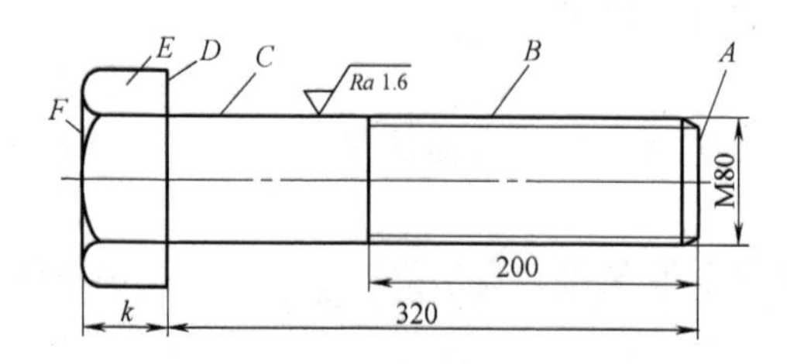

图 6-18　六角头螺栓

第七章 夹具设计基础

技能目标

1. 会确定夹紧力方向，选择夹紧力作用点。
2. 会设计螺旋夹紧机构。
3. 会设计斜楔夹紧机构。

各类零件的加工工艺不同，所用夹具的结构和定位方式也各不相同。夹具在保证质量、提高生产率、减轻工人劳动强度等方面具有决定性作用，在生产中占有非常重要的地位。

第一节 夹具概述

夹具是指在机械加工中保证工件的夹紧、定位，并使之占有确定位置以接受加工或检测的工艺装备。

一、夹具组成和夹具设计的基本要求

1. 夹具组成

夹具一般由定位元件、夹紧装置、夹具体等组成。通过夹具的定位元件表面与工件表面接触、配合或对准，来确定工件在夹具中的正确位置；夹紧装置保证工件在夹具中的位置不受外力的影响而变化；夹具体将夹具上各元件、装置连接在一起作为夹具的基础构件。

2. 夹具设计的基本要求

1）应使夹具相对工件、刀具、机床的位置装夹、调整方便，定位准确，夹紧稳固。

2）必须保证加工出来的零件有较高的加工精度，不允许产生振动、变形和表面损伤。

3）夹紧力大小应适当，有足够的夹紧行程，结构简单、紧凑，制造维修方便，尽量使用标准件。

4）保证生产安全，降低生产成本，改善劳动条件，提高生产率。

5）当无动力夹紧时，机构应有足够的自锁能力。

二、夹具种类

夹具的种类很多，一般按夹具的应用范围及特点将夹具分为通用夹具、专用夹具、可调夹具、组合夹具和随行夹具等。

1. 通用夹具

通用夹具的结构、尺寸已规格化，具有一定的通用性，在一定范围内可用于加工不同的工件，如自定心卡盘、单动卡盘、花盘、跟刀架、中心架、分度头、平口钳、回转工作台等。通用夹具一般由专业厂家生产，主要用于单件或小批生产。

2. 专用夹具

专用夹具是指针对某一个工序专门设计制造的夹具。这类夹具的生产率高，主要用于加工对象固定的大批生产。

3. 可调夹具

可调夹具通过调整或更换个别夹具元件就可以适应形状、尺寸相近的工件的加工。通用可调夹具是在通用夹具的基础上发展起来的，应用范围较大，适用于多品种、小批生产。

4. 组合夹具

组合夹具是由一套专门设计制造的完全标准化的元件，按某工件的工序要求拼装而成的专用夹具，特别适合小批生产和新产品试制。

5. 随行夹具

随行夹具是指在自动生产线中使用的夹具。随行夹具除完成对工件的装夹外，还载着工件由运输装置送往各机床，在各机床上被定位和夹紧。因此，随行夹具在结构上不仅要考虑工件的定位、夹紧，还应考虑自身在各机床上或夹具中的定位、夹紧，以及在制造系统中的输送。

第二节　夹紧力的确定

设计夹具需要结合工件夹紧力来确定各部尺寸，夹紧力是夹具设计的重要参数，夹紧力的确定与计算是夹具设计的重要环节。

一、夹紧力方向的确定

1. 夹紧力的方向应有利于工件的准确定位

一般要求主夹紧力应垂直于第一定位基准面。如图7-1所示，对直角支座工件进行镗孔时，要求工件孔的中心线与夹具的端面 A 垂直。因此，A 面为第一定位基准，夹紧力应垂直压向 A 面。

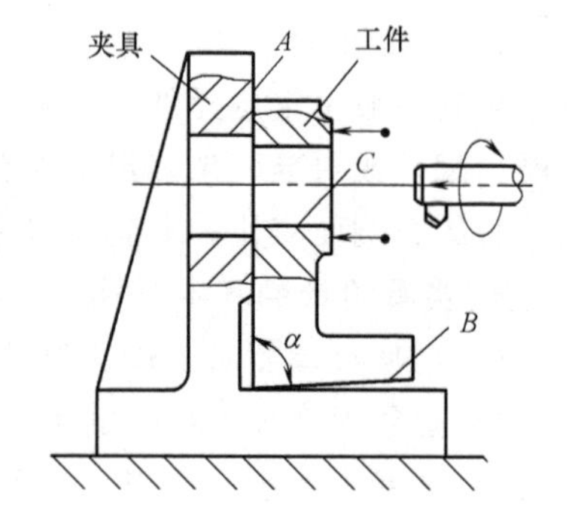

图 7-1　直角支座镗孔

2. 夹紧力方向应有利于减小夹紧力

在夹紧可靠的前提下，小的夹紧力可减轻工人劳动强度，可使机构轻便、紧凑并减小工件变形。

图 7-2 所示为工件在夹具中常见的几种受力情况。若使夹紧力 $\boldsymbol{F}_Q$ 的方向与切削力 $\boldsymbol{F}$、工件重力 $\boldsymbol{G}$ 方向一致，则所需夹紧力 $\boldsymbol{F}_Q$ 会相应减小，图 7-2a 所示受力情况最为合理。

3. 夹紧力方向应使工件变形最小

由于工件在不同方向上的刚度不等，不同受力表面也存在接触面积大小而有不同变形。因此，夹紧力 $\boldsymbol{F}_Q$ 方向应为工件刚度较大的方向。尤其是刚度小的工件，如薄壁工件的装

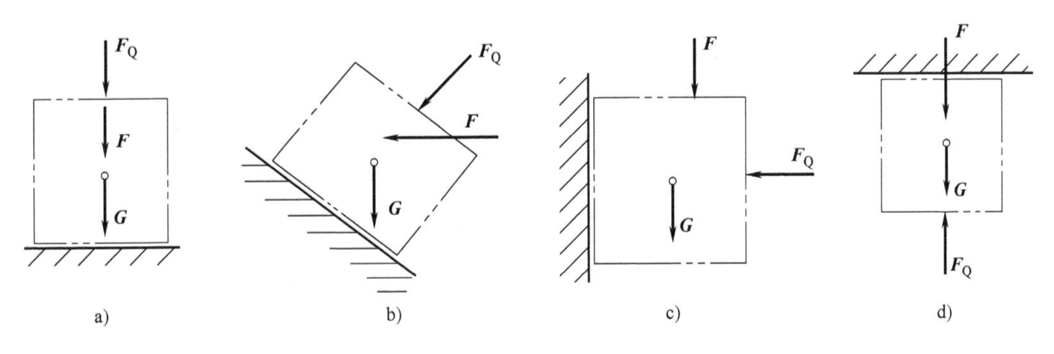

图 7-2　工件在夹具中常见的几种受力情况

夹，应特别注意。例如图 7-3 中，工件的轴向刚度比径向刚度大，常采用图 7-3b 所示的轴向压紧而非图 7-3a 所示的径向夹紧。

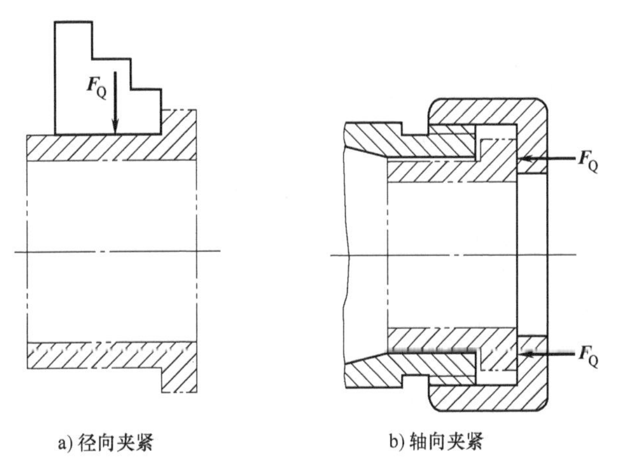

图 7-3　夹紧力方向与工件刚度的关系

二、夹紧力作用点的选择

夹紧力作用点是指夹紧元件与工件接触的一小块面积。合理选择夹紧力作用点必须注意以下几点。

1. 夹紧力应作用在支承元件上或几个支承元件形成的支承面内

如图 7-4a 所示，夹紧力作用点落在支承面范围内，夹紧工件定位准确；图 7-4b 所示的方案中，夹紧时使工件倾斜或移位而造成定位不准，是不合理的。

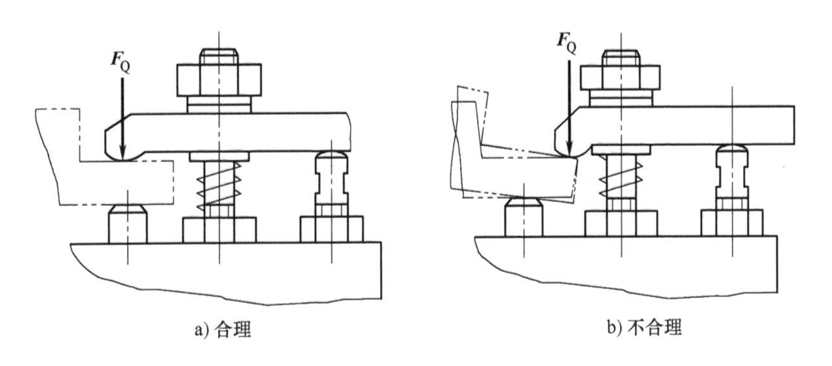

图 7-4　夹紧力作用点的选择

2. 夹紧力作用点应选在工件刚度大的部位

夹紧力作用点选在工件刚度大的部位，既可增加夹紧系统刚度，又可使工件变形减小。图 7-5a 所示方案易使薄壁箱体顶面下陷，是不合理的；图 7-5b 所示方案则使夹紧可靠，是合理的。

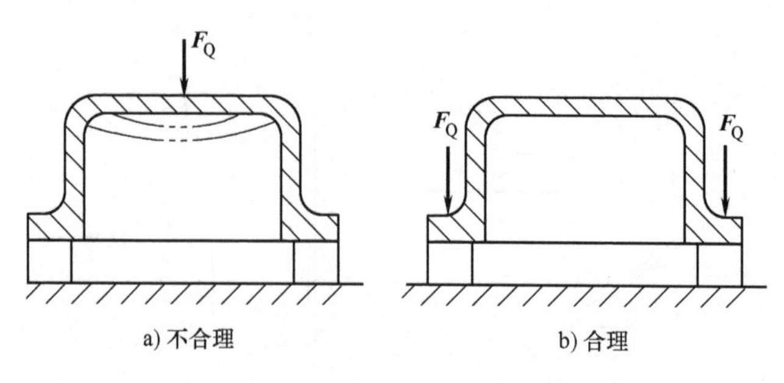

图 7-5　夹紧力作用点应在工件刚度大的部位

3. 夹紧力作用点和支承点应尽量靠近被加工部位

夹紧力作用点和支承点应尽量靠近加工部位，这样可减轻工件振动，防止工件变形，有利于减小加工误差，如图 7-6 所示。

三、夹紧力大小的确定

夹紧力的大小对工件的装夹可靠性、工件与夹具的变形、夹紧机构的复杂程度和传动装置的选用等都有很大的影响，因此夹紧力大小须适当。夹紧力过大会使工件变形，过小则在加工时工件会松动，造成工件报废甚至发生事故。

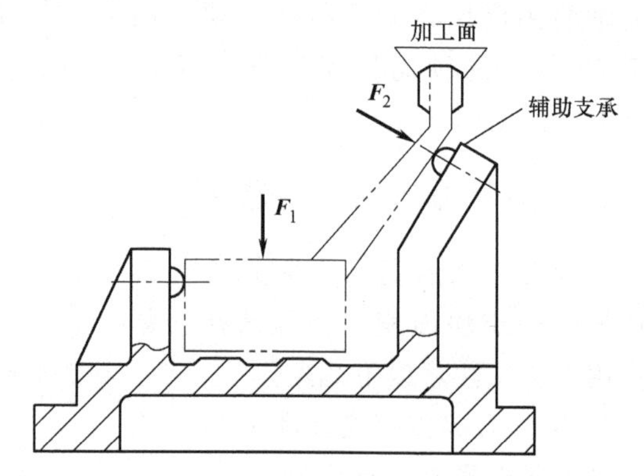

图 7-6　夹紧力作用点应靠近加工部件

1. 夹紧力的确定方法

加工中工件受切削力、惯性力、离心力及重力等的共同作用。理论上夹紧力大小应与这些力或力矩的作用相平衡，但实际加工中，切削力大小随切削条件改变，而加工环境如工艺系统刚度、夹紧机构传递效率等因素也会影响所需夹紧力的大小。因此，夹紧力的计算很复杂，实际设计中常采用估算法、类比法和试验法来确定。

2. 估算法的应用

采用手动夹紧时，可凭人力来控制夹紧力的大小，一般不需要算出所需夹紧力的确切数值，只是必要时进行概略的估算。当采用估算法确定夹紧力的大小时，为了简化计算，常将夹具和工件看作一个刚性系统。依据工件所受的切削力、夹紧力的作用情况，分析加工中不利于夹紧的主要因素，按静力平衡原理计算出夹紧力，再以此作为基础乘以安全系数，即可得到实际所需夹紧力。

当设计机动（如气动、液压、电动等）夹紧装置时，则需要计算夹紧力的大小，以便决定动力部件的尺寸（如气缸、液压缸直径等）。

夹紧力的确定是一个综合性的问题，需对工件结构特点、工艺方法、定位元件的结构和布置等各种因素进行全面考虑、分析，才能确定并具体设计出较为理想的夹紧装置。

第三节　基本夹紧机构

在生产实际中，夹紧机构的种类虽然很多，但多以斜楔夹紧机构、螺旋夹紧机构和偏心

夹紧机构为基础。

一、斜楔夹紧机构

斜楔夹紧机构

斜楔夹紧机构

斜楔夹紧机构

1. 组成

斜楔夹紧机构是利用楔块上的斜面直接或间接将工件夹紧的机构。斜楔夹紧机构由楔块、夹具体和夹紧元件组成，如图 7-7 所示。

2. 工作原理

夹紧工件时，以力 $\boldsymbol{F}$ 将楔块按图 7-7所示方向推入工件和夹具体之间，这时力 $\boldsymbol{F}$ 按力的分解原理，在楔块的上、下面上产生两个扩大的分力，即夹紧工件的夹紧力 $\boldsymbol{F}_Q$ 和对夹具体的压力 $\boldsymbol{F}_R$，从而将工件夹紧。

一般钢与铁的静滑动摩擦因数 $f=0.1\sim0.15$，通常钢铁材料的摩擦角 $\varphi=\arctan(0.1\sim0.5)$；为保证楔块不滑出（即自锁条件），楔角 α 通常取 $6°\sim8°$。

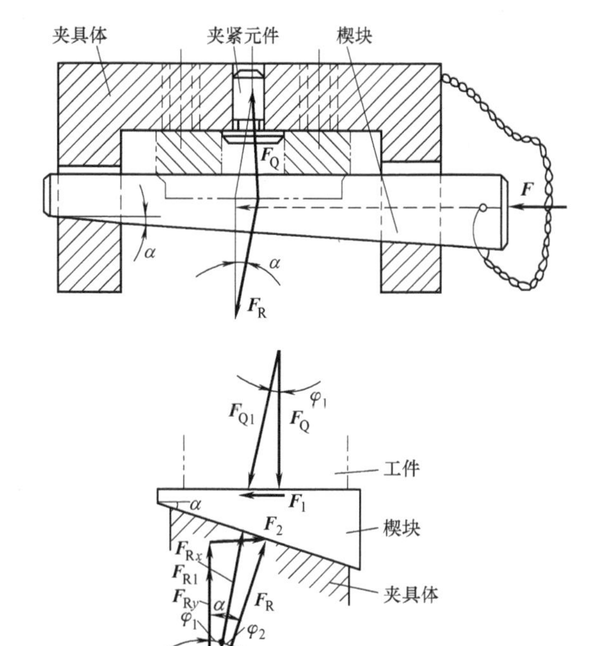

图 7-7　斜楔夹紧机构

3. 特点

夹紧机构的工作特点及机构设计主要通过原始作用力与夹紧力的转换、自锁条件以及夹紧行程等几方面表现。斜楔夹紧机构有如下特点：

1）楔块结构简单，有增力作用。楔角 α 越小，增力作用越大。

2）楔块夹紧行程小，增大楔角 α 可加大行程，但自锁性能变差。

3）夹紧和松开要敲击斜楔大、小端，操作不方便。

4）斜楔夹紧机构单独应用较少，常与其他机构联合使用。

为了既夹紧迅速又自锁可靠，可将斜面分为由前、后两部分制成，前部采用大楔角（$\alpha=30°\sim40°$），用于夹紧前的快速行程；后部采用小楔角（$\alpha=6°\sim8°$），用于夹紧工件并实现自锁。

楔块一般用 20 钢制作，经渗碳、淬火后硬度为 58～62HRC。

二、螺旋夹紧机构

单个螺旋夹紧机构

1. 组成

螺旋夹紧机构由夹具体、螺母、螺钉、压头或压块、手柄等组成。单个螺旋夹紧机构外观如图 7-8a 所示，单个螺旋夹紧机构的结构组成如图 7-8b

所示。为保护夹具和简化维修工作，常在夹具体中装配一个钢制螺母套，为防止螺母相对于夹具体转动，在螺母凸缘与夹具体接合处用一个紧定螺钉连接。

单个螺旋夹紧机构带靴

为防止压头直接压紧工件时损伤工件表面或转动螺钉时带动工件一起转动，在螺钉头部设有摆动压块，由摆动压块压紧工件表面。图 7-9 所示为常用摆动压块的结构。其中，图 7-9a 所示端面光滑的光面压块用于夹紧加工过

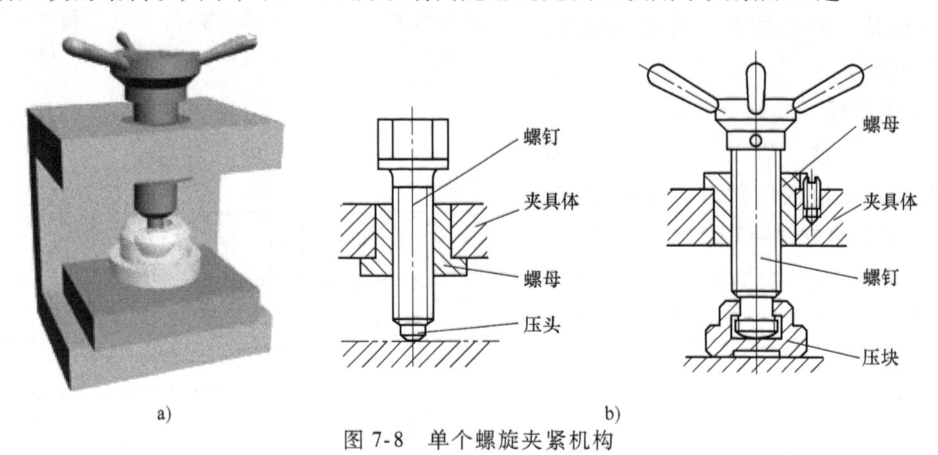

图 7-8　单个螺旋夹紧机构

的表面；图 7-9b 所示的槽面压块用于夹紧毛坯面；当要求螺钉只移动不转动时，可采用图 7-9c 所示的螺杆头部采用滑键的球面压块。

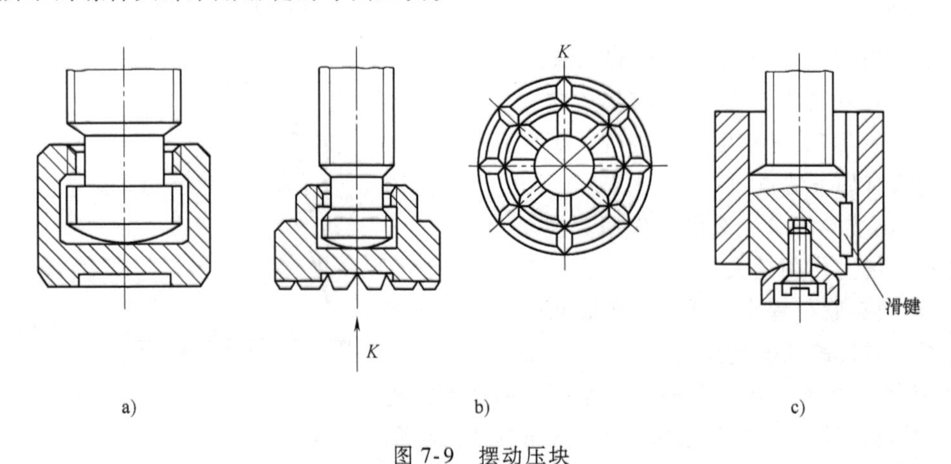

图 7-9　摆动压块

2. 工作原理

螺旋夹紧机构的工作原理与楔块夹紧机构类似，只是螺旋夹紧机构是通过螺纹升角 α 获得较大夹紧力的。

3. 特点

螺旋夹紧机构因缠绕于螺纹表面的螺旋线很长，故具有良好的自锁性，结构简单，容易制造，是目前夹具上用得最多的一种夹紧机构。

浮动式螺旋压板夹紧机构

螺旋楔块杠杆组合夹紧机构

螺旋压板夹紧机构

单个螺旋机构夹紧动作慢，工件装卸费时。

三、偏心夹紧机构

偏心夹紧机构是指用偏心元件直接夹紧或与其他元件组合对工件进行夹紧的机构。

偏心式

偏心轮楔块夹紧机构

圆偏心夹紧机构

圆偏心夹紧机构

圆偏心夹紧机构

圆偏心夹紧机构

1. 组成

偏心夹紧机构由偏心元件（如偏心轮、偏心轴等）、压板、螺纹连接件、夹具体等组成。图 7-10 所示为几种常用的偏心夹紧机构。其中，图 7-10a、b 中的偏心元件为偏心轮，图 7-10c 中的偏心元件为偏心轴，图 7-10d 中的偏心元件为偏心叉。

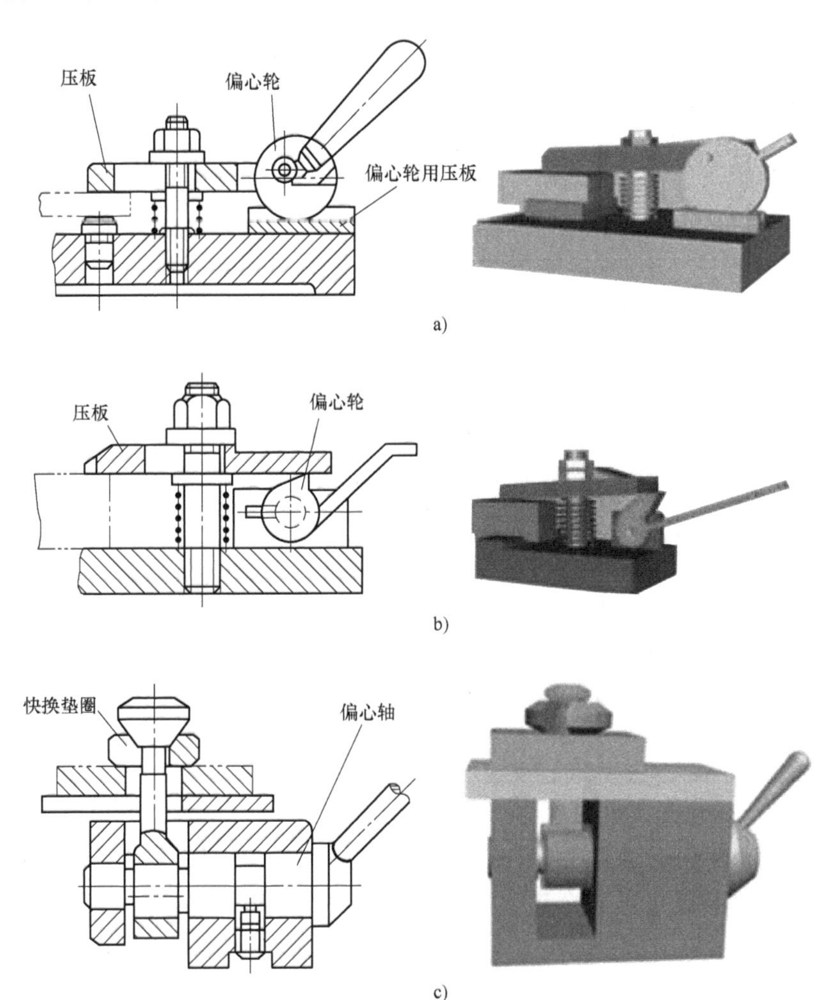

图 7-10　常用的偏心夹紧机构

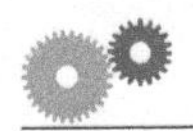

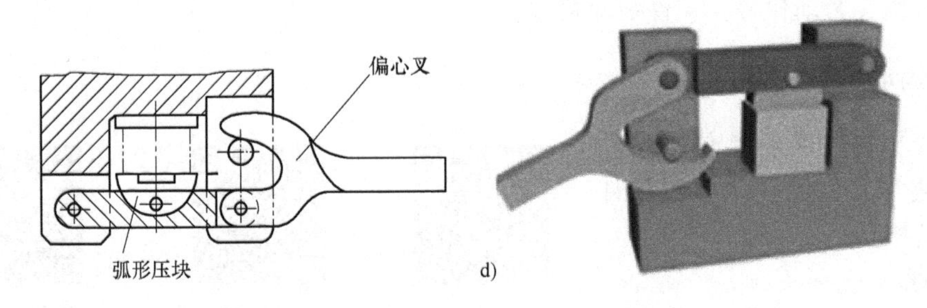

图 7-10　常用的偏心夹紧机构（续）

2. 工作原理

偏心夹紧机构可视为一个楔角变化的斜楔，为满足夹紧力、自锁性能及工作行程等几方面的要求，应合理确定偏心元件的工作段。

3. 特点

偏心夹紧机构夹紧迅速，但夹紧力、自锁性能均比斜楔夹紧与螺母夹紧差，故一般用于切削力小、振动小的手动夹紧机构。

偏心元件多用 20 钢或 20Cr 钢制造，表面经渗碳淬火后硬度为 55～60HRC。其工作表面磨光，非工作表面进行发蓝处理。

四、联动夹紧机构

有联动压板的车床夹具

二力对向夹具

联动夹紧机构是指通过操作一个手柄在几个夹紧位置上同时夹紧一个工件（单件联动）或几个工件（多件联动）的夹紧机构，其最大特点是生产率高。

1. 单件联动夹紧机构

单件联动夹紧机构多用于夹紧大型件或机构特殊件，夹紧力方向可相同、相反、互相垂直或交叉，受力点可有两点、三点或多点。图 7-11 所示为一个二力对向的单件联动夹紧机构，旋转螺母，推动钩形夹紧元件，同时拉动拉杆推动夹紧元件，使左右夹紧元件同时对向移动夹紧工件。夹紧时，拉杆左端的锥面能将夹紧元件上开有槽的套筒尾部张紧而实现机构自锁。键是用来防止夹紧元件翻转的。松开时，只需要松开螺母，弹簧恢复力即可将夹紧元件与工件分开。

二力垂直夹具

活节螺栓夹紧机构

图 7-12 所示为二力垂直的单件联动夹紧机构。拧紧螺母，回转压板上的球面压块水平压向工件的大定位面，铰链压板将工件推向左侧定位面夹紧。

2. 多件联动夹紧机构

多件联动夹紧机构用于夹紧中小型工件，在铣床夹具中应用最多，可提高生产率。多件联动夹紧机构有平行式联动、连续式联动、对向式联动、反复式联动等。

平行式多件联动夹紧机构

图 7-13 所示为平行式多件联动夹紧机构。其夹紧力平行，并利用浮动夹紧元件使夹紧力均衡。

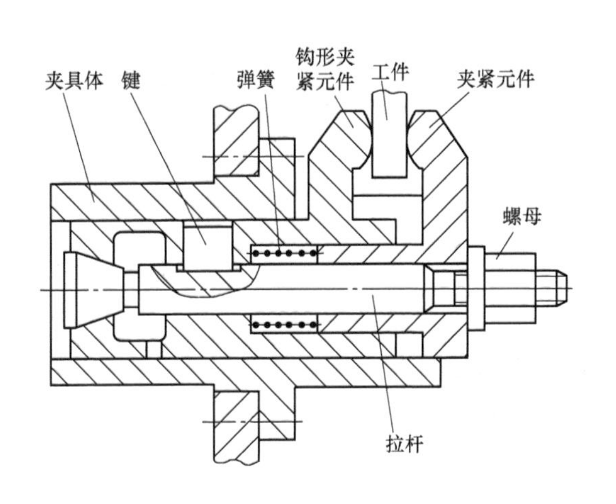

图 7-11　二力对向的单件联动夹紧机构

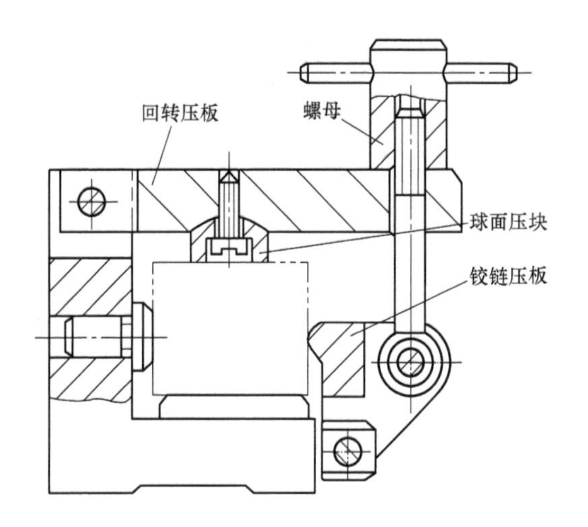

图 7-12　二力垂直的单件联动夹紧机构

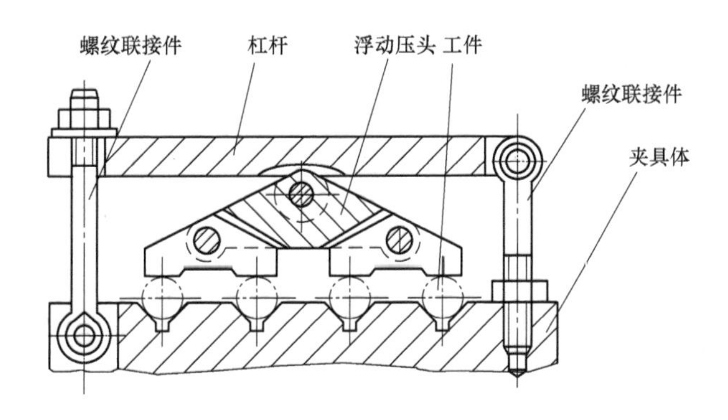

图 7-13　平行式多件联动夹紧机构

图 7-14 所示为对向式多件夹紧机构。拧动螺母 1，压板 2 向右压紧工件，螺杆 3 带动压板 4 向左压紧工件，连杆 5 带动压板 6 向右压紧工件，顶杆 8 推动压板 7 向左压紧工件，一次同时夹紧四个工件。松开螺母，弹簧力使各压板离开工件。

四力对向

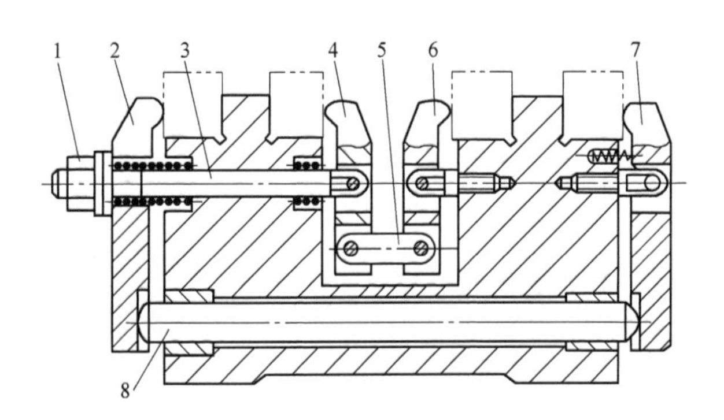

图 7-14　对向式多件夹紧机构

1—螺母　2、4、6、7—压板　3—螺杆　5—连杆　8—顶杆

五、机动夹紧装置

双件夹紧的气动铣床夹具

机动夹紧装置由动力装置、中间传动机构、夹紧元件和夹具体等组成。常用机动夹紧装置如图 7-15 所示。

动力装置——用来产生原动力，并把原动力如电磁力、气压力、液压力等传给中间传动机构。

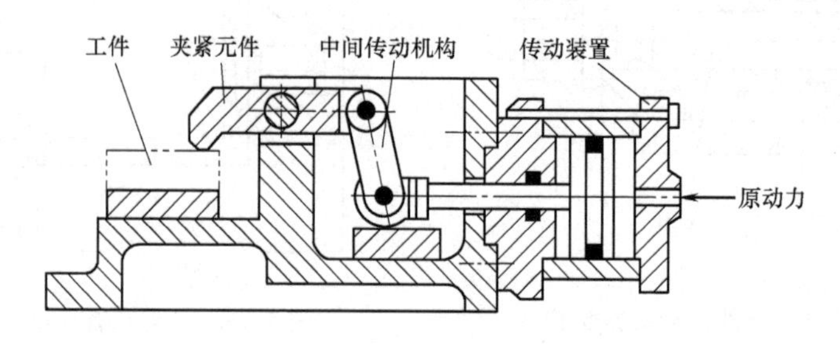

图 7-15　机动夹紧装置

中间传动机构——将原动力传给夹紧元件。它能够改变作用力的方向和大小，通常为增力机构和自锁机构。

夹紧元件——用以承受中间传动机构传过来的力，并与工件直接接触，执行夹紧任务。

1. 气动夹紧装置

气动夹紧装置是夹具中使用最广泛的一种夹紧装置，它的能量来源是压缩空气。气动夹紧装置的特点如下：

1）压缩空气由空气站通过管道集中供应，使用、操纵方便。

2）压缩空气流速快，夹紧动作快，夹紧效率高。

3）大大减轻体力劳动，气动夹紧时，工人只需操纵手柄，比较轻便。

4）压缩空气有弹性，夹紧刚度不高，对于重型工件加工，当切削力太大时不宜采用。当作用力不够大时，其可与斜楔、杠杆等增力机构结合使用。

5）压缩空气的单位压力不如液压高，有管路压力损失。

6）工作后的压缩空气排放时噪声很大，气源不能回收，易造成污染。

典型的气压传动系统如图 7-16 所示。

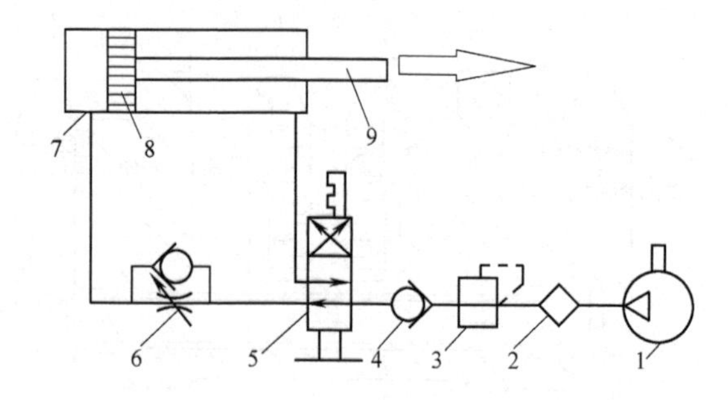

图 7-16　气压传动系统

1—气泵站　2—空气滤清器　3—安全阀　4—单向阀　5—操纵手柄
6—节流阀　7—气缸　8—活塞　9—活塞杆

2. 液压夹紧装置

液压夹紧装置利用高压油液产生动力，其工作原理及结构与气动夹紧装置相似。此外，液压夹紧装置还有以下优点：

1）油压一般达5~6.5MPa，传动力大，可采用直接夹紧方式，结构尺寸较小。

2）油液不可压缩，比气动夹紧刚度大，平稳性好，夹紧可靠。

3）基本无噪声，对环境污染小。

液压夹紧装置特别适用于大型工件及切削时有较大冲击的场合。

3. 气-液压组合夹紧装置

气-液压组合夹紧装置综合利用了气动与液压夹紧机构的优点，使用了特殊的增压器，因此结构比较复杂。气-液压组合夹紧装置的结构如图7-17所示。

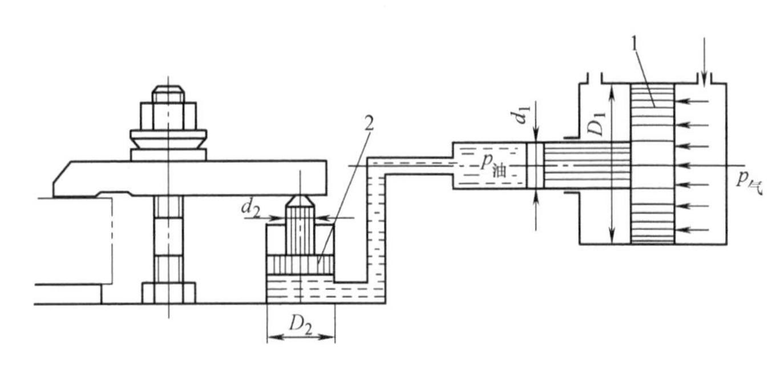

图7-17　气-液压组合夹紧装置的结构

1—气动活塞　2—液压活塞

机床夹具种类很多，在此不一一列举。在结合工厂加工实际对工件的要求设计夹具时，可参考夹具设计手册。

小　结

本章主要介绍了夹具组成和夹具设计的基本要求、夹具种类、夹紧力方向的确定、夹紧力作用点的选择、夹紧力大小的确定、斜楔夹紧机构、螺旋夹紧机构、偏心夹紧机构、联动夹紧机构、机动夹紧装置。

机床夹具一般由定位元件、夹紧装置、夹具体等组成。

机床夹具分为通用夹具、专用夹具、可调夹具、组合夹具和随行夹具等。

通用夹具包括自定心卡盘、单动卡盘、花盘、跟刀架、中心架、分度头、平口钳、回转工作台等。

夹紧力的方向应有利于工件的准确定位、有利于减小夹紧力、使工件变形最小。

夹紧力的作用点应在支承元件上或几个支承元件形成的支承面内；应选在工件刚度大的部位；应尽量靠近加工部位。

斜楔夹紧机构是利用楔块上的斜面直接或间接将工件夹紧的机构。

螺旋夹紧机构由夹具体、螺母、螺钉、压头或压块、手柄等组成。

偏心夹紧机构是指用偏心元件直接夹紧或与其他元件组合对工件进行夹紧的机构。

联动夹紧机构有单件联动夹紧机构和多件联动夹紧机构。

机动夹紧装置由动力装置、中间传动机构、夹紧元件和夹具体组成。

思考与练习

一、填空题

1. 应使夹具相对工件、刀具、机床的位置装夹，调整方便，__________，夹紧稳固。

2. 夹具一般由定位元件、__________、夹具体等组成。

3. 夹具分为通用夹具、专用夹具、__________、组合夹具和随行夹具等。

4. 通用夹具有自定心卡盘、单动卡盘、__________、跟刀架、中心架、分度头、平口钳、回转工作台等。

二、简答题

1. 夹具可分为哪几类？
2. 螺旋夹紧机构由哪些部分组成？
3. 偏心夹紧机构的特点是什么？
4. 斜楔夹紧机构的特点是什么？
5. 机动夹紧装置由哪些部分组成？
6. 选择夹紧力作用点必须注意哪几方面？
7. 设计夹具主要考虑哪些要素？
8. 设计夹具的基本要求有哪些？

第八章

典型零件的加工工艺与装备

技能目标

1. 会确定轴类零件、盘套类零件、箱体类零件的技术要求。
2. 能编制轴类零件、盘套类零件、箱体类零件的加工工艺过程卡片。
3. 会为轴类零件、盘类零件、套筒类零件、齿轮、箱体类零件选择合适的材料。
4. 会编制阶梯轴、齿轮的制作工艺卡片。

机械产品中的典型零件有各类轴、套筒、盘盖、箱体等，这些零件在机械加工中占的比例很大，是机械加工工艺重点研究的内容。

第一节　轴类零件的加工工艺

轴是组成机械的重要零件，也是机械加工中常见的典型零件之一。它支承着其他转动零件旋转并传递转矩，同时又通过轴承与机器的机架连接。

一、轴类零件的结构与技术要求

轴类零件是回转体零件，其长度大于直径，一般由圆柱面、圆锥面、螺纹等表面组成。

1. 轴的结构

车轴

轴按结构不同可分为光轴、空心轴、阶梯轴、花键轴、曲轴、凸轮轴等。通常轴的加工表面除了外圆表面、内圆表面、圆锥面、螺纹外，还有花键、键槽、沟槽、径向孔等。

2. 加工精度

（1）尺寸精度　轴类零件的尺寸精度主要指的是轴的直径尺寸精度和轴长尺寸精度。按使用要求，轴颈处的直径尺寸公差等级通常为IT8～IT6，精密的轴颈要求为IT5。轴长尺寸通常规定为公称尺寸，对于阶梯轴，各台阶段长度按使用要求相应给定公差。

（2）形状精度　轴类零件一般用两个轴承支承在轴颈上，这两个轴颈称为支承轴颈，也是轴的设计基准和装配基准。除了尺寸精度外，一般还对支承轴颈的形状精度（圆度、圆柱度）提出要求。对于一般精度的轴颈，形状误差应限制在直径公差范围内，要求高时，应在零件图上另行规定其公差值。

（3）相互位置精度　轴类零件中的配合轴颈相对于支承轴颈间的同轴度是一种普遍性的相互位置精度要求。通常对于普通精度的轴，其配合轴颈对支承轴颈的径向圆跳动公差一般要求为 0.01~0.03mm，而对于高精度轴，该项公差要求为 0.001~0.005mm。

此外，相互位置精度还有内、外圆柱面的同轴度、轴向定位端面对轴中心线的垂直度要求等。

3. 表面粗糙度

根据机械的精密程度、运转速度的高低，轴类零件的表面粗糙度要求也不相同。一般情况下，非配合轴段的表面粗糙度值为 $Ra3.2\sim1.6\mu m$；配合轴颈的表面粗糙度值为 $Ra1.6\sim Ra0.2\mu m$。

二、轴类零件的材料和毛坯

1. 轴类零件的材料

轴类零件的材料主要根据轴的强度、刚度、耐磨性以及制造工艺性来决定，应做到力求经济合理。

常用轴类零件的材料有 35 钢、45 钢、50 钢等优质碳素结构钢，以 45 钢应用最为广泛。对于受载荷较小或不太重要的轴，也可采用 Q235、Q275 等普通碳素结构钢。对于受力较大，尺寸受限或者有某些特殊要求的轴，可采用优质合金钢。例如，40Cr 可用于中等精度、转速较高的工作场合，该材料经调质处理后具有较好的综合力学性能；GCr15、65Mn 等可用于精度较高、工作条件较差的场合，这些材料经调质和表面淬火后耐磨性、耐疲劳性能都较好；在高速、重载条件下工作的轴类零件，选用 20Cr、20CrMnTi、20Mn2B 等合金渗碳钢，这些材料经渗碳淬火后，不仅有很高的表面硬度，而且有很好的韧性，因此具有良好的耐磨性、抗冲击性和耐疲劳性。

球墨铸铁、高强度铸铁由于铸造性好，且具有减振性，抗冲击性好，同时还具有减摩、吸振、对应力集中敏感性小等优点，常用于制造外形结构复杂的轴。

2. 轴类零件的毛坯

常用的轴类零件毛坯有型材和锻件。大型的、外形结构复杂的轴采用铸件。例如内燃机中的曲轴、凸轮轴一般采用铸件毛坯。

型材毛坯分热轧或冷拉棒料，均适合于光轴或直径相差不大的阶梯轴。

锻件毛坯经加热锻打后，金属内部纤维组织沿表面分布，因而有较高的抗拉、抗弯及抗扭强度，一般用于重要的轴。

三、轴类零件外圆表面的加工方案

1. 外圆表面的加工方法

常用的外圆表面机械加工方法有车削、磨削和各种光整加工。车削加工是外圆表面最经济、有效的加工方法，一般适于作为外圆表面粗加工和半精加工；磨削加工是外圆表面的主要精加工方法，特别适用于各种高硬度和淬火后零件的精加工；光整加工是精加工后进行的超精加工方法（如滚压、抛光、研磨等），适用于某些精度和表面质量要求很高的零件。

2. 车削的应用

（1）普通车削　普通车削适用于各种批量的轴类零件加工，应用十分广泛。单件小批生产时常采用卧式车床完成车削加工；中批、大批生产中则采用自动、半自动车床和专用车床完成车削加工。

（2）数控车削　数控车削适用于单件小批和中批生产，近年来应用越来越普遍，其主要优点为柔性好，更换加工零件时设备调整和准备时间短，辅助时间少，可通过优化切削参数和适应控制等提高效率，不受操作工人的技能水平、视觉等因素的影响，加工质量好，相应生产准备成本低。轴类零件具有以下特征时适宜选用数控车削：

1）结构或形状复杂，普通加工操作难度大、工时长、加工效率低。

2）加工精度一致性要求较高。

3）切削条件多变，如零件由于形状特点需要切槽、车孔、车螺纹等，加工中要多次改变切削用量。

4）批量不大，但每批品种多变并有一定的复杂程度。

5）带有键槽、径向孔，端面有分布孔。例如带有法兰的轴、带键槽或方头的轴，可以选择在加工中心上完成加工。加工中心工序高度集中，加工效率较普通车削更高，加工精度也更为稳定可靠。

3. 外圆表面的磨削加工

（1）磨削加工原理　如图 8-1 所示，砂轮以 n_c 高速旋转起切削作用，工件以 n_w 旋转并和工作台一起运动。工作台每往复一次，砂轮沿磨削深度方向完成一次横向进给，每次进给量都很小，全部磨削余量是在多次往复行程中完成的。当工件接近最终尺寸时，应采用无进给量再光磨几次，直到火花消失为止。

（2）磨削加工方法　常用的磨削加工方法有纵磨法（图 8-1a）、横磨法（图 8-1b）、综合磨法（图 8-1c）和深磨法（图 8-1d）等。

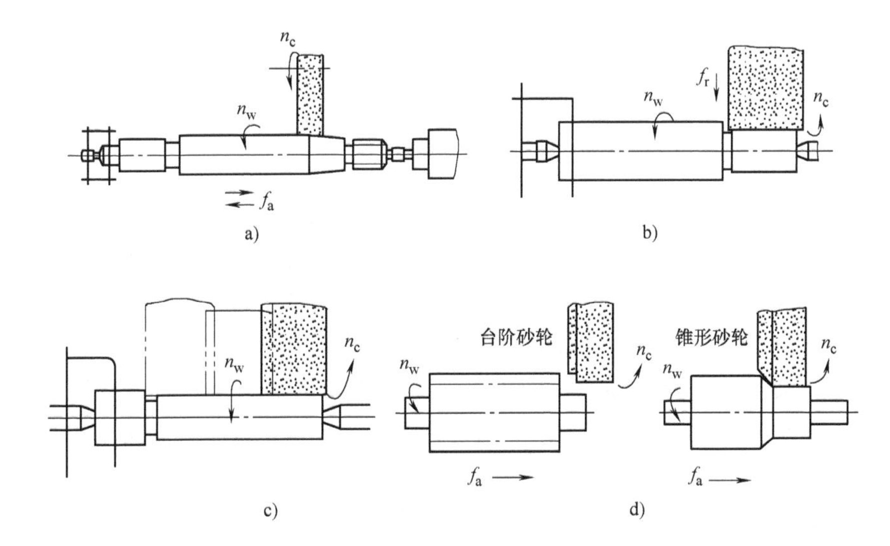

图 8-1　外圆磨磨削方法

4. 外圆表面的光整加工

对于超精加工表面，往往需要采用特殊的加工方法，在特定的环境下加工才能达到要求。外圆表面的光整加工就是提高零件加工质量的特殊加工方法。

（1）研磨加工　常用的外圆加工研具如图 8-2 所示。其中图 8-2a 所示为粗研套，孔内有油槽，可储存研磨剂；图 8-2b 所示为精研套，孔内无油槽。

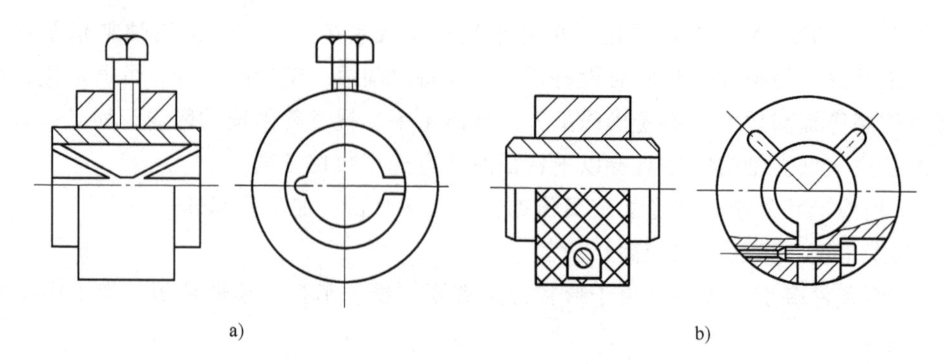

图 8-2 外圆加工研具

（2）双磨轮珩磨 珩磨时两个修整成双曲线的磨轮轴线反向倾斜，与工件轴线成交错角，装夹在轴的径向边缘，由弹簧压向工件，工件靠摩擦力带动磨轮旋转，同时磨轮沿工件轴向做往复运动，如图 8-3a 所示。磨轮和工件的相对滑动速度 v 使其产生切削力，如图 8-3b所示。

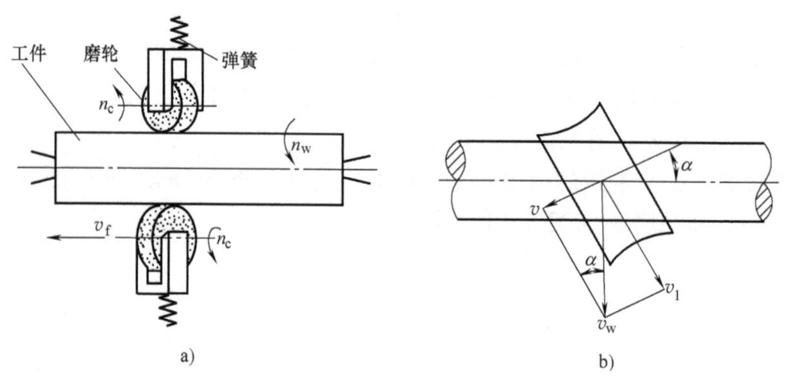

图 8-3 双磨轮珩磨

双磨轮珩磨加工出来的工件表面呈黑色镜面，其表面粗糙度值达 $Ra0.02\sim0.01\mu m$。此外，由于磨轮本身回转，磨损均匀，因此磨轮寿命较长。采用这种加工方法的最大特点是对前道工序的表面质量要求不高，即使是车削表面，也可直接进行珩磨。但是，采用这种方法不能纠正前道工序的圆度误差。双磨轮珩磨是一种高效的光整加工方法。

（3）滚压 滚压加工是利用金属产生塑性变形从而达到改变工件表面性能，获得工件尺寸形状的冷压加工方法，属无屑加工。进行外圆表面的滚压加工一般可采用相应的滚压工具。例如用图 8-4a 所示的滚压轮、图 8-4b 所示的滚珠等在卧式车床上对加工表面在常温下进行强行滚压，使工件金属表面产生塑性变形，修正金属表面的微观几何形状，减小加工表

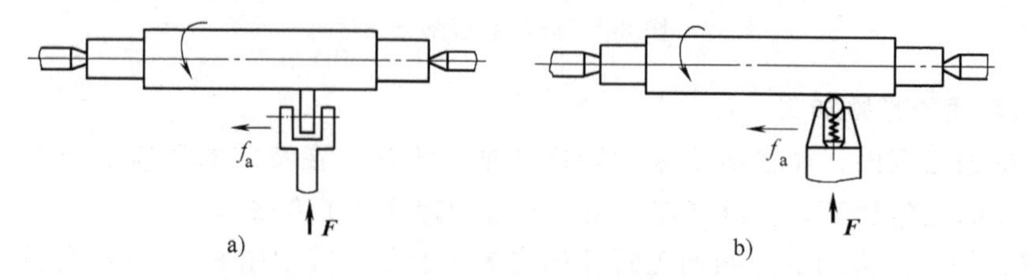

图 8-4 滚压加工示意图

面粗糙度值，提高工件的耐磨性、耐蚀性和疲劳强度。

经滚压后的外圆表面粗糙度值可达 $Ra0.4 \sim Ra0.2\mu m$，硬化层深度达 0.05~0.2mm，硬度提高 15%~30%。

四、轴类零件外圆表面加工常用工艺装备

1. 车削外圆时的装夹方法

车削外圆工件时，最常见的装夹方法见表 8-1。

表 8-1　常见车削外圆工件时的装夹方法

夹具名称	装夹特点	装夹简图	应　用
自定心卡盘	三个卡爪可同时移动，自动定心，装夹迅速、方便	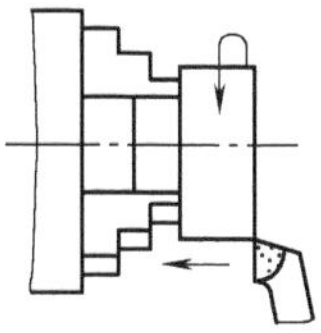	长径比小于 4，横截面为圆形或六方体的中小型工件
单动卡盘	四个卡爪都可单独移动，装夹工件需要找正	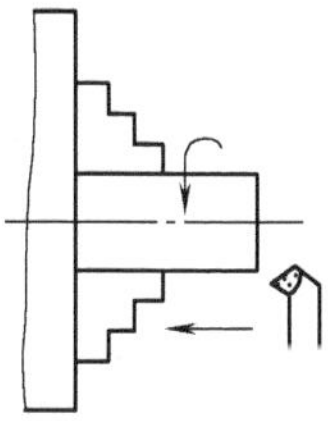	长径比小于 4，横截面为方形或椭圆形的工件
花盘	盘面上有多个 T 形槽，使用螺钉、压板装夹前需要找正	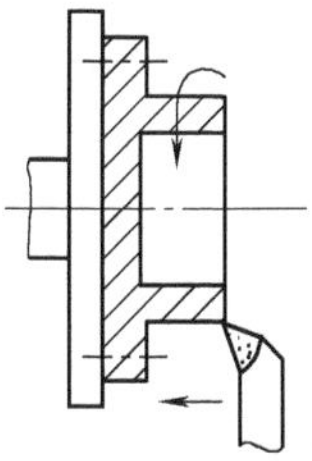	形状不规则的工件
双顶尖	定心准确，装夹迅速	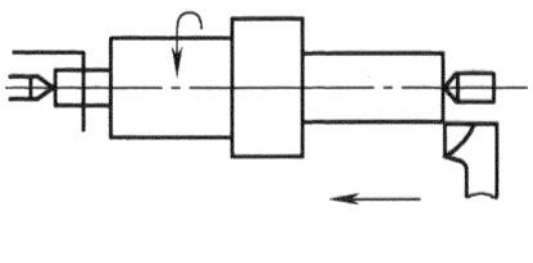	长径比为 4~15 的实心轴类零件
双顶尖、中心架	支爪可调，增加工件刚度	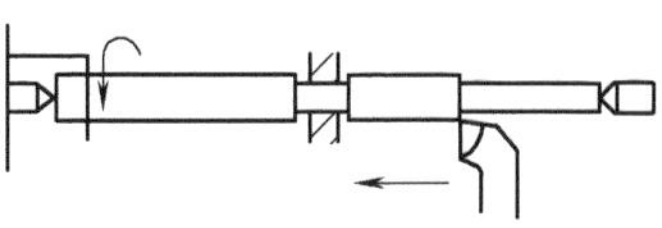	长径比大于 15 的细长轴工件的半精加工、精加工
一夹一顶、跟刀架	支爪可随刀具一起运动	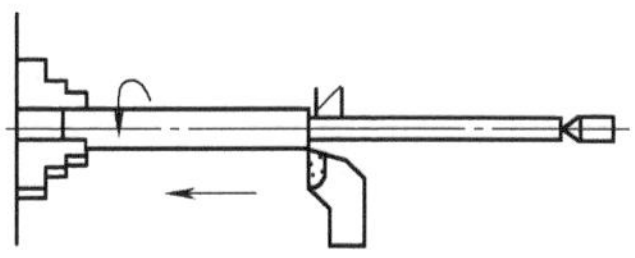	长径比大于 15 的细长轴工件的粗加工

（续）

夹具名称	装夹特点	装夹简图	应　用
心轴	能保证外圆、端面对内孔的位置精度		以孔为定位基准的套类零件外圆表面的加工

2. 磨削外圆用的砂轮

（1）砂轮的特性与选择　砂轮的粒度对磨削表面粗糙度和磨削效率影响很大。磨粒粗，磨削深度大，生产率高，但表面粗糙度值大；反之，磨削深度均匀，则表面粗糙度值小。所以粗磨时一般选粗粒度，精磨时选细粒度。磨削软金属时，多选用粗磨粒，磨削脆而硬的材料时，则选用较细的磨粒。磨料粒度的选用见表 8-2。

表 8-2　磨料粒度的选用

粒度号	颗粒尺寸范围/μm	适用范围	粒度号	颗粒尺寸范围/μm	适用范围
F12～F36	2000～1600 500～400	粗磨、荒磨、切断钢坯、打磨毛刺	F280～F400	40～28 20～14	精磨、超精磨、珩磨
F46～F80	400～315 200～160	粗磨、半精磨、精磨	F500～F600	14～10 10～7	精磨、精细磨、超精磨、镜面磨
F100～F220	165～125 75～53	精磨、成形磨、刀具刃磨、珩磨	F800～F1200	7～5 3.5～2.5	超精磨、镜面磨、制作研磨剂等

（2）砂轮的形状和尺寸　砂轮的形状和尺寸是根据磨床类型、加工方法及工件的加工要求来确定的。常用砂轮的形状、型号和主要用途见表 8-3。

表 8-3　常用砂轮的形状、型号和主要用途

砂轮名称	型号	简　图	主要用途
平形砂轮	1		外圆磨、内圆磨、平面磨、无心磨
筒形砂轮	2		端磨平面
碗形砂轮	11		刃磨刀具，磨导轨
碟形Ⅰ号砂轮	12a		磨铣刀、铰刀、拉刀，磨齿轮
双斜边砂轮	4		磨齿轮及螺纹

（续）

砂轮名称	型号	简　图	主要用途
平形切割砂轮	41		切断及切槽
杯形砂轮	6		磨平面、内圆，刃磨刀具

砂轮的特性均标记在砂轮的侧面上，其顺序是形状代号、尺寸、磨料、粒度号、硬度、组织号、结合剂、线速度。例如外径为300mm、厚度为50mm、孔径75mm、棕刚玉，粒度60、硬度L、5号组织、陶瓷结合剂、最高工作线速度为35m/s的平形砂轮，其标记为：砂轮 GB/T 4127 1-300×50×75-A/F60L5V-35m/s。

五、轴类零件的加工工艺分析

1. 轴类零件的加工工艺路线

轴螺纹键槽加工动画

（1）基本加工路线　外圆加工的方法很多，其基本加工路线可归纳为四类。

1）粗车→半精车→精车。对于一般常用材料，这是外圆表面加工采用的最主要的工艺路线。

2）粗车→半精车→热处理→粗磨→精磨。对于黑色金属材料制成的轴类零件，精度要求高和表面粗糙度值要求较小、零件需要淬硬时，其最终工序只能用磨削。

3）粗车→半精车→精车→金刚石车。对于有色金属轴类零件，用磨削加工通常不易得到所要求的表面粗糙度，因为有色金属一般比较软，容易堵塞砂粒间的空隙，因此其最终工序多用精车和金刚石车。

4）粗车→半精车→热处理→粗磨→精磨→光整加工。对于黑色金属材料淬硬轴类零件，精度要求高和表面粗糙度值要求很小时，常用此加工路线。

（2）典型加工工艺路线　轴类零件常见的主要加工表面是外圆表面，也有特形表面，因此针对各种精度等级和表面粗糙度要求，按经济精度选择加工方法。

对普通精度的轴类零件加工，其典型的工艺路线是：毛坯及其热处理→预加工→车削外圆→铣键槽（花键槽、沟槽）→热处理→磨削→终检。

2. 轴类零件加工的定位基准和装夹

1）以工件的中心孔定位（两头顶）装夹。在轴的加工中，工件各外圆表面的同轴度、端面对回转轴线的垂直度是其相互位置精度的主要项目，这些外圆表面的设计基准一般都是轴的中心线，用两端中心孔定位，符合基准重合原则。中心孔不仅是车削时的定位基准，也是其他加工工序的定位基准和检验基准，选用中心孔作为基准符合基准统一原则。当采用两端中心孔定位时，应查手册确定中心孔尺寸参数（图 8-5a）。中心孔定位装夹（图 8-5b）还能够最大限度地在一次装夹中加工出多个外圆和端面。

2）以工件外圆和中心孔作为定位基准（一夹一顶）装夹。粗加工时，因切削力较大，可采用自定心卡盘夹一头，另一端用顶尖支承的装夹方法。该方法较以工件的中心孔定位装夹方法定位精度低，但装夹刚度高，适合轴类零件的粗加工和半精加工。一夹一顶定位装夹

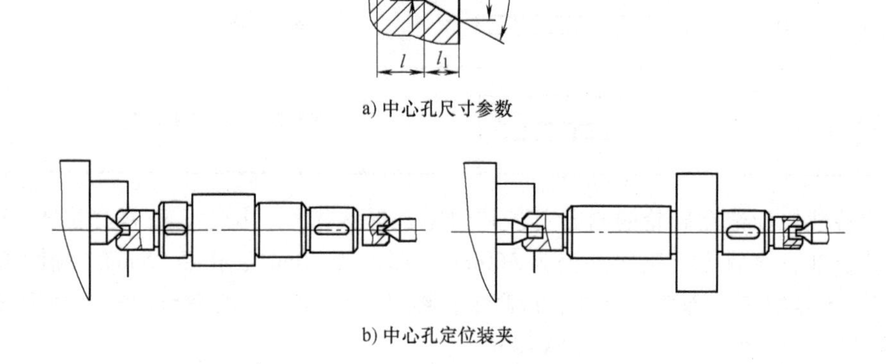

a) 中心孔尺寸参数

b) 中心孔定位装夹

图 8-5 阶梯轴的定位与装夹

（图 8-6）能承受较大的切削力，是轴类零件加工中最常见的一种定位方法。

3）以工件外圆表面作为定位基准装夹。在加工空心轴的内孔时，如加工机床上莫氏锥度的内孔，不能采用中心孔作为定位基准，此时可用轴的外圆表面作为定位基准装夹工件。

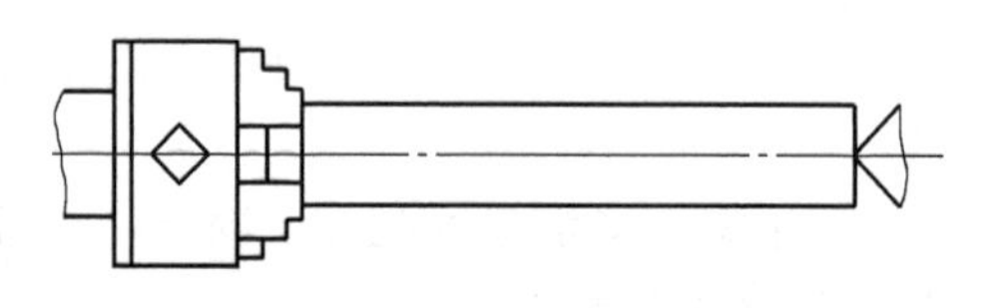
图 8-6 一夹一顶定位装夹

4）以锥套或锥堵作为定位基准装夹。在加工空心轴的外圆表面时，可采用锥套心轴（图 8-7a）和锥堵（图 8-7b）作为定位基准来装夹工件。

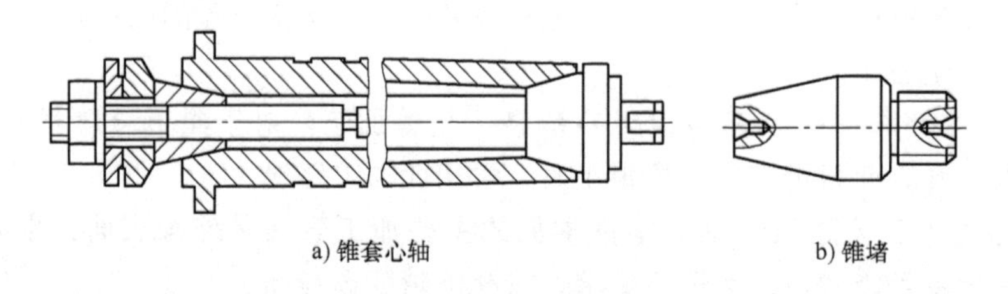
a) 锥套心轴　　b) 锥堵

图 8-7 锥套心轴和锥堵

5）以 V 形块作为定位基准装夹。铣轴上的键槽时，切削力较大，且槽深的设计基准为外圆下素线，常以键槽所在的外圆段为定位基准，用 V 形块和螺旋压板或专用虎钳装夹工件。

6）用专用夹具装夹。生产批量大时可设计专用夹具装夹工件。

六、一般小轴的加工工艺

1. 分析零件图

机械产品中的小轴有很多种类，发挥着各种各样的作用，图 8-8 所示为小轴的零件图。

2. 编制加工工艺卡片

单件生产小轴的加工步骤见表 8-4，小轴机械加工工艺卡见表 8-5。

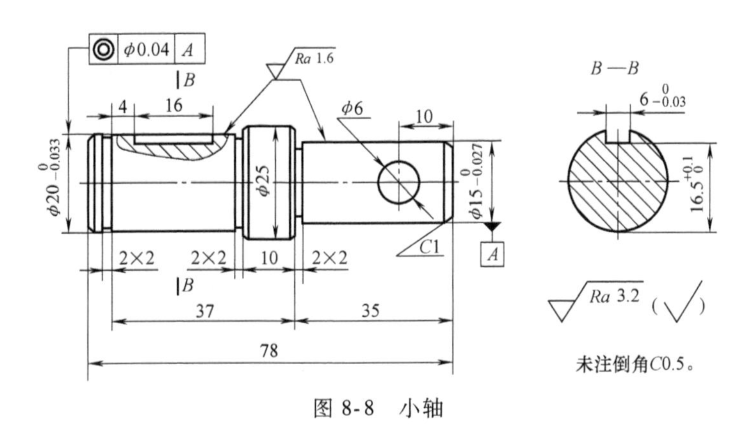

图 8-8　小轴

表 8-4　单件生产小轴的加工步骤

序号	加工内容	加工简图
1	自定心卡盘夹一端 车端面 钻中心孔 一夹一顶装夹 车 ϕ15mm 外圆，放磨量 0.4~0.5mm 车 ϕ25mm 外圆至尺寸	
2	45°车刀倒角 C1	
3	调头装夹 车端面，保证总长 78mm 钻中心孔	
4	一夹一顶装夹 车 ϕ20mm 外圆 放磨量 0.4~0.5mm 车槽至尺寸 倒角至尺寸	
5	ϕ20mm 外圆上铣键槽到尺寸	
6	磨外圆至图样要求	
7	按图样要求检验	

表 8-5　小轴的机械加工工艺卡

(企业名称)			机械加工工艺卡		产品型号		DFL		零件图号		DFL-2-03		共 2 页	
					产品名称		电动葫芦		零件名称		小轴		第 1 页	
材料牌号			45	毛坯种类	圆钢棒料	毛坯外形尺寸	ϕ26mm×500mm	每毛坯件数	6	每台件数		2	备注	
工序号	装夹	工步	工序内容	同时加工零件数	切削用量			设备名称及编号	工艺装备名称及编号			技术等级	工时定额	
					背吃刀量/mm	切削速度/(m/min)或(r/mim)	进给量/(mm/r)或(mm/min)		夹具	刀具	量具		准—终	单件
1	自定心卡盘夹住毛坯外圆	1	车端面	1				车床 CY6140	自定心卡盘	车刀		IT10		
		2	钻中心孔	1						ϕ2mm 中心钻		IT7		
	一夹一顶装夹	3	车各外圆尺寸,放磨量	1						车刀				
		4	倒角至尺寸	1						车刀				
		5	车槽至尺寸	1						车刀				
2	V 形块装夹		铣键槽至尺寸	1				铣床		柱状铣刀				
3	热处理													
4	两顶尖装夹	1	磨 ϕ20mm 外圆至尺寸	1				磨床						
		2	磨 ϕ15mm 外圆至尺寸	1										
		3	磨 ϕ25mm 外圆左端面	1										
		4	磨 ϕ25mm 外圆右端面	1										
5	V 形铁	1	划线 ϕ6mm 中心孔	1										
		2	配钻 ϕ6mm 孔	1				钻床	麻花钻					
	检验		检验各尺寸											

更改内容								
					编制(日期)	审核(日期)	标准化(日期)	会签(日期)
标记	处理	更改文字号	签字	日期				

七、阶梯轴加工工艺实例

图 8-9 所示为轴及其上各零件装配图，由图可看出各零件在装配到箱体上时占据的位置和轴的配合情况。

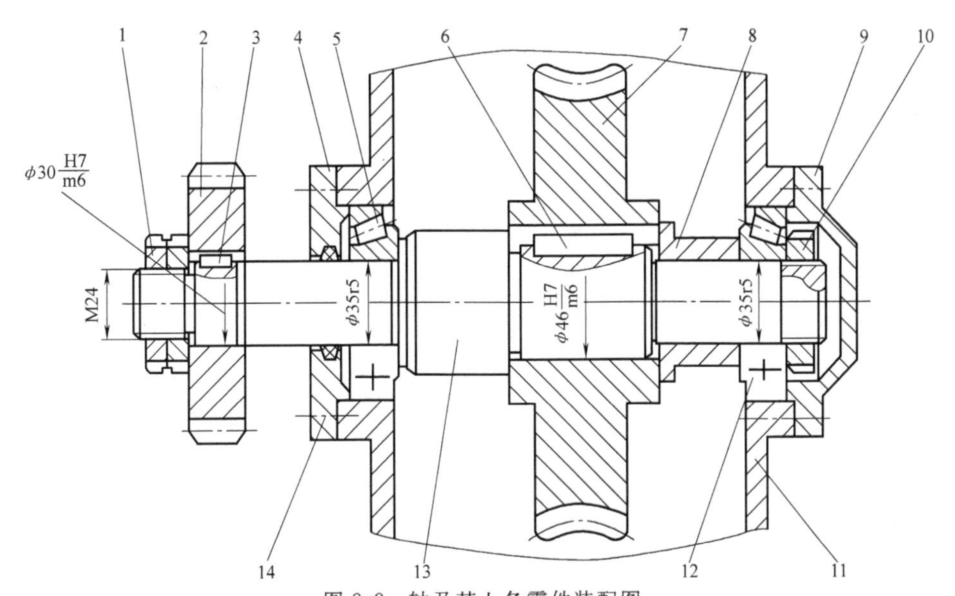

图 8-9　轴及其上各零件装配图

1—圆螺母　2—外齿轮　3、6—平键　4—通盖　5、12—圆锥滚子轴承　7—蜗轮　8—套筒　9—闷盖　10—圆螺母　11—箱体　13—轴　14—螺钉组件

1. 传动轴的主要表面及其技术要求

图 8-10 所示为轴零件图，轴的材料选用 40Cr 钢，生产数量为 5 件，属于小批生产。

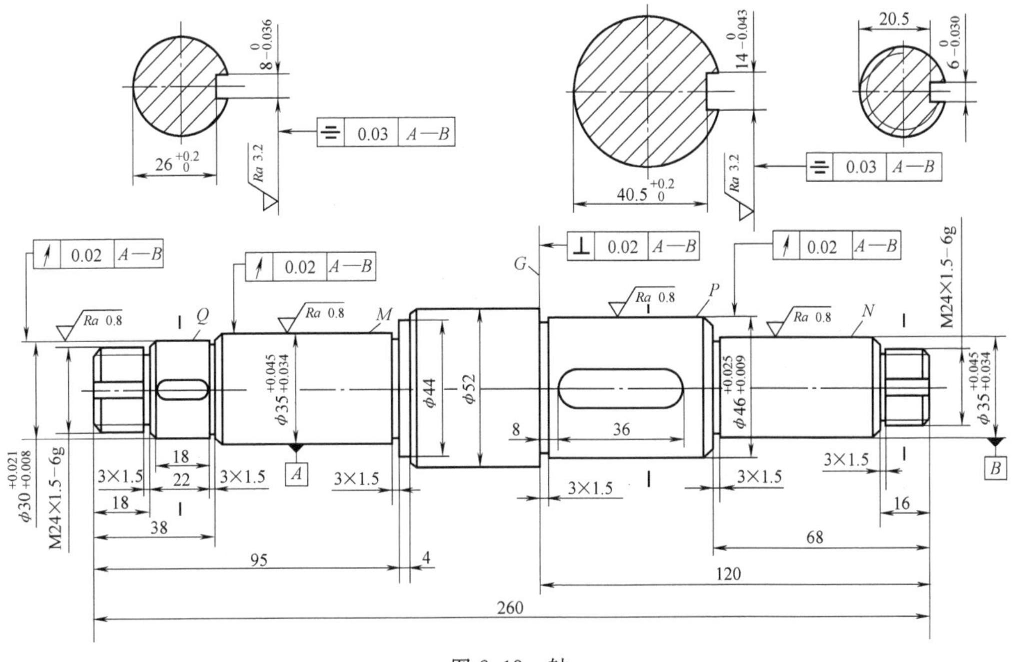

图 8-10　轴

由图 8-10 可知，该轴轴颈 M、N 是安装轴承的支承轴颈，也是该轴装入箱体的安装基准。轴的中段外圆柱 P 处安装蜗轮，轴左端的外圆柱 Q 上安装齿轮。轴颈 M、N 的尺寸公差等级最高为 IT5，表面粗糙度值为 $Ra0.8\mu m$；外圆柱面 P、Q 的尺寸公差等级为 IT6，表面粗糙度值为 $Ra0.8\mu m$；轴肩 G 有垂直度要求。

2. 加工工艺路线

典型的加工工艺路线为：备料→锻造→去应力退火→装夹→车端面→钻中心孔→粗车各圆柱面→半精车各面→调质→车螺纹→铣键槽→去毛刺→中检→最终热处理→修研中心孔→粗、精磨外圆→清洗→终检。

（1）主要表面的加工方法　该轴大部分为回转表面，主要表面 M、N、P、Q 的精度较高，加工顺序应为粗车→半精车→调质→表面淬火→磨削。

（2）确定定位基面　几个主要配合表面和台阶面对基准轴线 $A—B$ 均有径向圆跳动和端面垂直度要求，应在轴的两端加工 B 型中心孔作为定位精基准面，中心孔要在粗车之前加工好。

（3）选择毛坯的类型　材料为 40Cr，生产数量为 5 件，为了节约材料，毛坯选用热轧圆钢料进行自由锻造，也可选用 $\phi55mm$ 圆钢直接切削加工。

（4）拟订加工工艺过程　拟订轴的加工工艺的过程中，在考虑主要表面加工的同时，还要考虑次要表面的加工及热处理要求。要求不高的外圆柱表面、螺纹退刀槽、砂轮越程槽、倒角和螺纹，应在半精车时加工到规定尺寸，键槽在半精车后进行划线和铣削，调质处理安排在半精车之后，调质后一定要研修中心孔，以消除热处理变形和氧化皮。对轴颈进行磨削加工之前，还应研修中心孔以提高定位精度。轴的加工工艺过程见表 8-6，轴的加工工艺过程卡见表 8-7。

表 8-6　轴的加工工艺过程

序号	工序名称	工序内容	定位基准
1	车削	自定心卡盘夹持工件 车一端面 钻中心孔 车 $\phi52mm$ 外圆到尺寸 车其余各外圆，留余量 1mm 倒角 调头车右端面保证轴长 260mm 钻中心孔 车各外圆，留余量 1mm 倒角	外圆及中心孔
2	热处理	调质处理	
3	车削	精车各端面到尺寸 精车 Q、M、P、N 各主要圆柱表面，留磨削余量 0.5mm 车退刀槽 3mm×1.5mm 车两端螺纹	外圆及中心孔
4	铣削	2 个 A 型平键槽，2 个止动垫片槽	
5	热处理	对 Q、M、P、N 各主要圆柱表面及螺纹表面进行高频感应淬火	
6	磨削	修研中心孔 磨 $\phi30mm$、$\phi35mm$、$\phi46mm$ 外圆到尺寸	两中心孔

表 8-7 轴的加工工艺过程卡

工序号	工序名称	工序内容	加工简图	设备
1	下料	ϕ60mm×265mm		
2	车削	用自定心卡盘夹持工件，车端面见平，钻中心孔，用尾座顶尖顶住，粗车三个台阶，直径、长度均留 2mm 余量 调头，用自定心卡盘夹持工件另一端，车端面保证总长 260mm，钻中心孔，用尾座顶尖顶住，车另四个台阶，直径、长度均留 2mm 余量		车床
3	热处理	调质后硬度为 220～270HBW		
4	钳工	修研两端中心孔	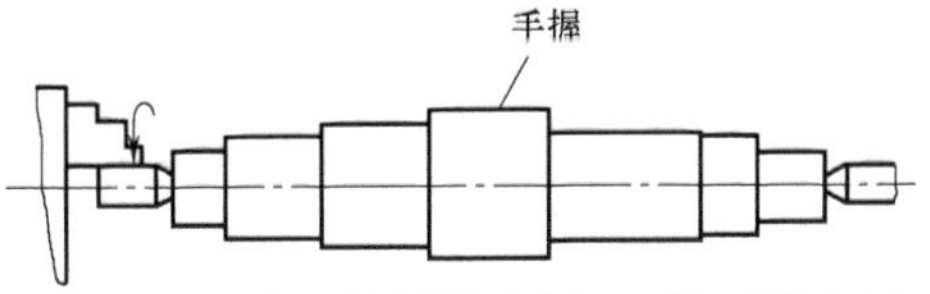	
5	车削	双顶尖装夹 精车三个台阶 螺纹大径车到 ϕ24mm，其余两个台阶直径留 0.5mm 余量 车槽三个，倒角三个 调头，双顶尖装夹 精车余下的五个台阶 车 ϕ44mm、ϕ52mm 台阶到图样规定的尺寸 车螺纹大径到 ϕ24mm，其余两个台阶直径上留 0.5mm 余量 切槽三个，倒角二个		

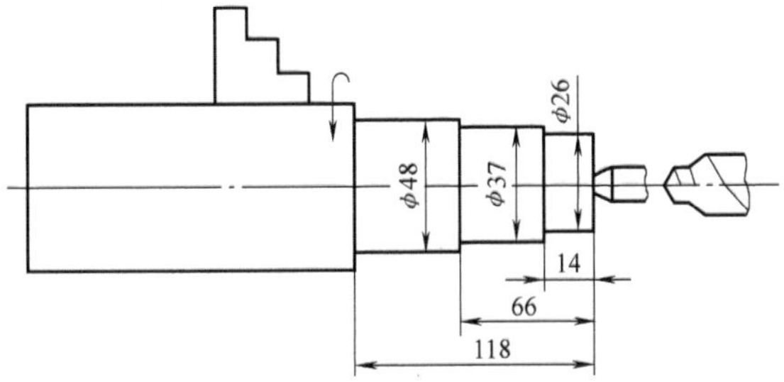

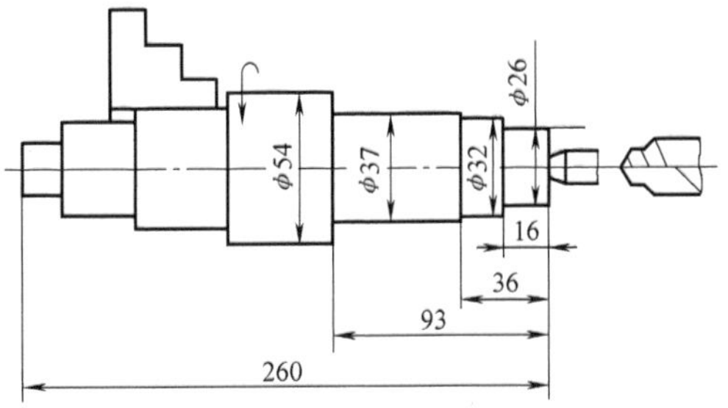

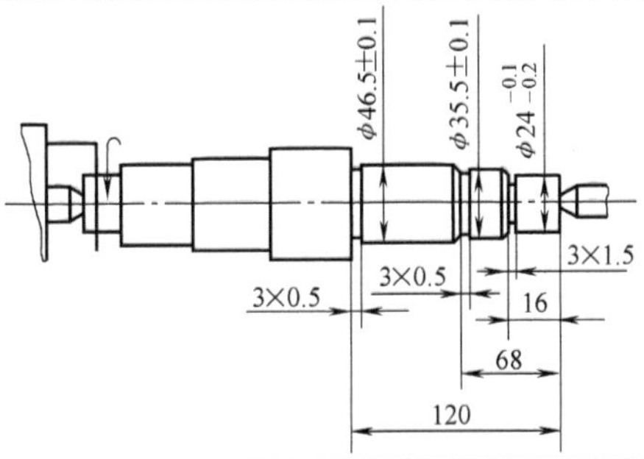

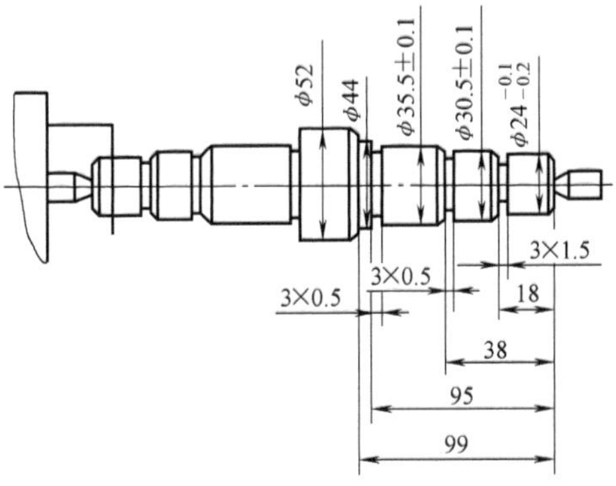

（续）

工序号	工序名称	工序内容	加工简图	设备
5	车削	双顶尖装夹 车一端螺纹 M24×1.5-6g 调头，双顶尖装夹 车另一端螺纹 M24×1.5-6g		车床
6	铣削	铣两个键槽及两个止动垫圈槽		铣床
7	热处理	Q、M、P、N 各主要圆柱表面及螺纹表面高频感应淬火		
8	钳工	修研两端中心孔 手握		
9	磨削	磨外圆 Q、M 靠磨端面 H、I 调头 磨外圆 N、P 靠磨台阶 G		磨床
10	检验	按图样检验		

第二节　盘套类零件的加工工艺

盘类零件是指机器中的各种连接盘、端盖、通盖、链轮、齿轮、带轮等；套筒类零件是指空心薄壁件。

车箱盖

一、盘套类零件的结构与特点

1. 盘套类零件的结构形式

由于功用不同，盘套类零件的形状结构和尺寸有很大的差异。常见的盘类零件有齿轮、带轮、链轮、盖，套筒类零件如支承回转轴的各种形式的轴承圈、轴套，夹具上的钻套和导向套，内燃机气缸套和液压系统中的液压缸等。常见盘套类零件的结构形式如图 8-11 所示。

车工件孔

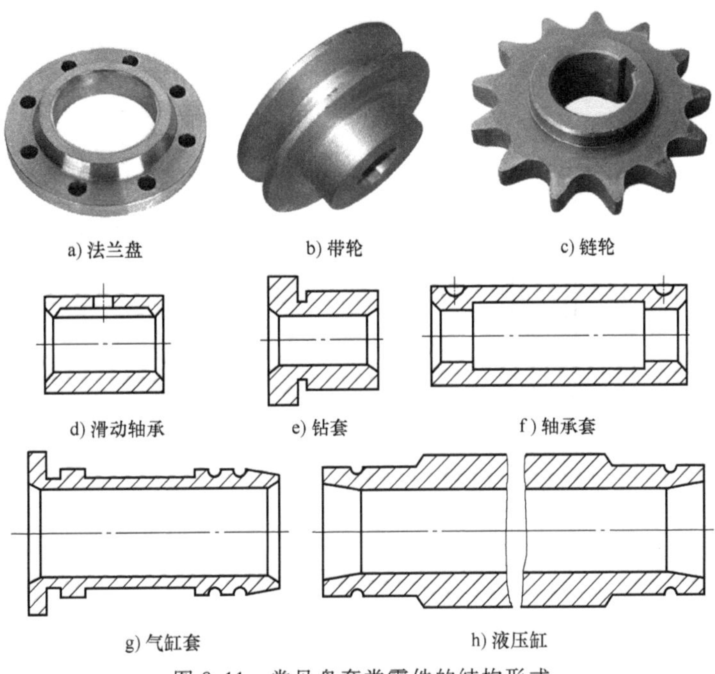

图 8-11　常见盘套类零件的结构形式

找正调整

2. 盘套类零件的结构特点

盘套类零件主要由同轴内外圆柱面、端面和沟槽组成。盘类零件径向尺寸大于轴向尺寸；套筒类零件的壁厚较薄，易变形，通常轴向尺寸大于径向尺寸。

二、盘套类零件的图样与毛坯

齿轮滚齿加工录像

1. 图样资料

图 8-12a)、b) 所示为齿轮和盖的零件图。由图可看出，内孔和外圆表面的尺寸精度、形状精度和表面粗糙度要求较多，主要外圆表面与内孔中心线还常有较多的垂直度、圆跳动要求。

2. 材料与毛坯选择

铣锥齿轮

盘套类零件一般用钢、铸铁、铜或铝合金制成。孔径小的盘套类零件，一般选择热轧或冷拔棒料，也可采用实心铸件；孔径大的套筒，常选择无缝钢管或带孔的铸件、锻件。大量生产时，可采用冷挤压和粉末冶金等先进的毛坯制造工艺，既提高生产率又节约材料。

三、盘套类零件的定位基准与装夹

1. 定位基准的选择

盘套类零件的设计基准是中心线，一般常用内孔或外圆作为定位基准面，可利用互为基准原则反复加工。加工时必须体现粗、精加工分开和尽量在一次装夹中加工多个表面的原则。

当两端的外圆和端面相对孔的中心线都有位置精度要求时，一般应以孔的中心线作为定

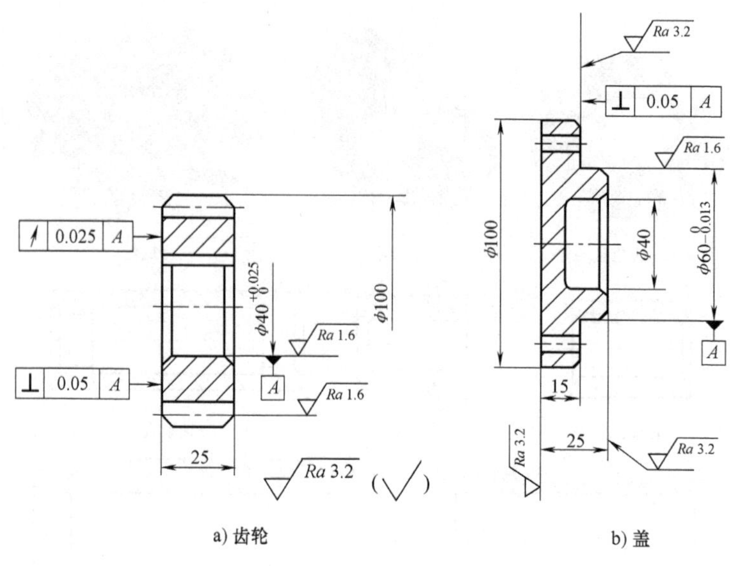

a) 齿轮　　b) 盖

图 8-12　齿轮与盖的零件图

位基准，采用心轴装夹，如图 8-13a 所示。心轴装夹能较好地保证各外圆和端面对孔中心线的圆跳动要求。

值得注意的是，如果零件结构允许，常在一次装夹中完成孔及与其有关表面的精加工，不仅可获得较高的位置精度，而且加工十分方便，如图 8-13b 所示。

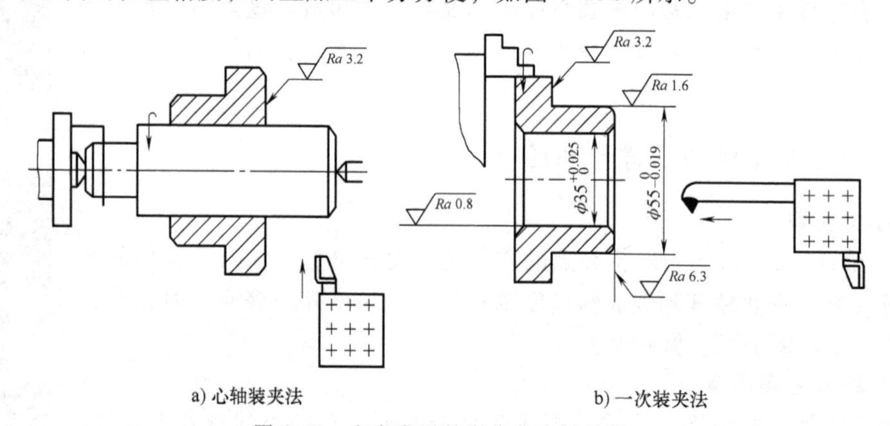

a) 心轴装夹法　　b) 一次装夹法

图 8-13　盘套类零件定位基准的选择

2. 装夹

（1）一次装夹加工全部表面　当盘套类零件的尺寸较小时，常用长棒料毛坯，棒料穿入机床主轴通孔，用自定心卡盘装夹加工所有表面，容易获得较高的精度。

这种装夹方法最简便，位置精度误差最小，不需配备工装，其缺点是加工工步过于集中，控制尺寸时不易定位，技术难度高，生产率也不易提高。因此，该方法适用于单件（修配）或小批生产。图 8-14

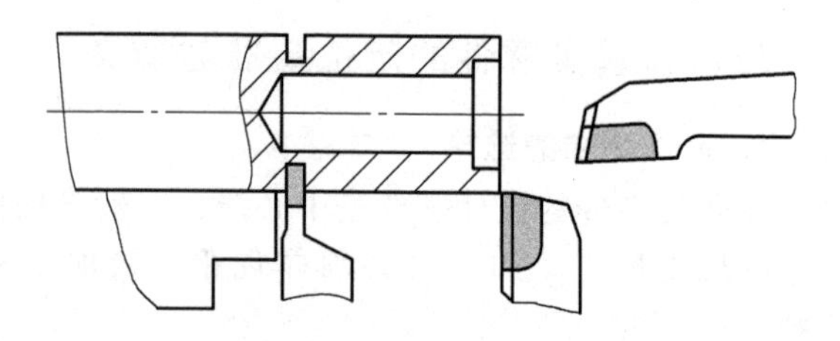

图 8-14　在一次装夹中完成轴承衬套主要表面的车削加工

所示为在一次装夹中完成轴承衬套主要表面的车削加工。

若零件外径较大，毛坯不能通过主轴通孔，也可在备坯时将其长度尺寸加大些，以供装夹用，但这样会浪费材料。

（2）以已有孔定位装夹加工外圆　带轮、齿轮、套筒等都是以已有孔为设计基准的，在加工时应该以内孔为装夹基准，这样可使基准统一，误差小，容易保证位置精度。以已有孔为基准装夹，首先要对工件内孔及端面做精加工，以保证垂直度要求。

工件已有孔精度较低或工件较长时，可在两端孔口各加工出一段60°的锥面，用两个顶尖对顶定位。

（3）以外圆柱面定位装夹　先将外圆柱面及端面车好，当工件较长时，可用“一夹一托”装夹。常用软卡爪，因为自定心卡盘在使用过程中，如果三个卡爪的表面磨损不一，会影响定心精度，而软卡爪则是按照工件直径大小车制的，三爪的旋转中心与主轴回转中心一致，所以能保证工件的位置精度。图8-15所示为用软卡爪装夹的典型结构。

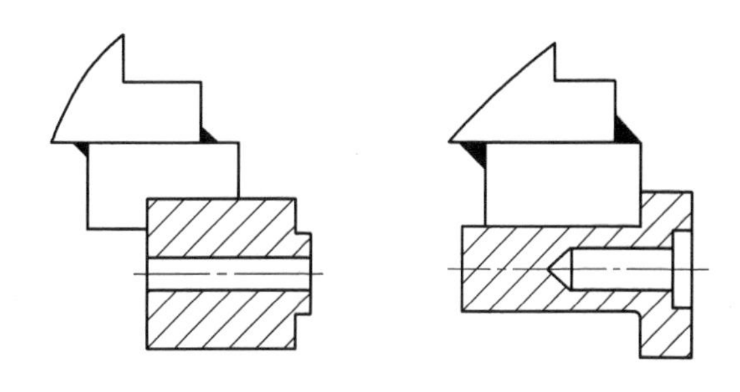

图8-15　用软卡爪装夹的典型结构

软卡爪是在用旧废弃的硬卡爪上焊接一块钢车制而成的，制造方便，且可反复焊接使用，径向误差为0.03~0.06mm，轴向误差为0.02~0.04mm。

（4）用专用夹具装夹　根据工作情况设计专用夹具进行装夹。

四、盘套类零件的加工方法

内孔表面常用的加工方法有钻孔、扩孔、铰孔、镗孔、磨孔、拉孔、研磨孔和滚压孔等。内孔加工与外圆加工相比，所使用的刀具直径、长度和装夹方法等都受到被加工孔尺寸的限制，加工同样精度的内孔和外圆时，内孔加工难度大，往往需要较多的工序。

1. 钻孔

采用麻花钻在钻床或车床上钻孔，由于钻头强度和刚性较差，排屑困难，切削液不易注入，因此孔的精度较低、表面质量较差。

钻孔加工时钻头往往容易产生偏移，其主要原因有三个：一是切削刃的刃磨角度不对称，二是钻削时工件端面钻头没有定位好，三是工件端面与钻床主轴轴线不垂直。为了防止钻孔时钻头偏移，工艺上常采用下列措施：

1）钻孔前先加工工件端面，保证端面与钻头中心线垂直。

2）先用小直径钻头或中心钻在端面上预钻一个凹坑，以引导钻头钻削。

3）刃磨钻头时，使两个主切削刃对称。

4）钻小孔或深孔时选用较小的进给量，可减小进给力，钻头不易因产生弯曲而偏移。

5）采用工件旋转的钻削方式。

6）采用钻套来引导钻头。

钻孔时，钻头直径一般不超过ϕ80mm。钻直径大于ϕ30mm的孔时，常分两次钻削，即先用小直径钻头钻较小的孔[(0.5~0.7)d，d为被加工孔的直径]，再用大直径钻头进行扩钻。

2. 扩孔

扩孔是用扩孔钻对已钻出的孔做进一步加工，以扩大孔径并提高精度和表面质量。扩孔钻与麻花钻相比，没有横刃，刚度高，导向性好，工作平稳，容屑槽小，能对孔的位置误差有一定的校正能力。扩孔通常作为铰孔前的预加工工序，也可作为孔的最终加工工序。扩孔钻的结构随直径不同而不同，锥柄扩孔钻的直径为 ϕ13~ϕ32mm，套式扩孔钻的直径为 ϕ25~ϕ80mm。用于铰孔前的扩孔钻，其直径极限偏差为负值；用于终加工的扩孔钻，其直径极限偏差为正值。采用高速工具钢扩孔钻加工钢料时，切削速度可选为 15~40m/min，进给量可选 0.4~2mm/r，扩孔生产率比较高。当孔径大于 ϕ100mm 时，切削力矩很大，很少采用扩孔方法，应采用镗孔方法。

3. 铰孔

铰孔切削速度低，加工余量微小，使用的铰刀刀齿多，铰孔精度高。铰孔主要用于加工中小尺寸的孔，孔径一般为 ϕ3~ϕ80mm。

铰孔分手工铰和机械铰，手工铰尺寸公差等级可达 IT6；机械铰生产率高，适宜于大批生产。为了保证铰孔时的加工质量，应注意如下几点：

（1）合理选择铰削余量　铰孔的余量视孔径和工件材料及精度要求而异，铰孔的余量太小，往往不能全部切除上道工序的加工痕迹，刀齿不能连续切削，致使切削刃不易切入金属层面而打滑，甚至产生“啃刮”现象，引起铰刀振动，破坏表面质量；余量太大时，则会因切削力大、发热多引起铰刀直径增大及颤动，致使孔径扩大。铰孔前孔的直径及加工余量见表 8-8。

表 8-8　铰孔前孔的直径及加工余量　（单位：mm）

加工余量	孔径 ϕ			
	12~18	18~30	30~50	50~75
粗 铰	0.10	0.14	0.18	0.20
精 铰	0.05	0.06	0.07	0.10
总余量	0.15	0.20	0.25	0.30

（2）合理选用切削速度　合理的切削速度可以减少积屑瘤的产生，防止表面质量下降。铰削铸铁工件时，切削速度可选 8~10m/min；铰削钢制工件时的切削速度要比铰削铸铁低，粗铰为 4~8m/min，精铰为 1.5~5m/min。

（3）合理选择底孔　底孔（即前道工序已加工的孔）的精度高低，对铰孔质量影响很大，底孔精度低，就不容易得到高的铰孔精度。例如上一道工序造成轴线歪斜，由于铰削量小，且铰刀与机床主轴常采用浮动连接，故铰孔时就难以纠正。对于精度要求高的孔，在精铰前应先经过扩孔、镗孔等工序，使底孔误差减小，才能保证精铰质量。

（4）合理使用铰刀　铰刀是定尺寸精加工刀具，铰刀的使用合理与否，将直接影响铰孔的质量。铰刀的磨损主要发生在切削部分和校准部分交接处的铰刀后面上。随着磨损量的增加，切削刃钝圆半径也逐渐加大，致使铰刀切削能力降低，挤压作用明显，铰孔质量下降。实践经验证明，使用过程中若经常用磨石研磨该交接处，可延长铰刀的寿命。铰削后孔径数值的大小，与具体加工情况有关。在批量生产时，应根据现场经验或通过试验确定铰刀

外径，并对铰刀进行研磨。为了避免铰刀轴线或进给方向与机床回转轴线不一致，出现孔径扩大或“喇叭口”现象，铰刀和机床一般不用刚性连接。

（5）正确选择切削液　铰孔时正确选用切削液，对降低摩擦因数、改善散热条件以及冲走细屑均有很好的作用。选用合适的切削液除了能提高铰孔质量，延长铰刀寿命外，还能消除积屑瘤，减少振动，降低孔径扩张量。对钢质的零件铰孔时，通常选用乳化油和硫化油做切削液，硫化油对提高加工精度效果较明显。浓度较高的乳化油对提高表面质量的效果较好。如要进一步提高表面质量，也可选用润湿性较好、黏性较小的煤油做切削液。对铸铁零件铰孔时，一般不加切削液。

4. 镗孔

镗孔是用镗刀对已经钻出、铸出或锻出的孔进行进一步的加工。镗孔一般在镗床上进行，也可以在车床、铣床、数控机床和加工中心上进行。镗孔可以作为粗加工工序，也可以作为精加工工序，可以加工各种零件上不同尺寸的孔，加工范围很广。由于镗孔时刀具尺寸受到被加工孔孔径的限制，因此刀具刚性一般较差，会影响孔的精度，并容易引起弯曲和扭转振动，特别是直径较小且离支承处较远的孔，振动情况更为突出。与扩孔和铰孔相比，镗孔生产率比较低，但在单件小批生产中采用镗孔是较经济的，因刀具成本较低，而且镗孔能保证孔中心线的准确位置，并能修正毛坯或上道工序加工后所造成的孔中心线歪曲和偏斜。对于直径很大的孔和大型零件的孔，镗孔是唯一的加工方法。

5. 拉孔

拉孔是在拉床上用拉刀对已有的工件孔进行半精加工或精加工的切削加工方法。拉刀是多齿切削刀具，在拉削时由于刀齿的齿高逐个微量增大，因此每个刀齿只切一层极薄的切屑，最后由几个刀齿来对孔进行校准。拉削中不仅拉刀参加切削的切削刃长度长，而且同时参加切削的刀齿也多，因此孔径能在一次拉削中完成。

拉削的速度低，一般为2~5m/min，切削过程平稳，切削层的厚度很薄，故一般能达到IT8~IT7的尺寸公差等级，表面粗糙度值可达$Ra1.6$~$Ra0.4\mu m$。

6. 磨孔

对于淬硬后工件孔的加工，磨孔是最主要的加工方法。磨孔时砂轮的尺寸受被加工孔径尺寸的限制，一般砂轮直径为（0.5~0.9）d，d为工件孔直径。内圆磨削的工作条件比外圆磨削工作条件差，有如下特点：

1）磨孔用的砂轮直径受到工件孔径的限制。砂轮直径小则磨损快，因此需要经常修整和更换砂轮，增加了辅助时间。

2）选择直径较小的砂轮磨削时，要使砂轮圆周速度达到25~30m/s是很困难的。因此，内孔磨削速度比外圆磨削速度低得多，故孔的表面质量较差，生产率也不高。

3）砂轮轴的直径受到孔径和长度的限制，又是悬臂安装，故刚度低，容易弯曲和变形，从而影响加工精度和表面质量。

4）砂轮与孔的接触面积大，砂粒不易脱落，工件易发生烧伤。

5）切削液不易进入磨削区，排屑较困难，磨屑易聚集在磨粒间的空隙中，堵塞砂轮，影响砂轮的切削性能。

6）磨削时，砂轮与孔的接触长度经常改变。当砂轮有一部分超出孔外时，切削力小，被磨去的金属层较多，从而形成“喇叭口”。为了减小或消除其误差，加工时应控制砂轮超出孔外的长度不大于砂轮宽度的 1/2。

五、盘套类零件的加工工艺路线

盘套类零件的一般加工工艺路线为：备坯→去内应力处理→车（铣）端面及外圆→钻（扩、镗）孔→插键槽→钻各均布孔→重要配合表面热处理→磨削→终检。

1. 半联轴器的加工工艺

图 8-16 所示为凸缘联轴器的半联轴器，在安排加工工序时，应先装夹哪一端加工，与毛坯的形状、尺寸和技术要求等多种因素有关，应综合分析，灵活运用。半联轴器的加工工艺过程见表 8-9。

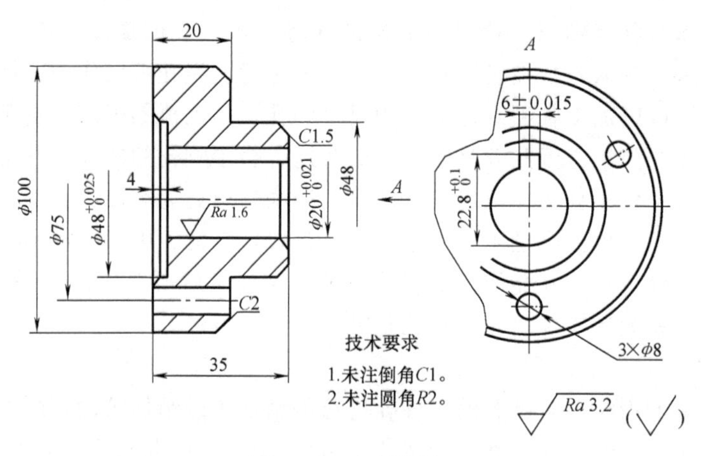

图 8-16 半联轴器

表 8-9 半联轴器的加工工艺过程

工序号	工序名称	工序内容	设备
1	锻造	锻造毛坯	胎模锻
2	车削	自定心卡盘夹小端 车大端面见平 车 φ20mm 孔，留铰削余量 车 φ48mm 台阶孔至图样尺寸，孔深 4mm 倒角 C1 车大端外圆至 φ100mm	车床
		调头，自定心卡盘夹大端 车小端端面，保证总长 35mm 车小端外圆至 φ48mm，保证大端长 20mm 倒角 C1.5、C2 和 C1	车床
3	热处理	调质到 220~270HBW	
4	钳工	铰孔 φ20mm 到图样尺寸	
5	插削	插键槽	插床
6	钳工	划线 钻三个均布孔 φ8mm，去毛刺	钻床

2. 套筒的加工工艺

套筒的加工工艺过程为：车削→热处理→内圆磨削→平面磨削，这样安排比较合适。因

为热处理后会产生变形，表面有氧化皮脱落等，所以对精度要求高的表面的精加工一定要放在热处理工序之后进行。

图 8-17 所示为材料为铸铁的套筒零件图，其机械加工工艺过程卡见表 8-10，机械加工步骤见表 8-11。

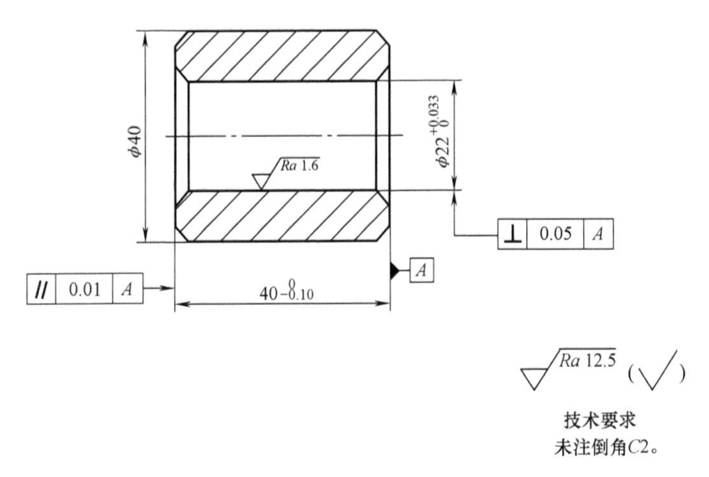

图 8-17　套筒

表 8-10　套筒的机械加工工艺过程卡

（企业名称）			机械加工工艺过程卡			产品型号	JSQ250	零件图号	JSQ-12		
						产品名称	减速器	零件名称	套筒	共　页	第　页
材料牌号	HT200	毛坯种类	铸件	毛坯外形尺寸	500mm×φ42mm	每毛坯可制件数	12	每台件数	1	备注	
工序号	工序名称	工序内容			车间	工数	工段	设备	工艺装备	工时定额	
										准-终	单件
1	铸造	铸件			铸造	工、模具					
2	车削	自定心卡盘夹一端，车端面 钻孔 φ20mm，留余量 车 φ40mm 外圆到尺寸 内、外圆倒角 C1.5 切断，保证长度 40mm，留余量			机加	车床		钻头	钢直尺、游标卡尺		
3	钳工	铰孔 φ22mm 至尺寸						铰刀			
4	磨削	磨两端面到尺寸				平面磨床			游标卡尺		
5	检验	检验各尺寸									
更改内容											
编制（日期）			审核（日期）			标准化（日期）			会签（日期）		

表 8-11　套筒的机械加工步骤

加工内容	加工简图
用自定心卡盘装夹工件 车端面 钻通孔 ϕ20mm，扩孔到 ϕ22mm 车外圆 ϕ40mm，长 45mm 内、外圆倒角 $C1.5$ 切断刀切断，保证工件长度不小于 41mm	50(伸出长度)
调头，自定心卡盘装夹(外圆包铜皮)，夹住工件总长的 1/2 车端面，保证长 40mm 内、外圆倒角	
铰孔或磨孔 ϕ22mm 至尺寸 磨两端到图样要求尺寸	

3. 轴承衬套的加工工艺

图 8-18 所示为滑动轴承衬套，其车削加工步骤见表 8-12，机械加工工艺过程卡见表 8-13。

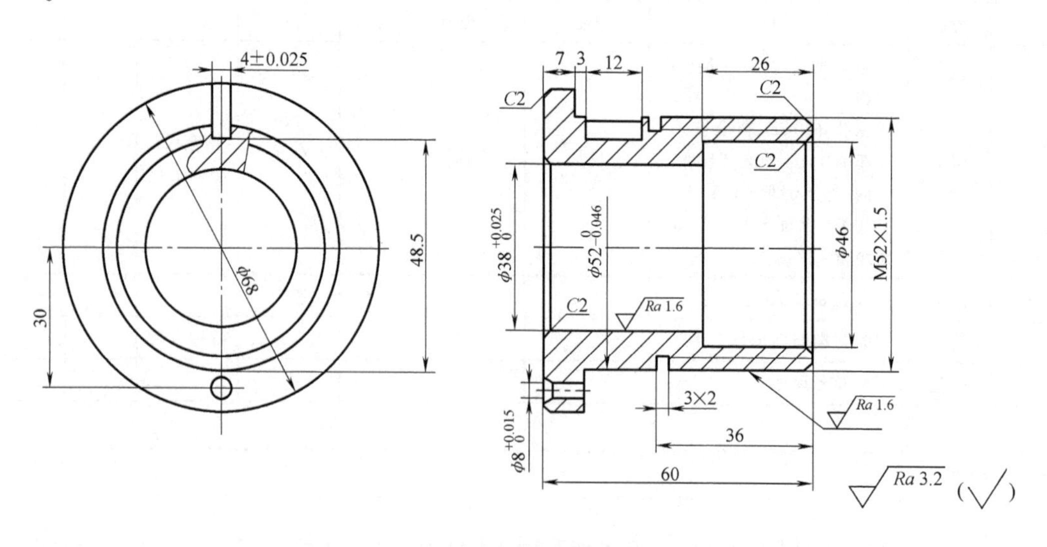

图 8-18　滑动轴承衬套

表 8-12　滑动轴承衬套的车削加工步骤

加工内容	加工简图
自定心卡盘装夹 车端面 钻孔 ϕ35mm 车 ϕ68mm 外圆 车 ϕ38mm 内孔，留余量 0.5mm 倒角	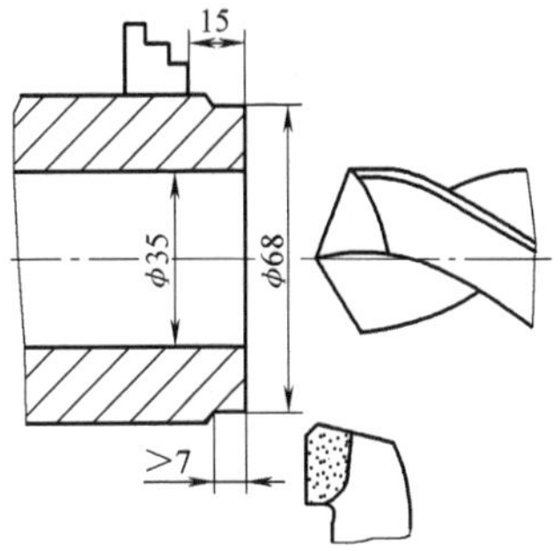
调头，用软卡爪夹住 ϕ68mm 外圆 切断端面靠平，保证总长 60mm 车内孔到尺寸 ϕ46mm×26mm 倒内孔角	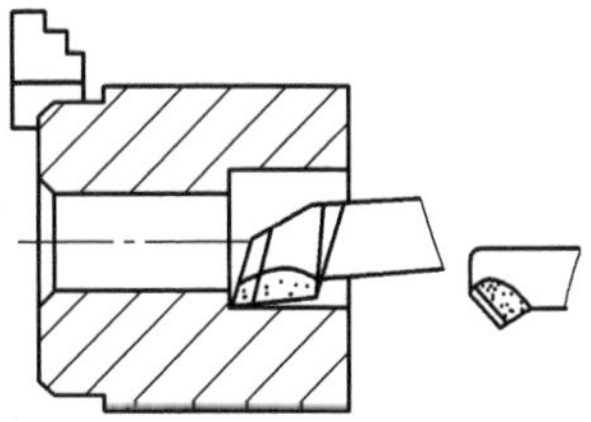
一夹一顶装夹 车 ϕ52mm 外圆至尺寸 保证大端长度 7mm，留磨量 车外沟槽 3mm×2mm，保证长度 36mm 倒角	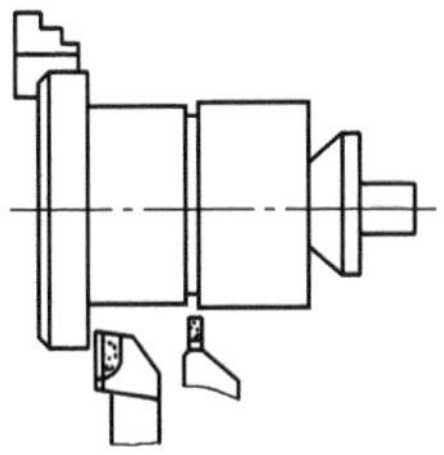
车螺纹 M52×1.5	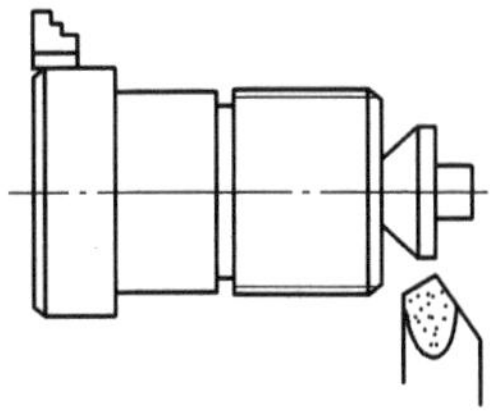

4. 液压缸的加工工艺

液压缸如图 8-19 所示，小批生产时的加工工艺过程见表 8-14。

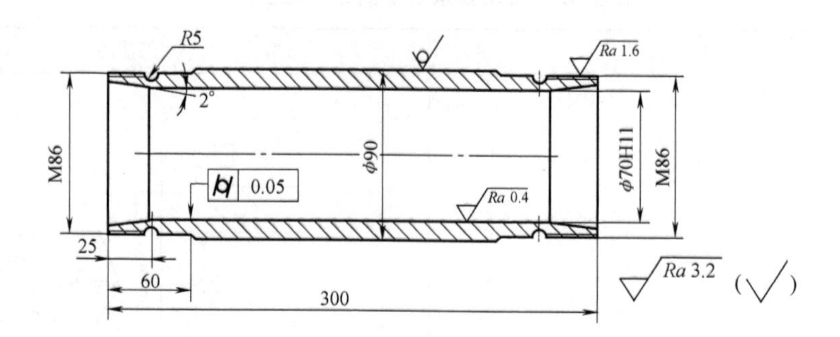

图 8-19　液压缸

表 8-13　轴承衬套机械加工工艺过程卡

（企业名称）			机械加工工艺过程卡			产品型号	JYJ5T	零件图号	JYJ-12		
						产品名称	卷扬机	零件名称	轴承衬套	共　页	第　页
材料牌号	ZCuSn10Pb5	毛坯种类	铸件	毛坯外形尺寸	500mm×ϕ70mm	每毛坯可制件数	8	每台件数	2	备注	
工序号	工序名称	工序内容			车间	工数	工段	设备	工艺装备	工时定额	
										准-终	单件
1	铸造	铸件			铸造	工、模具					
2	车削	夹小端 车大端面 车 ϕ68mm 外圆 钻 ϕ38mm 内孔 留余量 0.5mm 倒角 C2 调头，用自定心卡盘夹大端 车小端面 保证长度 60mm 车 ϕ52mm 外圆，保证大圆长度 7mm 车槽 3mm×2mm 车 ϕ46mm 内孔，长度 26mm 倒角 C2			机加	自定心卡盘		车床车刀	游标卡尺		
		车 M52×1.5 螺纹			机加			螺纹车刀	螺纹卡尺		
3	铣削	按图样铣 4mm × 12mm 槽			机加			铣床柱状铣刀	游标卡尺		
4	钳工	铰内孔 ϕ38mm 至尺寸 划线 钻 ϕ8mm 孔 铰 ϕ8mm 孔至尺寸									
5	检验	检验各尺寸									
编制（日期）			审核（日期）			标准化（日期）			会签（日期）		

表 8-14　液压缸的加工工艺过程

序号	工序名称	工序内容	定位与夹紧	设备
1	下料	切断无缝钢管，长度为 305mm	V 形块定位，用螺旋压板夹紧	割床
2	车	在中间车一 ϕ88mm 外圆，长 50mm	自定心卡盘夹一端外圆，大头顶尖顶另一端孔	车床
		车端面，车 ϕ86mm 外圆，保证长度 60mm 倒角 车内锥孔锥度 2°	自定心卡盘夹一端外圆，搭中心架托 ϕ88mm 处	
		成形车刀车 R=5mm 密封槽 车螺纹 M86		
		调头 车端面，保证总长 300mm 车 ϕ86mm 外圆，保证长度 60mm 倒角 车内锥孔锥度 2°	自定心卡盘夹一端外圆，搭中心架托 ϕ88mm 处	
		成形车刀车 R=5mm 密封槽 车螺纹 M86		
3	扩孔	扩孔到 ϕ69.65mm	一端固定在夹具上，搭中心架	车床
4	珩磨	缸筒内径 ϕ70mm	两端固定在夹具上	内圆珩磨床
5	磨	磨螺纹 M86 到尺寸	软卡爪夹一端，中心架托 ϕ88mm 处（指示表找正孔）	外圆磨床
		调头 磨螺纹 M86 到尺寸	软卡爪夹一端，中心架托 ϕ88mm 处（指示表找正孔）	

5. 直齿圆柱齿轮的加工工艺

直齿圆柱齿轮如图 8-20 所示。

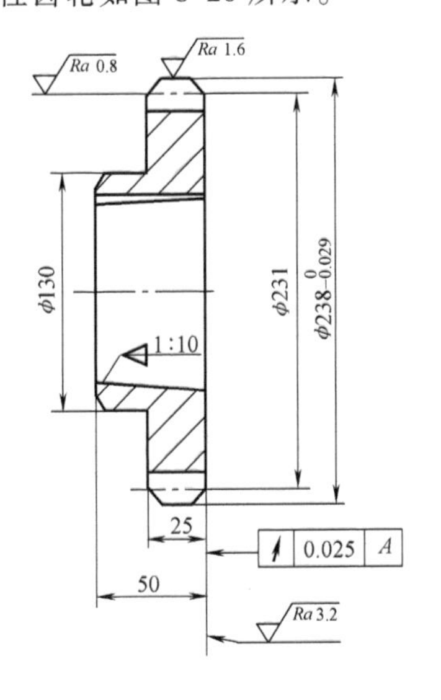

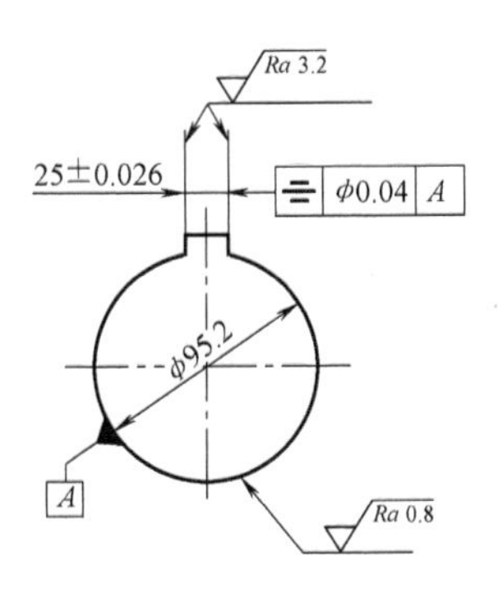

技术要求
1.锥度1:10用塞规检查，接触面积不小于75%。
2.材料：45钢。
3.齿面高频感应淬火48～53HRC。

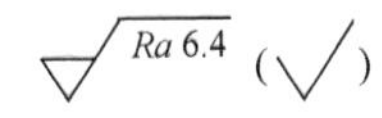

图 8-20　直齿圆柱齿轮

齿轮的加工工艺包括毛坯选择、齿面加工、热处理工艺及齿面的精加工。在编制加工工艺的过程中，常因齿轮结构、精度等级、生产批量和生产环境的不同而采取各种不同的工艺方案。小批生产时直齿圆柱齿轮的加工工艺过程见表 8-15。

表 8-15　直齿圆柱齿轮的加工工艺过程

序号	工序内容及要求	定位基准	设备
1	锻造		
2	正火		
3	车内孔到 ϕ90mm 车小端面 车小端外圆到尺寸 ϕ130mm,保证长度 25mm 倒角	自定心卡盘定位,夹紧大圆柱外圆	转塔车床
	调头 车大端面,保证长度 50mm 车大端外圆到尺寸 ϕ238mm,留余量 0.5mm 倒角	自定心卡盘定位,夹紧小圆柱外圆	
4	铣齿	内孔、端面	铣床
5	去毛刺		
6	轮齿表面淬火		
7	剃齿或珩齿,达图样要求	内孔、端面	Y5714 型插齿机
8	插键槽到图样要求	内孔、端面	插床
9	磨内锥孔,磨至锥孔塞规小端平	外圆、端面	M220 型磨床
10	终检		

从表 8-15 中可以看出，直齿圆柱齿轮的加工工艺过程大致可以划分为如下几个阶段：

1）齿轮毛坯的形成。锻件、棒料或铸件。

2）粗加工。切除较多的余量。

3）半精加工。车、滚、插齿。

4）热处理。调质、渗碳淬火、齿面高频感应淬火等。

5）精加工。精修基准、磨削齿面和内孔。

第三节　箱体类零件的加工工艺

箱体类零件是机器（或部件）装配的基础零件，它将轴、轴承、齿轮及其他零部件连成一个整体，使其保持正确的位置关系，并按一定的传动关系工作。

一、箱体类零件的结构形式与特点

1. 结构形式

图 8-21 所示为常见的箱体。

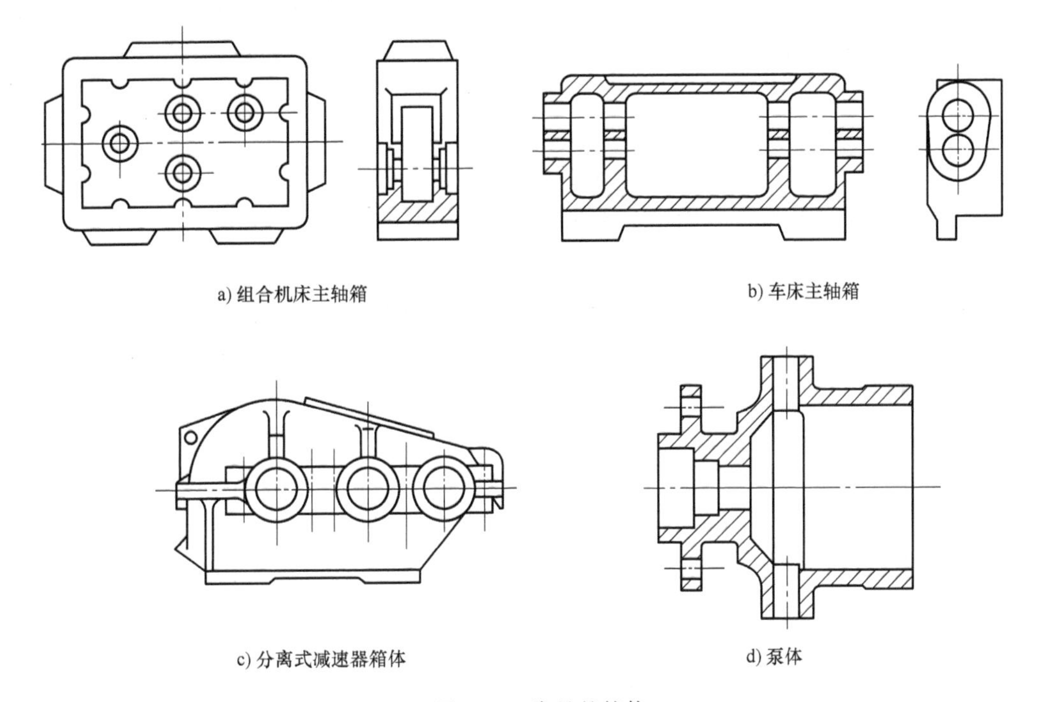

图 8-21　常见的箱体

2. 特点

（1）形状复杂　箱体通常作为装配的基础件，在它上面安装的零件或部件越多，箱体的形状越复杂。例如减速器的箱体，因为安装时要有定位面、定位孔，还要有固定用的螺钉孔等；为了支承零部件，需要有足够的刚度，采用较复杂的截面形状和加强筋等；为了储存润滑油，需要具有一定形状的空腔，还要有观察孔、放油孔等；考虑吊装搬运，还必须做出吊钩、凸耳等。

（2）尺寸大　箱体内要安装和容纳较多的零部件，因此必然要求箱体有足够大的尺寸。例如，一般常用减速器的箱体长为 0.5~2m，宽为 0.3~1.5m。

（3）壁薄易变形　箱体体积大，形状复杂，为节约用料，所以大都设计成腔形薄壁结构。但是在铸造、焊接和切削加工过程中往往会产生较大内应力，引起变形。

（4）精度要求高　箱体上的孔大都是安放轴承的轴承孔，大都是装配的基准面，因此对孔的尺寸精度、表面粗糙度、几何精度都有很高要求，其加工精度将直接影响装配效率、装配精度和使用性能。

因此，一般说来，箱体不仅加工的部位较多，而且加工难度也大。统计资料表明，一般中型机床上箱体类零件的机械加工工时占整个产品生产工时的 15%~20%。

二、箱体类零件的技术要求

1. 尺寸与形状精度

轴承孔的尺寸误差和几何误差会造成轴承与孔的配合不良。孔径过大，导致配合过松，使回转轴的轴线变得不稳定，降低支承刚度，使用过程中机器将产生振动和噪声；孔径过小，使轴承配合过紧，导致轴承无法正常安装；加工后的孔不圆，会导致轴承外圈变形，引起轴的径向跳动。因此，箱体上的轴承孔应有较高的尺寸精度和形状精度，以及较小的表面粗糙度值，通常尺寸公差等级为IT8～IT6。其余孔的几何精度未做规定，一般控制在尺寸公差范围内。

2. 位置精度

同一轴上各孔的同轴度误差和孔端面对轴线的垂直度误差，会使轴和轴承装配到箱体内出现歪斜，不仅给轴的装配带来困难，还在机器使用中造成轴承加剧磨损，温度升高，影响机器的正常运转。轴承孔对装配基面有平行度和垂直度要求。

箱体上有齿轮啮合关系的相邻孔之间，应有一定的孔距尺寸精度及平行度的要求，否则会使齿轮的啮合精度降低，工作时产生噪声和振动，并使齿轮的使用寿命缩短。

3. 表面粗糙度

重要孔和主要平面的表面粗糙度会影响接合面的配合性质或接触刚度，一般轴承孔表面粗糙度值为$Ra0.8\mu m$，其他孔的表面粗糙度值为$Ra3.2 \sim Ra1.6\mu m$，孔端面的表面粗糙度值为$Ra3.2\mu m$，装配基准面和定位基准面的表面粗糙度值为$Ra3.2 \sim Ra0.8\mu m$，其他平面的表面粗糙度值为$Ra12.5 \sim Ra3.2\mu m$。

三、箱体类零件的材料、毛坯与热处理

1. 材料

箱体对零件起支承、封闭作用，应选用易于成形的材料制造。常用的材料有普通灰铸铁（HT200～HT350）、合金铸铁、耐磨铸铁，有冲击载荷时可采用球墨铸铁或铸钢。例如高速运行的交通运输机械，为了减轻其质量，可采用铝镁合金或其他铝合金制作箱体。

2. 毛坯

铸件毛坯的精度和加工余量是根据生产批量而定的。对于小批生产，一般采用木模手工造型的砂型铸造。砂型铸造的毛坯精度低，加工余量大，其平面切削余量一般为5～10mm，孔在半径上的切削余量为6～12mm。在大批生产时，通常采用金属型机器造型，此时毛坯的精度较高，加工余量可适当减小，通常平面切削余量为2～4mm，孔的切削余量为3～6mm。

为了减少加工余量，对于单件生产的工件上直径大于ϕ40mm的孔和成批生产的工件上直径大于ϕ20mm的孔，一般都要在毛坯上铸出。另外，铸造毛坯时，为防止砂眼和气孔的产生，应使工件的壁厚尽量均匀，以减少制造毛坯时产生的残余应力。如为单件生产，可采用钢板焊接结构作为毛坯。

3. 热处理应用

由于箱体的结构复杂，在铸造时会产生较大的残余应力，因此应对箱体铸件进行人工时效处理。人工时效是把工件加热到500～550℃，保温4～6h，冷却速度小于或等于30℃/h，出炉温度小于或等于200℃。普通精度的箱体零件，一般在铸造之后安排一次人工时效处理。对一些高精度或形状特别复杂的箱体，在粗加工之后还要安排一次人工时效处理，以消除粗加工所造成的残余应力。对于精度要求不高的箱体，可不安排时效处理，而是利用粗、精加工工序间的停放和运输时间，使之得到自然时效。对箱体采取人工时效的方法，除了加热保温法外，也可采用振动时效来达到消除残余应力的目的。

四、箱体类零件的划线装夹与加工

1. 准备工作

准备好划线的工具，如千斤顶、水平仪、铅锤、划针、各种测量尺等。

2. 划线方法

如图 8-22a 所示，在平台上放置三个千斤顶，把主轴箱放在三个千斤顶上，调整千斤顶，使主轴孔 Ⅰ 和 *A* 面与平台基本平行，*D* 面与平台基本垂直，根据毛坯主轴孔所处的位置，划出主轴孔的水平线 Ⅰ—Ⅰ，在四个面上均要划出，作为第一找正线。划此线时，应根据图样要求，检查所有加工部位在水平方向是否均有加工余量，若有的加工部位无加工余量，则需要重新调整 Ⅰ—Ⅰ 线的位置，直到所有的加工部位均有加工余量，才可将 Ⅰ—Ⅰ 线最终确定下来。Ⅰ—Ⅰ 线确定之后，即画出 *A* 面和 *C* 面的加工线。然后将箱体翻转 90°，使 *D* 面一端置于三个千斤顶上，调整千斤顶，使 Ⅰ—Ⅰ 线与平台垂直，根据毛坯的主轴孔并考虑各加工部位在垂直方向上的加工余量，按照上述方法划出主轴孔的垂直轴线 Ⅱ—Ⅱ 作为第二找正线，如图 8-22b 所示，也在四个面上均划出，依据 Ⅱ—Ⅱ 线划出 *D* 面加工线。

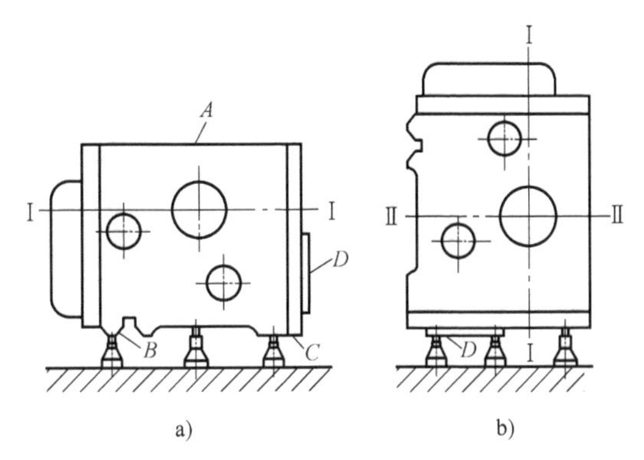

图 8-22　主轴箱的划线

3. 选择加工方法和装夹方法

箱体类零件加工主要是一些平面和孔的加工，其平面加工方法和工艺路线常采用粗刨→精刨、粗刨→半精刨→磨削、粗铣→精铣、粗铣→磨削（可分粗磨和精磨）等方案。其中刨削加工效率低，当生产批量较大时，可采用组合铣和组合磨的方法来对箱体零件各平面进行多刃、多面同时铣削或磨削。

箱体零件的孔加工可用粗镗（扩）→精镗（铰）或粗镗（钻、扩）→半精镗（粗铰）→精镗（精铰）等方案。

对于尺寸公差等级在 IT6 以上，表面粗糙度值小于 $Ra0.8\mu m$ 的高精度孔，则还需进行精细镗或珩磨。

对于箱体零件上孔系的加工，当生产批量较大时，可在组合机床上采用多轴、多面、多工位和复合刀具等方法来提高生产率。

箱体加工的主要工艺问题就是保证孔的各项精度，可采用找正装夹法及专用夹具装夹法。

箱体类零件加工的典型工艺路线为：备坯→时效处理→平面加工→主要孔粗加工→时效处理→主要平面精加工→主要孔精加工→次要孔加工→去毛刺→清洗→检验。

五、减速器箱体的加工工艺

图 8-23 所示为一级圆柱齿轮减速器箱体，它是安装轴、轴承和盖的基础零件。

1. 工艺分析

该零件为一级圆柱齿轮减速器的箱体，内腔无肋板，呈中空腔形结构，经铸造而成。

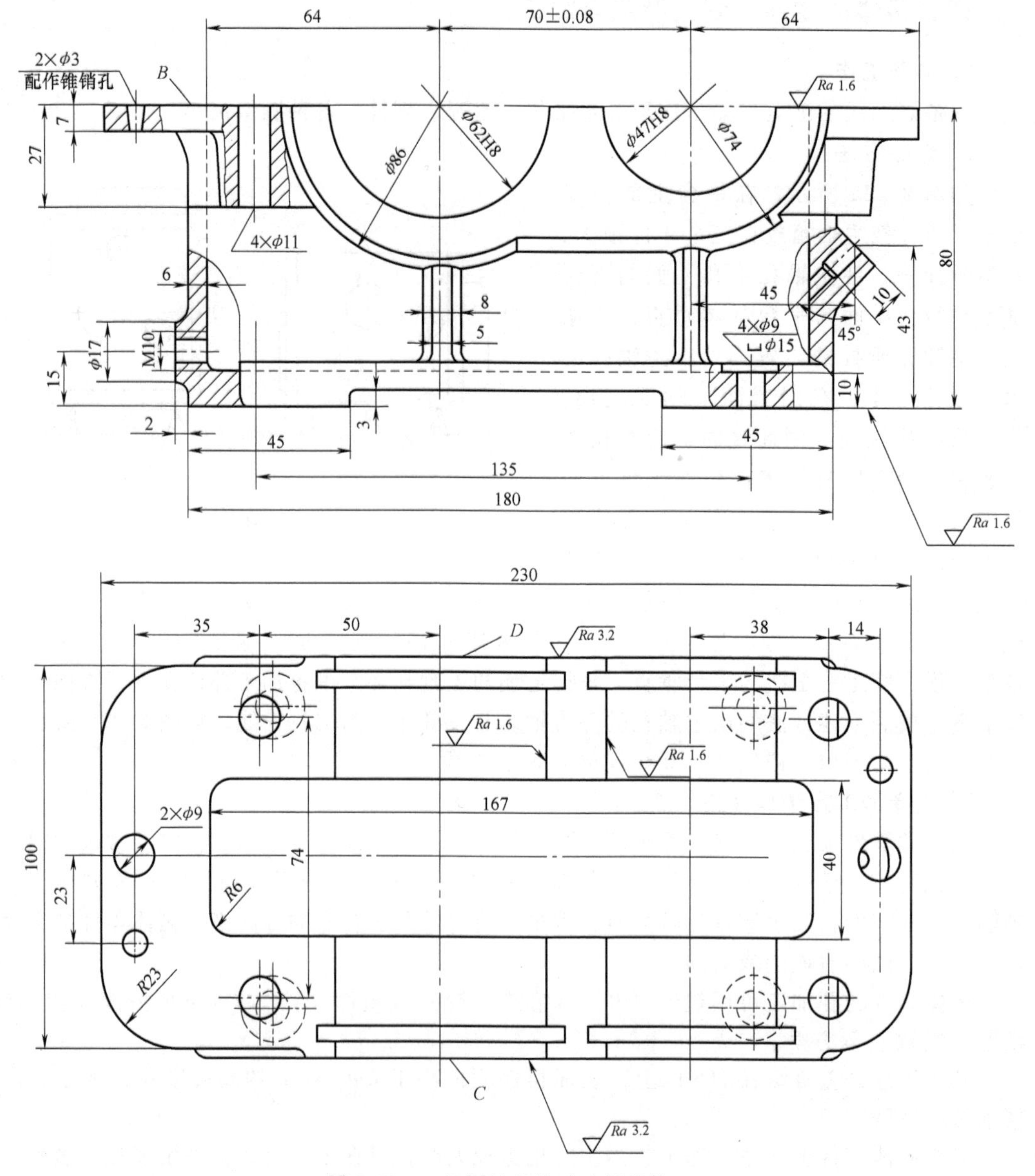

图 8-23　一级圆柱齿轮减速器箱体

减速器箱体的技术要求较高，两个轴承孔 ϕ47H8、ϕ62H8 的中心线距离公差为 0.16mm，两孔表面粗糙度值均为 Ra1.6μm。加工时应遵循基准（面）先行、先粗后精的原则。

2. 工艺过程

图 8-24 所示为减速器箱体的加工工艺路线。首先以最大平面 A 为粗基准固定夹紧，铣出平面 B，铣出六个安放螺栓的平面 F；再以已加工好的 B 平面为精基准定位，铣出四个安放地脚螺栓的平面 E，铣出接合平面 A；再以已加工好的 A 平面定位，钻四个底座定位螺栓孔和六个箱体与箱盖接合面连接螺栓孔。减速器箱体的机械加工工艺过程卡见表 8-16。

表 8-16　减速器箱体的机械加工工艺过程卡

<table>
<tr><td colspan="3" rowspan="2">长城减速器有限公司</td><td colspan="3" rowspan="2">机械加工工艺过程卡</td><td>产品型号</td><td>JQ</td><td>零件图号</td><td>JQ-01</td><td></td><td></td></tr>
<tr><td>产品名称</td><td>减速器</td><td>零件名称</td><td>箱体</td><td>第 1 页</td><td>共 1 页</td></tr>
<tr><td>材料牌号</td><td>HT200</td><td>毛坯种类</td><td>铸件</td><td>毛坯外形尺寸</td><td></td><td>每毛坯可制件数</td><td>1</td><td>每台件数</td><td>1</td><td>备注</td><td></td></tr>
<tr><td rowspan="2">工序号</td><td rowspan="2">工序名称</td><td colspan="3" rowspan="2">工序内容</td><td rowspan="2">车间</td><td rowspan="2">工数</td><td rowspan="2">工段</td><td rowspan="2">设备</td><td rowspan="2">工艺装备</td><td colspan="2">工时定额</td></tr>
<tr><td>准—终</td><td>单件</td></tr>
<tr><td>1</td><td>铸造</td><td colspan="3">铸造箱体</td><td>铸造车间</td><td></td><td></td><td>铸造机械</td><td></td><td></td><td></td></tr>
<tr><td>2</td><td>钳工</td><td colspan="3">划线，箱体底座 B 面和 A 面</td><td>划线车间</td><td></td><td></td><td>找正工具</td><td>划线找正工具</td><td>30min</td><td></td></tr>
<tr><td rowspan="3">3</td><td rowspan="3">铣削</td><td colspan="3">以 A 平面定位夹紧，铣底面 B</td><td>机加工车间</td><td></td><td></td><td>铣床</td><td>夹具</td><td>40min</td><td></td></tr>
<tr><td colspan="3">铣六个螺栓安装平面 F</td><td>机加工车间</td><td></td><td></td><td>铣床</td><td>夹具</td><td>10min</td><td></td></tr>
<tr><td colspan="3">铣平面 A
铣 E 面四个螺栓安装平面</td><td>机加车间</td><td></td><td></td><td>铣床</td><td>夹具</td><td>30min</td><td></td></tr>
<tr><td rowspan="3">4</td><td rowspan="3">钳工</td><td colspan="3">箱体底座螺栓孔划线
箱体与箱盖接合面连接螺栓孔划线</td><td>划线车间</td><td></td><td></td><td>找正工具</td><td></td><td>30min</td><td></td></tr>
<tr><td colspan="3">钻四个地脚螺栓孔
钻六个箱体与箱盖接合面连接螺栓孔</td><td>机加工车间</td><td></td><td></td><td>钻床</td><td>夹具</td><td>30min</td><td></td></tr>
<tr><td colspan="3">合上箱体与箱盖，配钻定位销孔、铰孔</td><td>机加工车间</td><td></td><td></td><td>钻床</td><td>铰孔工具</td><td>30min</td><td></td></tr>
<tr><td>5</td><td>镗削</td><td colspan="3">镗端面 C、D，镗两个轴承孔</td><td>机加工车间</td><td></td><td></td><td>镗床</td><td>夹具</td><td>40min</td><td></td></tr>
<tr><td>6</td><td>磨削</td><td colspan="3">磨两个轴承孔</td><td>机加工车间</td><td></td><td></td><td>内圆磨床</td><td></td><td>40min</td><td></td></tr>
<tr><td rowspan="6">7</td><td rowspan="6">钳工</td><td colspan="3">研磨刮削箱体与箱盖的接合平面 A</td><td>装配车间</td><td></td><td></td><td></td><td></td><td>30min</td><td></td></tr>
<tr><td colspan="3">找平放油螺塞孔和液面观察器孔的端面</td><td>装配车间</td><td></td><td></td><td>找正工具</td><td></td><td>10min</td><td></td></tr>
<tr><td colspan="3">放油螺塞孔、液面观察器孔划线</td><td>装配车间</td><td></td><td></td><td>找正工具</td><td></td><td>30min</td><td></td></tr>
<tr><td colspan="3">钻放油螺塞孔和液面观察器孔及三个螺钉孔</td><td>装配车间</td><td></td><td></td><td>钻床</td><td></td><td>30min</td><td></td></tr>
<tr><td colspan="3">攻放油螺塞孔和液面观察器孔的螺纹及三个螺钉孔</td><td>装配车间</td><td></td><td></td><td></td><td></td><td>30min</td><td></td></tr>
<tr><td colspan="3">清理、去毛刺、涂漆</td><td></td><td></td><td></td><td></td><td></td><td>20 min</td><td></td></tr>
<tr><td>8</td><td>检验</td><td colspan="3"></td><td></td><td></td><td></td><td></td><td></td><td>30 min</td><td></td></tr>
<tr><td colspan="2" rowspan="3">更改内容</td><td colspan="10"></td></tr>
<tr><td colspan="10"></td></tr>
<tr><td colspan="10"></td></tr>
<tr><td colspan="2">编制（日期）</td><td></td><td colspan="2">审核（日期）</td><td></td><td colspan="2">标准化（日期）</td><td></td><td colspan="2">会签（日期）</td><td></td></tr>
</table>

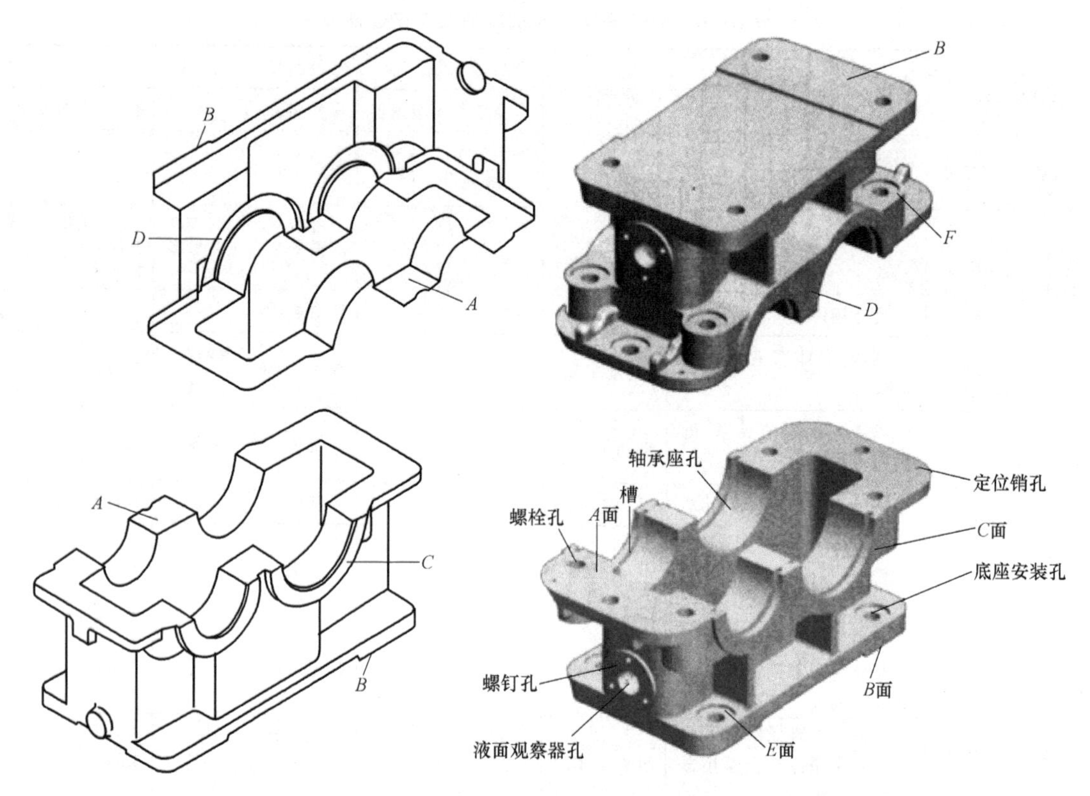

图 8-24 减速器箱体的加工工艺路线

小 结

本章主要介绍了轴类零件的结构与技术要求，轴类零件的材料和毛坯，轴类零件外圆表面的加工方案，轴类零件外圆表面加工常用工艺装备，轴类零件的加工工艺分析，一般小轴的加工工艺，阶梯轴加工工艺实例；盘套类零件的结构与特点，盘套类零件图样与毛坯，盘套类零件定位基准与装夹，盘套类零件的加工方法，盘套类零件的加工工艺路线；箱体类零件的结构形式与特点，箱体类零件的技术要求，箱体类零件的材料、毛坯与热处理，箱体类零件的划线装夹与加工，减速器箱体的加工工艺。

轴类零件典型的工艺路线为：选择毛坯及其热处理→预加工→车削外圆→铣键槽（花键槽、沟槽）→热处理→磨削→终检。

轴类零件加工的定位基准和装夹方法有：以工件的中心孔定位（两头顶）装夹；以外圆和中心孔作为定位基准（一夹一顶）装夹；以工件外圆表面作为定位基准；以锥套或锥堵作为定位基准；以 V 形块作为定位基准；用专用夹具。

盘类零件是指机器中的各种连接盘、端盖、通盖、链轮、带轮等。

内孔表面常用的加工方法有钻孔、扩孔、铰孔、镗孔、磨孔、拉孔、研磨孔和滚压孔等。

盘套类零件的一般加工工艺路线为：备坯→去内应力处理→车（铣）端面及外圆→钻

（扩、镗）孔→插键槽→钻各均布孔→重要配合表面热处理→磨削→终检。

箱体类零件的技术要求有：支承孔的精度；孔与孔之间的位置精度；孔和平面的位置精度；表面粗糙度。

箱体类零件加工的典型工艺路线为：备坯→时效处理→平面加工→主要孔粗加工→时效处理→主要平面精加工→主要孔精加工→次要孔加工→去毛刺→清洗→检验。

思考与练习

一、简答题

1. 如何选择轴类零件的定位基准？
2. 外圆面车削加工可分为哪几个步骤？
3. 外圆面的精密加工通常采用哪些工艺？
4. 减速器箱体的作用是什么？
5. 减速器箱体的主要工作表面有哪些？
6. 以图 8-23 所示减速器箱体为例，说明箱体的加工顺序应怎样安排。
7. 如何加工减速器箱体的轴承孔？

二、填空题

1. 轴类零件是回转体零件，由圆柱面、________、螺纹等表面组成。

2. 按使用要求，轴颈直径尺寸公差等级通常为__________，精密的轴颈其尺寸公差等级可达________。

3. 通常非配合轴段的表面粗糙度值为 Ra________μm。

4. 一般配合轴颈的表面粗糙度值为 Ra________μm。

三、编制工艺卡

1. 编制图 8-25 所示的轴单件生产时的加工工艺卡。

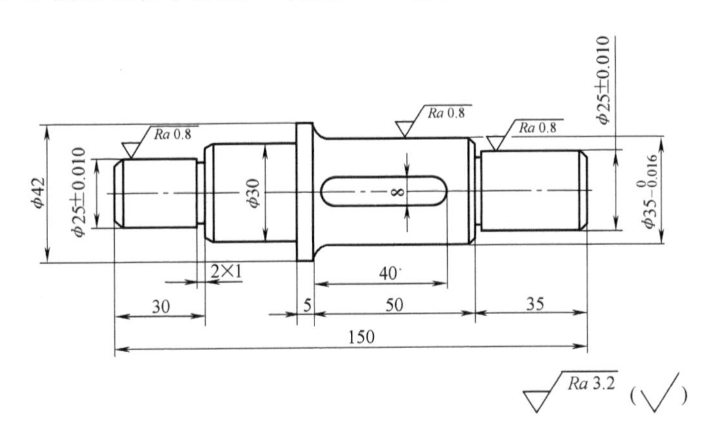

图 8-25　轴

2. 编制图 8-26 所示的齿轮单件生产时的加工工艺卡。

3. 图 8-27 所示为一级齿轮减速器箱体，画图并查资料，补全技术要求，编制该零件单件生产时的加工工艺卡。

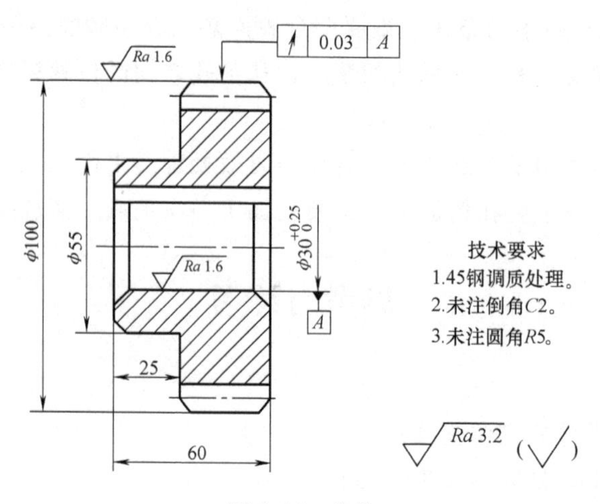

图 8-26 齿轮

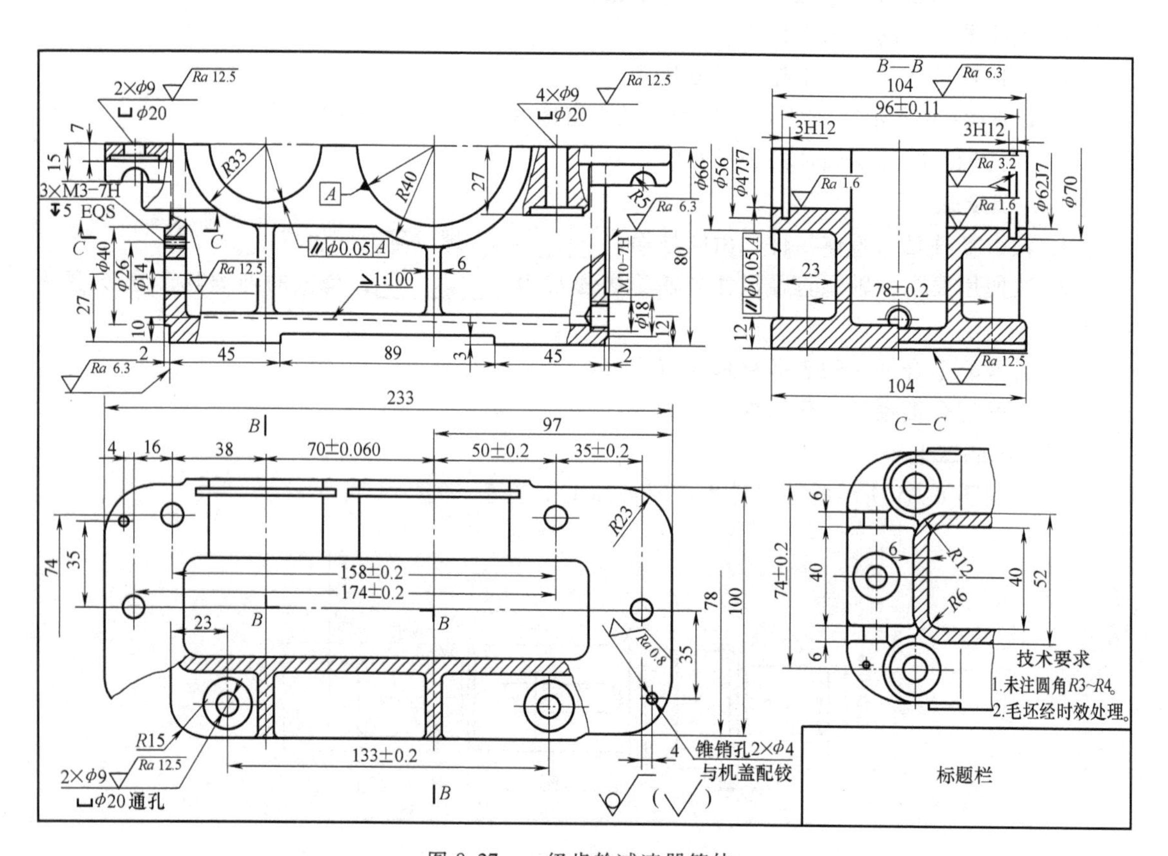

图 8-27 一级齿轮减速器箱体

第九章

特种加工与机械装配常识

技能目标

1. 会选择装配方法。
2. 会按要求进行减速器的装折。
3. 会编制减速器的装配工艺卡。

随着科学技术的发展，对先进仪器、设备的要求越来越高，因而对机械制造业的要求也越来越高，随之出现了特种加工技术。特种加工技术是机械零件加工技术的重要组成部分。

装配工作的主要内容是利用各种工具和常用设备对零件进行组装及零部件维修等。随着工业的发展，在比较大的企业里，装配工作还有比较详细的分工。装配工作在机械制造中占有非常重要的位置。

第一节　特种加工简介

前面介绍的切削加工是机械制造工艺中历史最久、应用最为广泛的加工方法。但是，随着现代科学技术的飞速发展和对产品性能要求的不断提高，对工件材料的性能变化要求越来越多，如耐热钢、不锈钢、高强度合金钢等的大量涌现，仅仅依靠切削刀具来切除这些金属就越来越困难。工程技术人员为了解决特殊材料、特殊形状零件的加工，发明了针对不同材料、不同形状的特种加工方法。特种加工是指采用电、光、声、热以及化学能来切除金属或非金属层的新型加工方法，国外称为非传统加工工艺。

一、发展情形与特点

1. 发展情形

随着生产和科技的飞速发展，许多工业部门，特别是国防工业部门要求尖端科技产品向高精度、高速度、高温、高压、高硬度、高强度、大功率、微型化等方向发展，它们所使用的材料、零件形状越来越复杂，越来越难以加工，使用传统加工变得很困难，甚至不可能进行加工，特种加工正是为了解决这些需要而产生和发展起来的。例如喷丝板与喷油嘴的小孔、深孔、型孔，零件的窄缝，模具的型腔，叶片等的加工，要使用细小而复杂的刀具或磨具来完成，难度很大，必须采用特种加工方法来解决，特种加工的应用越来越广泛。

2. 特种加工的特点

1）特种加工不是主要依靠机械能，而是用其他能量（如电能、化学能、光能、声能、热能等）去除金属材料。

2）特种加工中的工具硬度可以低于被加工材料的硬度。

3）加工过程中工具和工件之间不存在显著的机械切削力。

二、特种加工的类型

特种加工的分类方法很多，可以按用途分为尺寸加工和表面加工两大类。表9-1列出了特种加工方法和采用的能量形式。

表9-1 特种加工方法和采用的能量形式

用途	加工方法	能量形式
尺寸加工	电火花加工	电能、热能
	电解加工	电能、化学能
	电解磨削	电能、化学能、机械能
	超声加工	声能、机械能
	激光加工	光能、热能
	电子束加工	电能、热能
	等离子束加工	电能、热能
	化学腐蚀加工	化学能
	导电切削	热能、机械能
表面加工	电解抛光	电能、化学能
	化学抛光	化学能
	电火花强化	电能、热能

1. 电火花加工

电火花加工是在一定的介质中，通过工具电极和工件电极之间脉冲放电的电蚀作用对工件进行加工的方法。常用的电火花加工机如图9-1a所示，加工原理示意图如图9-1b所示。

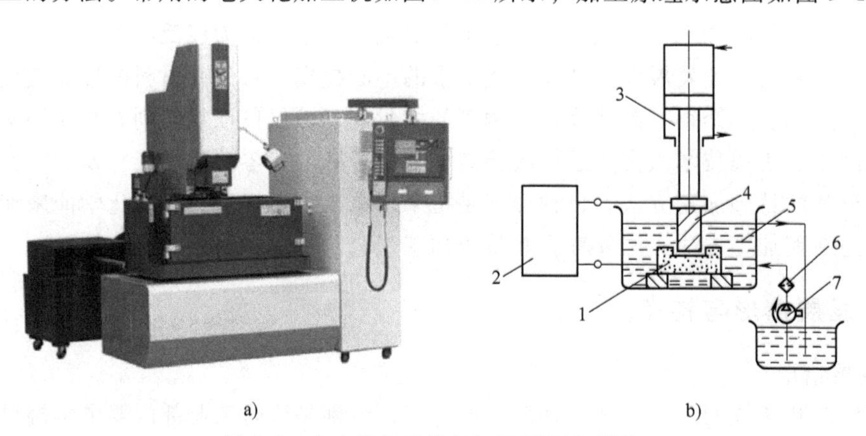

图9-1 电火花加工机与加工原理示意图

1—工件 2—脉冲电源 3—进给液压缸 4—工具电极 5—切削液 6—过滤器 7—泵

（1）电火花加工的优点

1）脉冲放电的能量密度高，不受材料硬度和热处理状况影响，便于加工普通机械加工方法难于加工或无法加工的特殊材料和复杂形状的工件。

2）脉冲放电持续时间极短，放电时产生的热量传导扩散范围小，材料受热影响范围小。

3）加工时，工具电极与工件材料不接触，两者之间作用力极小，工具电极材料不需要比工件材料硬。因此，工具电极制造容易。

4）可以改变工件结构，简化加工工艺，提高工件使用寿命，降低工人劳动强度。

5）加工过程中可任意选择和变更加工条件，如任意选择粗加工和精加工等。

（2）电火花加工的缺点

1）必须制作工具电极，这也是电火花加工的最大问题。和别的加工方法相比，它增加了制作电极的费用和时间。

2）加工部分形成残留变质层。工件上进行电加工的部位虽然很微细，但由于要经受上万摄氏度的高温加热后急速冷却，表面受到强烈的热影响而生成电加工表面变质层。这种变质层容易造成加工部位的碎裂与崩刃。

3）放电间隙使加工误差增大。工具电极和工件之间需有一定间隙，这使得工具电极的尺寸形状与工件不能完全相同，从而产生一定的加工误差。加工误差的大小与放电间隙的大小有直接关系。

4）加工精度受工具电极损耗的影响。工具电极在加工过程中同样会受到电腐蚀而损耗，如果损耗不均匀，就会影响加工精度。工具电极的损耗还会造成更换与修整电极的次数增加。

（3）电火花加工的主要用途　电火花加工适用于宇航、电子、电机、电器、精密机械、仪器仪表、轻工等各个机械制造行业，特别是在冲模、塑料模、锻模和压铸模等模具制造业中已成为不可缺少的一种加工方法。电火花加工的应用范围有如下几个方面：

1）加工小孔、异形孔以及在硬质合金上加工螺纹孔。

2）在金属板材上切割出零件。

3）加工窄缝。

4）其他应用，如强化金属表面、取出折断的工具、在淬火件上穿孔、直接加工型面复杂的零件等。

2. 电解加工

电解加工是利用金属工件在电解液中所产生的阳极溶解作用而进行加工的方法。

（1）电解加工原理　工件接直流电源的正极，工具接负极，两极间保持较小的间隙，当电解液以一定的压力和速度从间隙中高速流过时，工件与阴极接近的表面金属开始电解，工具以一定的速度向工件进给，使工具的形状复制到工件上，得到所需要的加工形状。电解加工机如图 9-2a 所示，加工原理示意图如图 9-2b 所示。

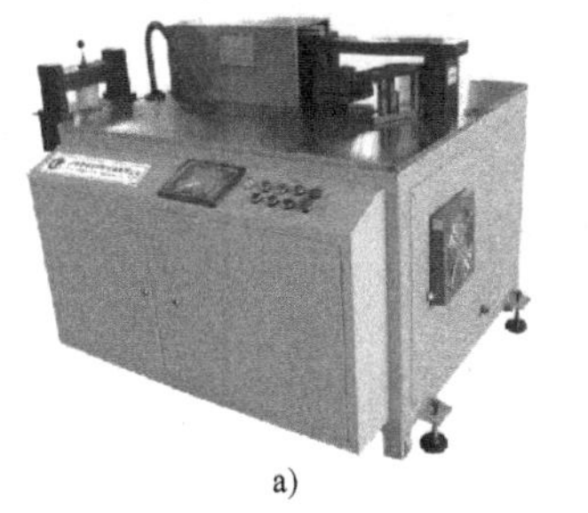
a)

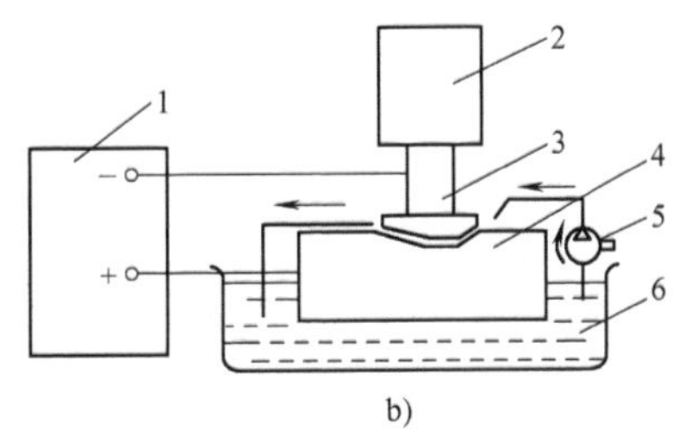

b)

图 9-2　电解加工机与加工原理示意图

1—直流电源　2—进给机构　3—工具　4—工件　5—电解液泵　6—电解液

（2）电解加工的优点

1）不受金属材料本身硬度和强度的限制，可以加工硬质合金、耐热合金等高硬度、高强度及韧性好的金属材料，以及各种复杂的型面。

2）生产率较高，无残余应力，加工表面粗糙度值可达 $Ra1.6 \sim Ra0.2\mu m$，平均精度为 ±0.1mm。

3）阴极工具在理论上不会损耗，可以长期使用。

4）加工过程中不存在机械切削力，不会产生残余应力和变形，没有飞边、毛刺。

5）能以较高的生产率（比电火花加工高 5~10 倍）加工复杂型面。

（3）电解加工的缺点　电解加工精度和加工稳定性不易保证，设备投资大，成本高，耗电量大，电解液具有腐蚀性，电解产物会污染环境。

（4）电解加工的应用　电解加工在国内外已成功地应用于枪炮、航空发动机、火箭等的制造，在汽车、拖拉机、采矿机械和模具制造中也得到了应用。电解加工主要用于以下几个方面：

1）叶片加工。如喷气发动机叶片、汽轮机叶片等形状复杂、精度要求较高的零件。

2）型孔和型腔加工。一些形状复杂、尺寸较小的四方、六方、半圆、椭圆等形状的通孔和不通孔，以及各类型腔模具复杂成形表面的加工。

3）深孔扩孔加工。如枪炮孔、花键孔等零件表面，采用电解加工很容易实现，且生产率高。

4）套料加工，如一些三维空间曲面或型腔加工。

（5）电解抛光与电解磨削

1）电解抛光。电解抛光是利用金属在电解液中的电化学阳极溶解对工件表面进行腐蚀抛光的，用于改善工件的表面质量和表面物理、化学性能。

2）电解磨削。电解磨削生产率比机械磨削高 3~5 倍，适用于加工淬硬钢、不锈钢、耐热钢、硬质合金等材料，尤其对硬质合金刀片、模具的磨削更为有利。与电解磨削相似的还有电解珩磨、电解研磨等，用于加工轧辊、深孔、薄壁等零件表面。

3. 超声加工

超声加工是利用超声频做小振幅振动的工具，并通过它与工件之间游离于液体中的磨料对被加工表面的捶击作用，冲击和抛磨工件的被加工部位，使其局部材料被蚀除而成粉末的加工方法。

超声加工机床结构简单，操作维修方便，加工工具可用较软的材料（如 45 钢、20 钢、黄铜等）制造。

（1）加工原理　超声波发生器将工频交流电转变为有一定输出功率的超声频电振荡，通过换能器将超声频电振荡转变为超声波机械振动。超声

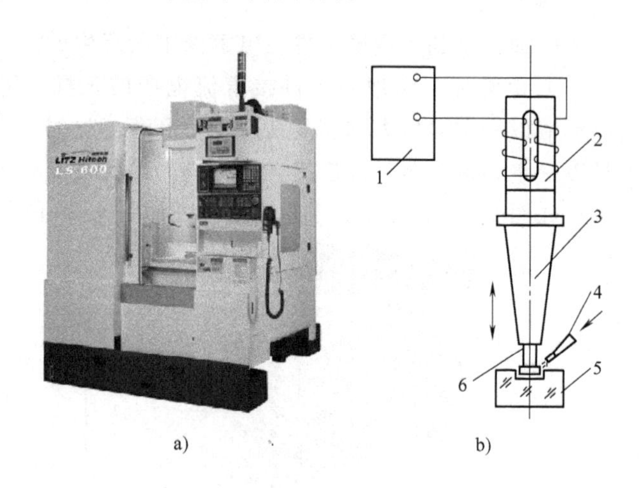

图 9-3　超声加工机与加工原理示意图

1—超声波发生器　2—换能器　3—振幅扩大棒　4—工作液　5—工件　6—工具

加工机如图 9-3a 所示，其加工原理示意图如图 9-3b 所示。

（2）特点　超声加工特别适合于硬、脆的非金属材料（如玻璃、陶瓷、石英、玛瑙、宝石、玉石及金刚石等）工件的切割、打孔和型面加工，常用于穿孔、切割、焊接和抛光。

激光切割

4. 激光加工

激光加工是利用激光束与物质相互作用的特性对材料（包括金属与非金属）进行切割、焊接、表面处理、打孔及微加工等的加工方法。

激光切割机

激光是由处于激发态的原子、离子、分子受激辐射而发出的强光。激光的基本特征是强度高、单色性好、相干性好、方向性好。

（1）加工原理　通过光学系统可以使激光聚焦成一个极小的光斑，从而获得极高的能量密度和温度，当它照射在被加工表面上时，光能被加工表面吸收并转换成热能，使工件材料在千分之几秒甚至更短的时间内被熔化和汽化，从而达到去除材料的目的。YF960 型激光加工机如图 9-4a 所示，其加工原理示意图如图 9-4b 所示。

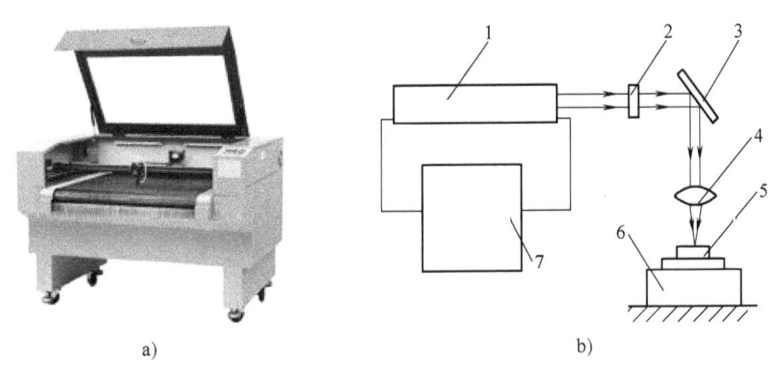

图 9-4　YF960 型激光加工机与加工原理示意图

1—激光器　2—光闸　3—反射镜　4—聚焦镜　5—工件　6—工作台　7—电源

激光加工分为激光焊接、激光切割、表面改性、激光打标、激光钻孔和微加工等。

（2）影响激光加工的主要因素

1）激光加工机的机械系统和光学系统的精度对激光加工精度有很大影响。

2）激光加工与激光束的能量输出有关，激光的输出功率与照射时间的乘积等于激光束的能量。

3）焦距、发散角和焦点位置对打孔的大小、深度和形状精度等有很大影响。

4）激光加工效果与照射次数有关，与光斑内的能量分布有关，与工件材料有关。

（3）激光加工的特点　激光加工的优点是不需要制作专用加工工具，属于非接触加工，加工中的热变形、热影响区都很小，适应性广，通用性强，几乎可以对所有材料进行加工，非常有利于自动化生产，特别适合进行微细加工。激光加工的缺点是设备价格高，一次性投资大。

5. 电子束加工和离子束加工

电子束加工和离子束加工是利用电子束、离子束作用得到的热能，使工件材料熔化、蒸发从而被蚀除的加工方法。电子束加工和离子束加工可实现精密微细加工，加工效率非常高。

电子束、离子束可在任何材料的薄片上钻直径为1μm至几百微米的孔，能获得很大的深径比，如在厚度为0.3mm的宝石轴承上钻直径为ϕ25μm的孔。常用的电子束加工机如图9-5a所示，其加工原理示意图如图9-5b所示。

常用的离子束加工机如图9-6所示。

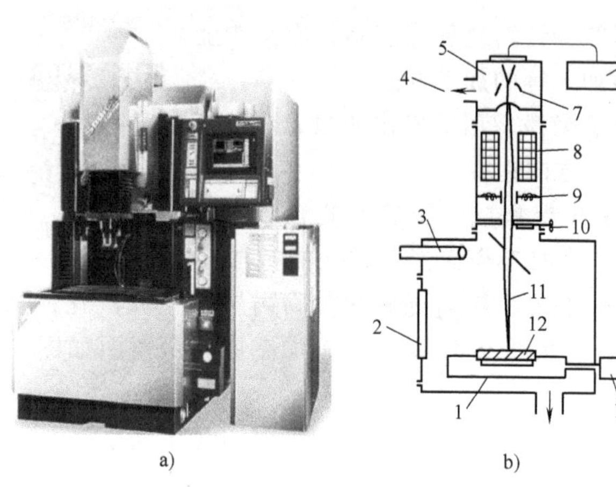

图9-5　电子束加工机与加工原理示意图

1—工作台　2—工件更换盖及观察窗　3—观察筒　4—排气口　5—电离室　6—驱动电动机　7—电子枪　8—束流聚焦控制机构　9—束流位置控制机构　10—束流强度控制机构　11—电子束　12—工件　13—加工室

图9-6　离子束加工机

第二节　装配工作操作

装配工作操作多样灵活，适应面广，劳动强度大，技术水平要求较高。

一、工具与设备

1. 装配工具

装配工作中常用的工具包括锤子、各种扳手、锉刀、手锯、扁铲、划针等。

2. 检验器具

装配工作中常用到各种规格的钢直尺、直角尺、游标卡尺、千分尺、游标万能角度尺、指示表及磁性表座、水平尺等。

3. 装配设备

装配工作中常用的设备包括工作平台、台虎钳、砂轮机、各种钻床、抛磨光机，以及各种起吊搬运机，如手动液压车、电动叉车、起重机等。

二、装配工作范围

装配工作具有多样性，包括划线、锉削、钻（扩、铰）孔、矫正与弯曲、刮削、攻（套）螺纹、制作样板、锯削、錾削、铆接、焊接，以及机器的装配调试、设备维修等。

1. 划线

划线

划线是根据零件图要求，在毛坯或半成品上划出加工界限的操作。划线的目的是：确定工件上各加工表面的加工位置，作为工件加工或装夹的依据；及时发现和处理不合格毛坯，以免造成更大的浪费；补救毛坯加工余量的不均匀，提高毛坯合格率；在型材上按划线下料，可以有效利用材料。

（1）划线工具　常用的划线工具包括：用于支承的工作平台（板）、方箱、V 形铁、千斤顶、角铁及垫铁；用于划线的划针（划规）和样冲；用于测量的钢直尺、直角尺、游标高度卡尺等。图 9-7 所示为部分常用划线工具。

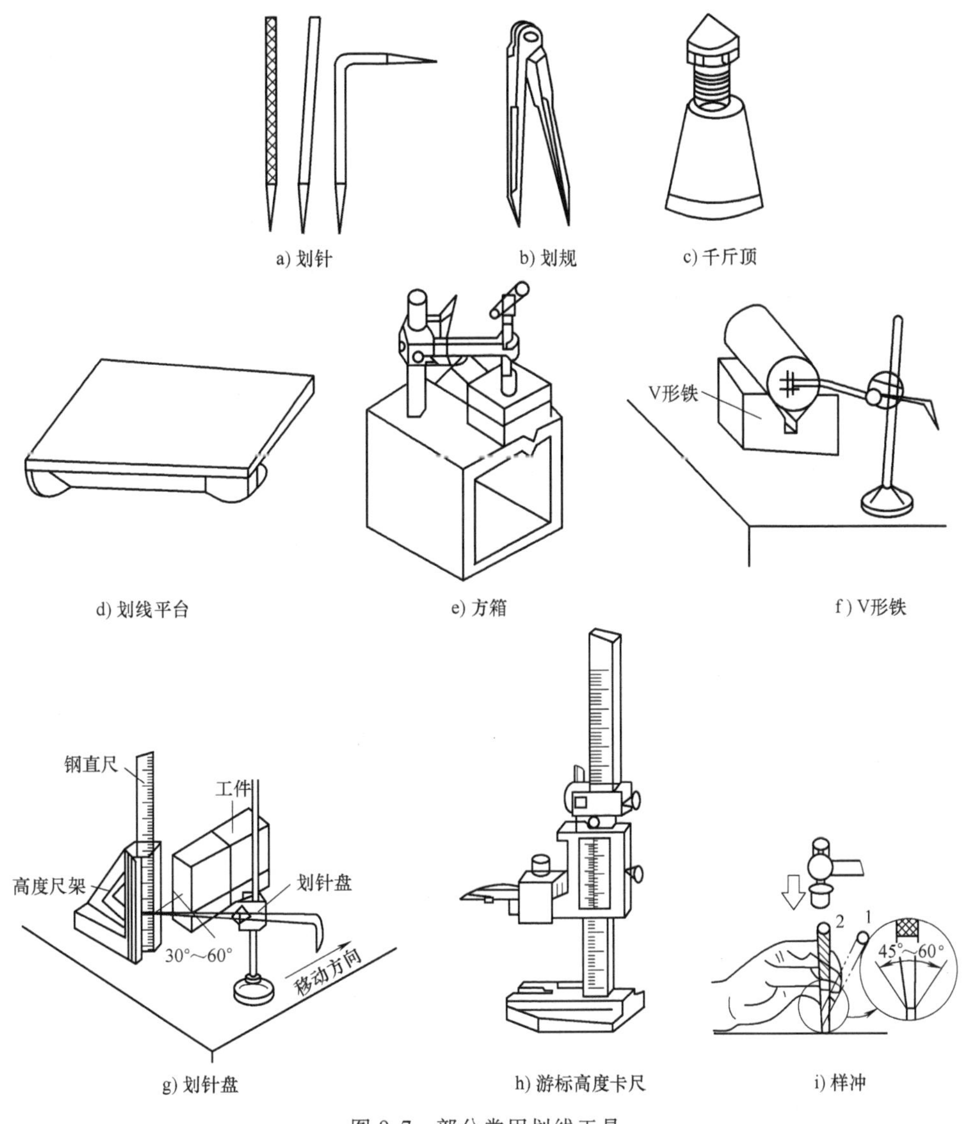

图 9-7　部分常用划线工具

（2）划线过程　划线过程包括准备工作、选择基准、工件定位等。

1）准备工作。按图样清理毛坯或半成品，如铸件的浇、冒口及型材、锻件上的氧化皮，半成品上的毛刺、油污等，在划线部位涂色。

2）选择基准。以工件上某线、面作为划线基准，划出所需线条。一般应选重要的中心线或某些加工过的表面作为划线基准。

3）工件定位。选择适当的工具支承工件，并使工件相关的表面处于合适的位置。一般工件可采用三点支承定位，也可将加工平面置于平板上定位，圆柱形工件则可用V形铁定位，如图9-8所示。

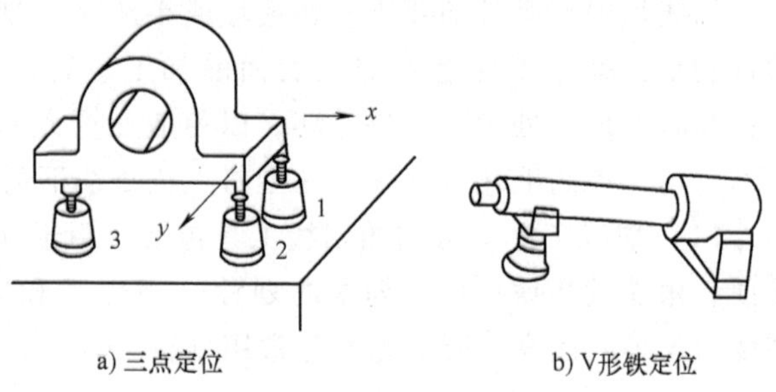

a) 三点定位　　b) V形铁定位

图 9-8　划线时的工件定位

4）划线操作。先划基准线，再划其他线，划完后，应按图样先检查所划线是否齐全且准确无误，之后再打样冲眼。

（3）划线方法　划线分平面划线和立体划线两种。

1）平面划线与平面作图方法类似，在工件的表面上按图样划出所需点或线。

2）立体划线是在工件的几个表面上都划线，常采用工件固定不动、工具翻转移动的方法，其划线精度高，适用于大型工件。对中小工件，可将其固定于方箱上，划线时通过翻转方箱获得方便的划线位置。

锉削

2. 锉削

锉削是用锉刀对工件表面进行加工。锉刀分为锉身和锉柄两部分，如图9-9a所示。

锉削工作是由锉刀面上的锉齿完成的，根据加工零件的形状不同，锉刀的横截面形状有矩形、半圆形、正方形、正三角形和圆形等，如图9-9b所示。

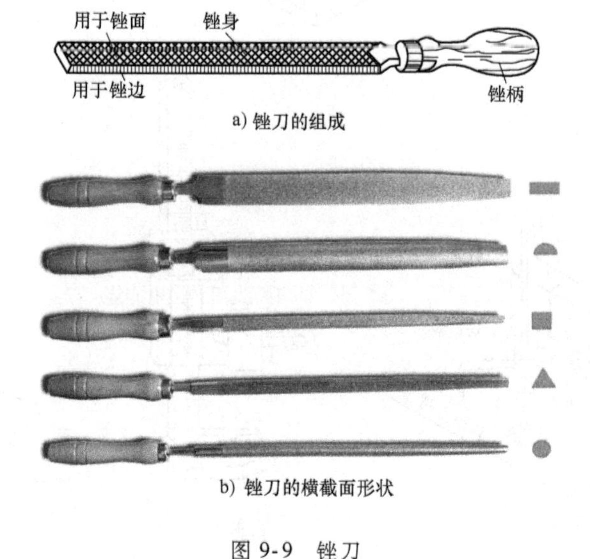

a) 锉刀的组成

b) 锉刀的横截面形状

图 9-9　锉刀

（1）钳工锉　钳工锉用于一般工件表面的锉削，其横截面形状有矩形、正方形、圆形、半圆形、三角形等。

（2）整形锉　整形锉又称什锦锉、组锉，适用于修整精密零件上的细小部位，常用规

格有 100mm、120mm、140mm、160mm、180mm。

(3) 特种锉　特种锉用于工件特殊表面的加工。

按齿纹密度不同，锉刀可分为粗齿锉、中齿锉、细齿锉、油光锉。粗齿锉用来进行粗加工及有色金属的加工；细齿锉用来锉光表面或锉硬材料；油光锉用于表面修光。

刮削

3. 刮削

刮削是用刮刀从工件表面上刮去极薄一层金属的手工操作。刮刀硬度高，常用的有平面刮刀（图 9-10a)、三棱刮刀（图 9-10b）和曲面刮刀等。平面刮刀常用于机床的导轨、滑板等平面加工，如图 9-10c 所示；三棱刮刀和曲面刮刀用于修整曲面工件，如滑动轴承的轴瓦（图 9-10d）等。

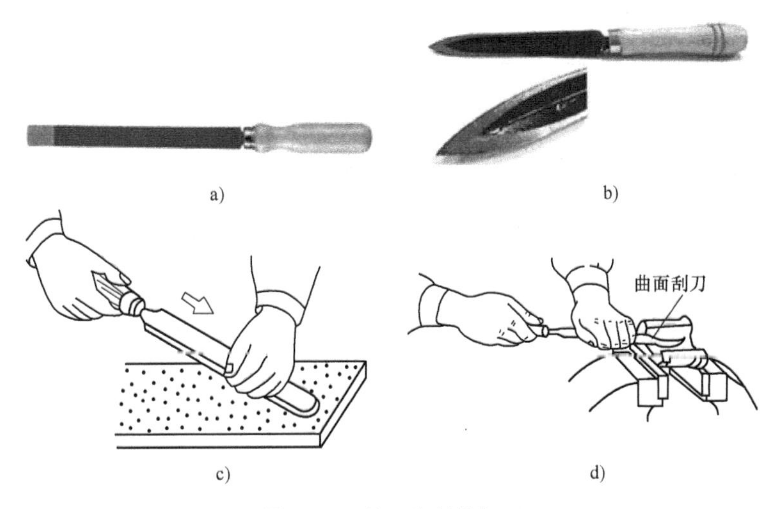

图 9-10　刮刀及刮削加工

经刮削的表面，表面粗糙度值小，故属于精加工。刮削不仅能增加零件间的接触面积，提高零件配合精度，还能使零件表面美观，如车床导轨面经过刮削后形成的“刮花”，同时有利于储存润滑油，改善零件间的运动性能和减少磨损，延长零件的使用寿命。

4. 矫正和弯曲

(1) 矫正　矫正是指在产品装配过程中，用来消除工件不应有的弯曲、扭转变形等缺陷的操作方法。

矫正是对工件进行冷作硬化的操作，消耗材料的塑性储备，只能用于塑性良好的材料，不允许对塑性较差的材料和脆性材料进行矫正。在实际生产中，矫正会用到油压机，或者直接采用锤击敲打。

矫正时常用的工具有平尺、直角尺、水平仪等，常在平台、铁砧或台虎钳上进行。

(2) 弯曲　将管子、棒料、条料或板料等弯成所需曲面形状或一定角度的加工方法称为弯曲。弯曲也是只能对塑性好的材料进行。弯曲过程中，材料产生塑性变形的同时也有弹性变形，当外力去除后，工件弯曲部位要产生回弹变形，影响加工质量。回弹角的大小为 $\frac{1}{2}(\varphi-\varphi_t)$，如图 9-11a 所示。

弯曲时还会发生管子类零件的内壁起皱（图 9-11b）和截面失圆（图 9-11c）等破坏形式，对此类破坏因素应加以考虑。

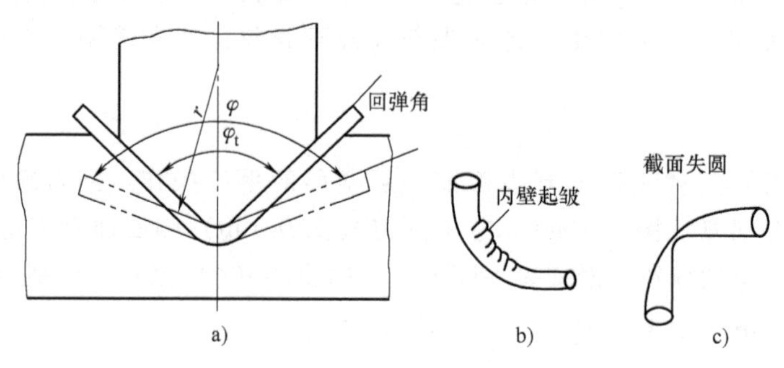

图 9-11　弯曲工件的回弹与破坏形式

5. 攻螺纹和套螺纹

螺纹除采用机械加工外，在装配时的很多场合还需要用手工方法来获得。

（1）攻螺纹　攻螺纹是用丝锥在工件内孔壁上加工出内螺纹的操作。

1）丝锥及铰杠。丝锥是用来加工较小直径内螺纹的成形刀具，加工 M24 以下的螺纹时，采用的丝锥为一套两支，称为头锥、二锥，如图 9-12a 所示。对于精度要求高的螺纹，采用一套三支丝锥。

铰杠是用来夹持丝锥的工具，常用的是可调式铰杠。铰杠如图 9-12b 所示，旋转手柄即可调节方孔的大小，以便夹持不同规格尺寸的丝锥。铰杠长度应根据丝锥尺寸大小进行选择，以便控制攻螺纹时的转矩，防止因施力不当而扭断丝锥。

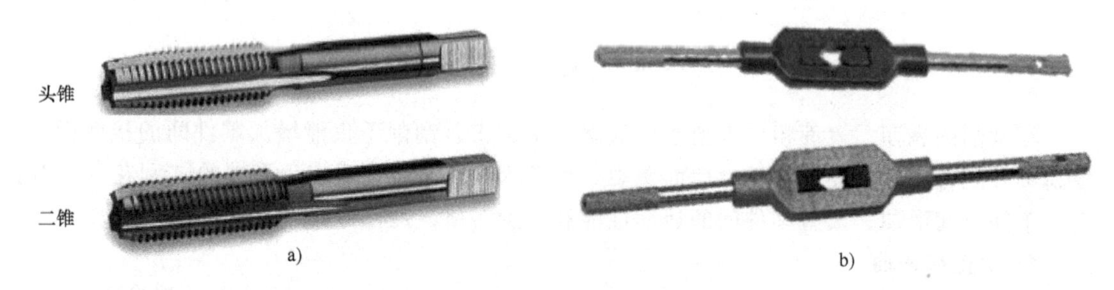

图 9-12　丝锥和铰杠

2）底孔直径的确定。丝锥在攻螺纹的过程中，切削刃主要切削金属，同时还有挤压金属的作用，因而会造成金属凸起并向牙尖流动的现象，所以攻螺纹前钻削的孔径（即底孔）应大于螺纹小径。底孔的直径可查手册或按下面的经验公式计算：

脆性材料(铸铁、青铜等)：钻孔直径 $d_0=d-1.1P$　　(9-1)

塑性材料(钢、纯铜等)：钻孔直径 $d_0=d-P$　　(9-2)

式中　d——螺纹大径（mm）；

P——螺纹螺距（mm）。

3）钻孔深度的确定。攻不通孔螺纹时，因丝锥不能攻到底，所以孔的深度要大于螺纹的长度，不通孔的深度可按下面的公式计算：

$$孔的深度=所需螺纹的深度+0.7d \quad (9\text{-}3)$$

式中　d——螺纹大径（mm）。

4）孔口倒角。攻螺纹前要在钻孔的孔口进行倒角，以利于丝锥的定位和切入。倒角的深度应大于螺纹的螺距。

5）攻螺纹的操作要点及注意事项

① 根据工件上螺纹孔的规格，正确选择丝锥，先头锥后二锥，不可颠倒使用。

② 装夹工件时，要使孔中心线垂直于钳口，防止螺纹攻歪。

③ 用头锥攻螺纹时，先旋入 1~2 圈后，检查丝锥是否与孔端面垂直（可目测或用直角尺在互相垂直的两个方向检查）。当切削部分已切入工件后，每转 1~2 圈应反转 1/4 圈，以便切屑断落，避免丝锥崩牙，操作方法如图 9-13 所示。

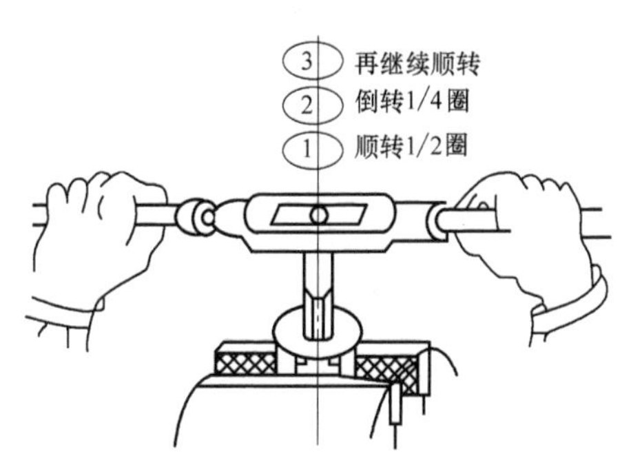

图 9-13　攻螺纹操作方法

④ 攻钢件上的内螺纹时，要加机油润滑，可使螺纹光洁、操作省力、延长丝锥使用寿命；攻铸铁上的内螺纹可不加润滑剂；攻铝及铝合金、纯铜上的内螺纹，可加乳化液。

⑤ 不要用嘴直接吹切屑，以防切屑飞入眼内。

【例 1】 用丝锥攻深为 50mm 的 M12 螺纹不通孔，求孔的内径和不通孔的深度应各为多少。

解： 查机械设计手册，M12 的螺距 $P=1.75\text{mm}$。

根据式（9-1）、式（9-2）有

对于脆性材料（铸铁、青铜等）：钻孔直径 $d_0=d-1.1P=12\text{mm}-1.1\times1.75\text{mm}=10.075\text{mm}$

塑性材料（钢、纯铜等）：钻孔直径 $d_0=d-P=12\text{mm}-1.75\text{mm}=10.25\text{mm}$

根据式（9-3）有

钻孔深度 = 所需螺纹的深度 $+0.7d=50\text{mm}+0.7\times12\text{mm}=58.4\text{mm}$

（2）套螺纹　套螺纹是用板牙在圆杆上加工外螺纹的操作。

1）板牙和板牙架。板牙是加工外螺纹的刀具，其外形像一个圆螺母，有 3~4 个排屑孔，并形成切削刃，如图 9-14a 所示。

板牙架是用来夹持板牙、传递转矩的工具，如图 9-14b 所示。不同外径的板牙应选用不同的板牙架。

2）圆杆直径的确定。与攻螺纹相同，套螺纹时板牙对材料既有切削作用也有挤压金属的作用，故套螺纹前必须检查圆杆直径。圆杆直径应稍小于螺纹的公称尺寸，可查表或按下列经验公式计算：

$$圆杆直径=d-(0.13\sim0.2)P \quad (9\text{-}4)$$

式中　d——螺纹大径（mm）；

　　P——螺距（mm）。

3）圆杆端部的倒角。套螺纹前圆杆端部应倒角，使板牙容易对准工件中心，同时也容易切入。倒角长度应大于一个螺距，斜角为 15°~30°。

4）套螺纹的操作要点和注意事项。

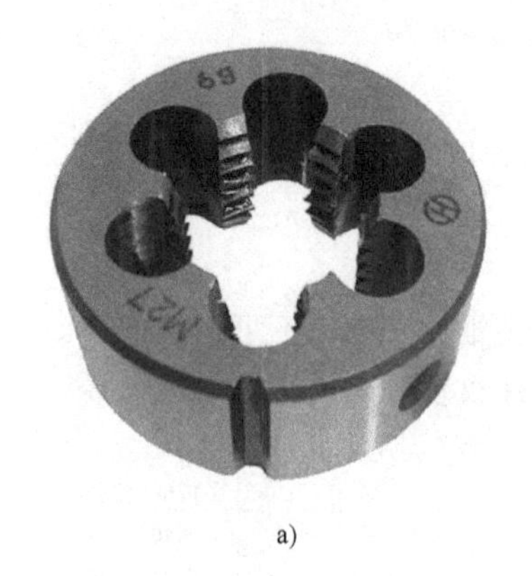

a)

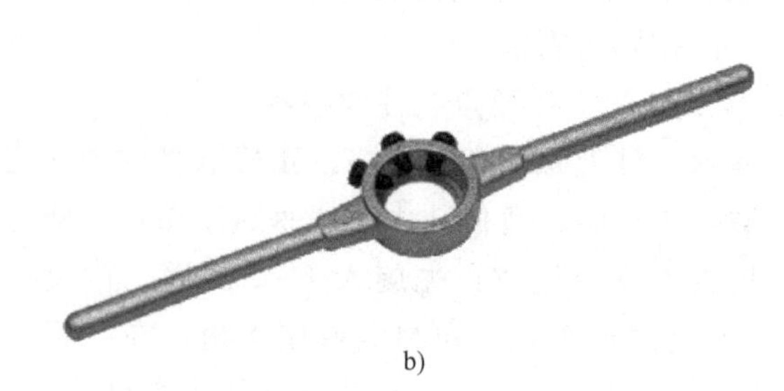

b)

图 9-14 板牙和板牙架

① 每次套螺纹前应将板牙排屑槽内及螺纹内的切屑清除干净。

② 套螺纹前要检查圆杆直径大小和端部倒角。

③ 套螺纹时切削转矩大，易损坏圆杆的已加工面，因此在不影响螺纹要求长度的前提下，工件伸出钳口的长度应尽量短。

④ 套螺纹时，板牙端面应与圆杆垂直，操作时用力要均匀。开始转动板牙时，要稍加压力，套入 3~4 牙后，可只转动而不加压，并经常反转，以便断屑。套螺纹的操作方法如图 9-15 所示。

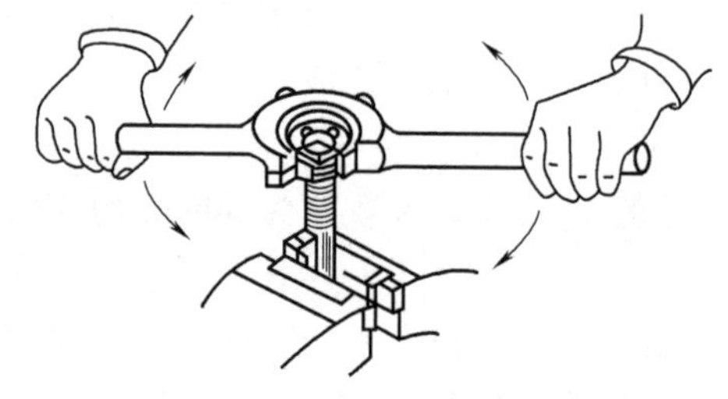

图 9-15 套螺纹的操作方法

⑤ 在钢制圆杆上套螺纹时要加机油润滑。

丝锥、板牙由专门的工厂制造，结构简单，使用方便。丝锥的加工精度高，生产率高，在生产中应用广泛；板牙为内螺纹表面，刃磨难，无法消除热处理变形，加工质量不高，寿命也较短，主要用于单件小批生产。

【例 2】 套 M20 螺纹时，求应加工的圆杆直径为多少。

解： 查机械设计手册，M20 的螺距 $P=2.5\text{mm}$。

按式（9-4），圆杆直径 $=d-(0.13\sim0.2)P=20\text{mm}-0.15\times2.5\text{mm}=19.625\text{mm}$

第三节 机械装配

机器是由很多零件连接组成的，装配就是按规定的技术要求将零件或部件进行组配和连接，使之成为部件或机器的工艺过程。装配处于产品制造的最后阶段，产品质量的优劣最终通过装配来保证。因此，装配是决定产品最终质量的至关重要的环节，必须制订合理的装配工艺、选用合适的装配方法，以便达到预期的装配效果。

一、装配的分类

为缩短产品的总装时间、节约场地，保证有效地组织装配，必须将产品分解为若干个能独立组装的装配单元。

零件是装配的最小单元。机械装配中，一般先将零件装成组件和部件，然后再装配成

产品。

1. 组件

组件是在一个基准零件上，装上一个或若干个零件而构成的。如图 9-16 所示减速器从动轴组件，基准零件为轴，在轴上装有键、齿轮、套筒和轴承等。

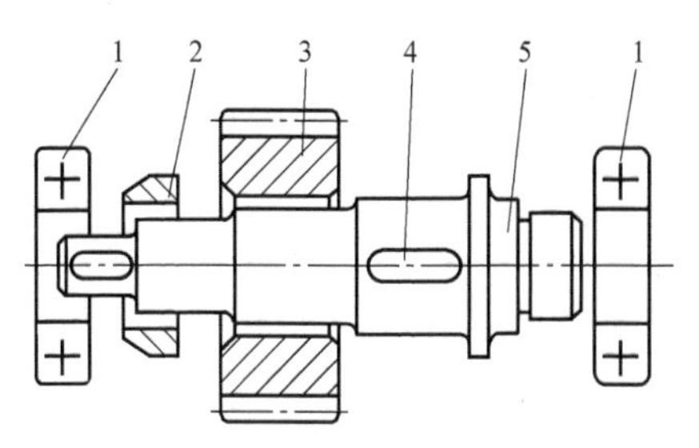

图 9-16　减速器从动轴组件

1—滚动轴承　2—套筒　3—齿轮　4—键　5—轴

自行车的后货架如图 9-17a 所示，自行车的后轴组件如图 9-17b 所示。

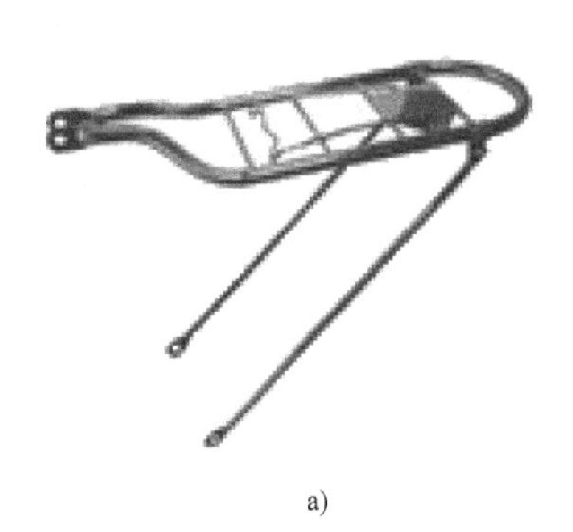

a)　b)

图 9-17　自行车的后货架与后轴组件

2. 部件

部件是在一个基准零件上装上若干组件和零件而构成的。部件中唯一的基准零件用来连接各个组件和零件，并决定它们之间的相对位置。

部件在产品中能完成一定的完整功用，如减速器。

3. 总装

在一个基准零件上，装上若干部件、组件和零件就成为产品。形成产品的装配过程称为总装。例如卧式车床便是以床身作为基准零件，装上主轴箱、进给箱、溜板箱、尾座等部件构成的。

二、装配的基本工作内容

1. 清洗

清洗的主要目的是去除零件表面或部件中的油污及灰尘等杂质。清洗工作对保证和提高机器装配质量、延长使用寿命有极其重要的意义，任何微小的杂物如果进入到机器的关键部分（如轴承、密封件、润滑系统），都会影响到产品质量。一般采用煤油、汽油及各种化学清洗液进行清洗。清洗方法有擦洗、浸洗、喷洗等。

2. 连接

将两个或两个以上的零件结合在一起称为连接。装配中的连接方式有可拆连接和不可拆连接两大类。可拆连接指在装配后可方便拆卸而不会导致任何零件的损坏，拆卸后还可方便地重装，如螺纹连接、键连接等。不可拆连接指装配后一般不可拆卸，若拆卸往往会损坏其中的某些零件，如焊接、铆接及胶接等。

3. 调整

调整就是调节相关零部件的相互位置，各运动副间间隙的调整是调整的主要工作。调整也包括配作与平衡。

（1）配作　配作是将两个零件装配后固定其相互位置的加工，如配钻、配铰、配磨等。例如装配减速器时，为保证箱体和箱盖的准确位置，必须在合箱前配钻定位销孔，以保证减速器的装配质量。

配作是在校正的基础上进行的，只有经过认真的调整、校正后才能进行配作，配作一定要和校正结合进行。

（2）平衡　对于转速高、运行平稳性要求高的机器，为了防止在使用过程中因旋转零件质量不均衡产生的离心惯性力而引起机器振动，影响机器的工作精度，装配前必须对有关旋转零件进行平衡试验。

平衡是对产品中的旋转零部件进行的一种调整方法，包括零部件的静平衡和动平衡，必要时还要对整机进行平衡测试。

4. 检验和试验

产品装配完毕，应根据有关技术标准和规定，对产品进行较为全面的检验和试验工作，合格后方准出厂。

装配工作除上述内容外，还有喷涂、包装等。

三、装配精度

装配精度指产品装配后几何参数实际达到的精度，一般包含尺寸精度、位置精度、相对运动精度和接触精度。

1. 尺寸精度

尺寸精度是指相关零部件间的距离精度及配合精度，如有关零件间的间隙、过盈量等。

2. 位置精度

位置精度包括相关零件的平行度、垂直度、同轴度等，如卧式铣床主轴与工作台面的平行度、立式钻床主轴对工作台面的垂直度、车床主轴前后轴承的同轴度。

3. 相对运动精度

产品中有相对运动的零部件间在运动方向及速度上的精度称为相对运动精度，如车床滑板移动相对于主轴轴线的垂直度、车床进给箱的传动精度等。

4. 接触精度

接触精度指产品中两构件的配合表面、接触表面和连接表面间达到规定的接触面积大小和接触点的分布情况，如齿轮轮齿啮合、锥体配合以及导轨之间的接触精度等。

四、保证装配精度的方法

为保证一定的装配精度，应根据产品的结构特点、性能要求、生产纲领和生产条件，采用不同的装配方法。常用的装配方法有互换法、选配法、修配法和调整法等。

1. 互换法

互换法分为完全互换法和不完全互换法两种。

（1）完全互换法　装配时每个待装配的零件不需要挑选、修配和调整，就能达到装配

的精度要求。这种方法是在满足各种经济精度的情况下，靠控制零件的制造精度来保证产品的装配精度的。

采用完全互换法进行装配，装配过程简单、效率高；对工人的技术水平要求低；便于组织流水线作业，以实现自动化装配；容易实现零件的专业协作，组织专业化的生产，降低成本；便于备件供应以及机械维修工作。

(2) 不完全互换法（部分互换法）　装配时用极限值法来分析零件，大轴组的零件与大孔组的零件装配，小轴组的零件与小孔组的零件装配，这种装配方法称为不完全互换法。

采用不完全互换法装配，可使零件容易加工，成本降低，同时保证装配精度要求。不完全互换法通常只限于本企业产品的生产。

2. 选配法

选配法是将装配尺寸链中组成环的公差放大到精度许可的程度，然后选择合适的零件进行装配，以保证装配精度的要求。选配法分为直接选配法、分组选配法、复合选配法三种。

(1) 直接选配法　直接选配法是由装配工人从许多待装配的零件中，依靠经验挑选合适的零件来装配并保证装配精度。这种方法简单，但是劳动量大，并且装配精度在很大程度上取决于工人的技术水平和测试方法，故直接选配法不宜用于流水线装配。

(2) 分组装配法　在大量生产中，当装配精度要求较高时，零件的制造十分困难，采用分组装配法将各环的公差相对完全互换法所求数值放大数倍，使其按照经济精度进行加工，再将加工后的零件按照实测尺寸分组，保证同组零件互换并能全部达到要求。采用分组装配法时应注意如下几点：

1) 为保证分组后各组的配合精度和配合性质符合生产要求，配合件的公差应相等，公差增大的倍数也应该相等。

2) 为方便设计分组、保管、运输以及装配工作，分组数不宜过多。

3) 分组后配合公差放大，但几何公差、表面粗糙度值不能太大，仍按原设计要求制造。

4) 应使分组后装配零件数相等，以免出现某些零件的浪费。

(3) 复合选配法　复合选配法是直接选配法和分组选配法的综合，先将待装配零件进行分组，装配时再对各组零件进行直接选配。这种方法的特点是装配公差可以不等、装配质量高、效率高。

3. 修配法

修配法是将影响装配精度的各个零件按经济精度制造，装配时各零件产生较大的累积误差，通过去除指定零件上的修配量来达到装配精度的方法。实际生产中常见的修配法有单件修配法与合并修配法两种。

(1) 单件修配法　单件修配法是选定某一零件为修配件，对其余量进行修配，用除去金属层的方法改变尺寸，以满足装配精度的要求。这种修配法在生产中应用最广。

(2) 合并修配法　合并修配法是将两个或多个零件合并在一起进行加工修配，以减小累积误差，减少修配量，合并加工后的零件不再具有互换性，必须做标记以方便辨认，多用于单件小批生产中。

修配法的优点是零件制造容易、成本较低；但装配中零件不能互换，装配劳动量大，生产率低，难以实现流水生产，装配精度取决于工人的技术水平。

因此，只要能满足零件的加工经济精度要求，无论在任何生产类型下，都应首先考虑采用完全互换法装配，以便节约装配时间。

4. 调整法

调整法是指在装配时通过改变产品中可调整件的相对位置或选用合适的调整件以达到装配精度的方法。该装配法与修配法相似，各组成环可以按经济精度加工，由此而引起的封闭环累积误差，在装配时通过调整某一零件位置或更换某一不同尺寸的组成环来补偿，以达到规定的装配精度。

五、装配工艺规程的制订

装配工艺规程是规定产品或部件装配操作方法的工艺文件，是制订装配计划、指导装配工作的重要依据。装配工艺规程对保证装配质量、提高装配效率、降低成本和减轻工人劳动强度具有重要意义。

1. 制订装配工艺规程的原则

（1）保证产品质量　产品质量的好坏最终由装配保证，即使所有零件都合格，如果装配不当，也可能导致产品不合格。因此，应选用合理和可靠的装配方法，全面、准确地达到设计所要求的技术参数和技术条件。

（2）满足装配周期的要求　装配周期是根据产品的生产纲领计算出的完成装配工作所给定的时间。为提高生产率，应按产品结构、车间设备和场地条件，处理好零件进入装配作业的前后顺序，尽量减少装配工作量，减轻体力劳动。

（3）降低装配成本　应先考虑减小装配投资，如降低消耗、减小装配生产面积、减少工人数量、降低对工人技术水平的要求、减少装配流水线的设备投资等。

（4）保持技术先进性　在充分利用本企业现有装配条件的基础上，尽可能采用先进装配技术。

（5）注意工艺严谨性　做到正确、完整、统一、清晰、协调、规范，所使用的术语、符号、代号、计量单位、文件格式与填写方法等符合国家标准的规定。

（6）考虑安全性和环保性　要充分考虑装配的生产安全和防止环境污染。

2. 制订装配工艺规程的原始资料

（1）产品图样和技术性能要求　产品图样包括总装图、部装图和零件图。从部装图上可以了解部件的结构、装配顺序、配合性质、相对位置精度等技术要求；从标题栏的明细表可了解产品、零件、材料、重量等。技术条件可作为制订产品检验内容、装配方法及配备装配工具的依据。

（2）产品的生产纲领　产品的生产纲领决定了产品的生产类型，而生产类型不同，其装配工艺特征也不同，可参见表 9-2 制订装配工艺。

（3）现有生产条件　现有生产条件包括已有的装配设备、工艺设备、装配工具、装配车间的生产面积以及装配工人的技术水平等。所制订的装配工艺规程要切合实际，符合生产条件。

（4）相关标准资料　相关标准资料指各种工艺资料和标准等。

表 9-2 不同生产类型的装配工艺特征

装配工艺特征	生产类型		
	单件小批生产	中批生产	大批生产
产品特点	产品经常变换，很少重复	产品周期重复	产品固定不变，经常重复
组织形式	采用固定式装配或流水、固定流水装配	重型产品采用固定流水装配，批量较大时采用流水装配，多品种平行投产时采用变节拍流水装配	多采用流水装配线和自动装配线。有间歇移动、连续移动和变节拍移动等方式
装配方法	常用修配法，互换法应用较少	优先采用互换法，装配精度要求较高时，灵活应用调整法（环数多时）和修配法以及分组法（环数少时）	优先采用完全互换法，装配精度要求较高时，环数少，用分组法；环数多，用调整法
工艺过程	工艺灵活掌握，也可适当调整工序	适当掌握批量大小，尽量使生产均衡	工艺过程划分较细，力求达到高度的均衡性
设备及工艺装备	一般为通用设备及工艺装备	较多采用通用设备及工艺装备，部分是高效的工艺装备	宜采用专用、高效设备及工艺装备，易于实现机械化和自动化
手工操作量和对工人技术水平的要求	手工操作比例大，需要技术熟练的工人	手工操作比例大，需要有一定技术熟练程度的工人	手工操作比例小，对操作工技术要求低
工艺文件	仅有装配工艺过程卡	有装配工艺过程卡，复杂产品要有装配工序卡	有装配工艺过程卡和工序卡
应用实例	重型机械、重型机床、汽轮机和大型内燃机等	机床、机车车辆等	汽车、拖拉机、内燃机、滚动轴承、手表和缝纫机等

六、制订装配工艺规程的步骤

1. 产品图样分析

1）从产品的总装图、部装图和零件图，了解产品结构，明确零部件间的装配关系。

2）分析并审查产品结构装配工艺性、产品的装配精度要求和验收技术条件。

3）研究装配方法，掌握装配中的技术关键并制订相应的装配工艺措施。

2. 划分装配单元

将产品划分成可进行独立装配的单元是制订装配工艺规程中最主要的一个步骤，这对于大批生产、装配结构复杂的机器尤为重要。将产品划分成装配单元时，应便于装配和拆开，应选择好基件，并明确装配顺序和相互关系，尽可能减少进入总装的单独零件，缩短总装配周期。

3. 选择装配基准件

无论哪一级的装配单元，都需要选定某一零件或比它低一级的装配单元作为装配基准件。选择装配基准件时应遵循以下原则：

1）尽量选择产品基体或主干零件作为装配基准件，以利于保证产品装配精度。

2）装配基准件应有较大的体积和重量，有足够大的支承面，以满足陆续装入零部件的作业要求和稳定性要求。

3）装配基准件的补充加工量应尽量小，尽量不再有后续加工工序。

4）选择的装配基准件应有利于装配过程的检测、工序间的传递和翻身转位等。

4. 确定装配顺序

1）预处理工序在前，如零件的去毛刺、清洗、防锈、防腐及干燥等应先进行。

2）先下后上，先内后外，先难后易，先进行基础零件的装配，使产品重心稳定，利用较大空间进行难装配零件的装配。

3）电线、油（气）管路应与相应工序同时进行，以免反复拆卸零部件。

4）易燃、易爆、易碎、有毒物质的零部件尽量放在最后，以减少安全防护工作量。

5. 划分装配工序

1）确定工序集中、分散的程度。

2）划分装配工序并确定相应的具体设备。

3）制订各工序操作规范，如过盈配合所需的压力、高温装配的温度、紧固螺栓连接的拧紧力矩及装配环境要求等。

4）制订各工序装配质量要求及检测项目。

5）确定工时定额，并协调各工序内容。

6. 填写装配工艺文件

装配工艺文件主要有装配工艺过程卡、装配工序卡、检验卡和试车卡等。成批生产时，通常需填写装配工艺过程卡。对复杂产品，需填写装配工序卡。大量生产时，不仅要填写装配工艺过程卡，还要填写装配工序卡，以便指导工人进行装配。单件小批生产仅要求绘制装配系统图。一级圆柱齿轮减速器装配工艺过程卡见表 9-3。

表 9-3 一级圆柱齿轮减速器装配工艺过程卡

装配工艺过程卡		产品型号		文件编号		
		产品名称		共　页		第　页
工序号	工序名称	工序内容	装配部门	设备及工艺装备	辅助材料	工时定额
1						
2						
3						
4						
5						
6						
7						
8						
9						
10						
11						

										设计（日期）	校核（日期）	标准化（日期）	会签（日期）	审核（日期）
标记	处理	更改文件号	签字	日期	标记	处理	更改文件号	签字	日期	底图号				装订号

第四节　一级圆柱齿轮减速器的装配

一级圆柱齿轮减速器的装配是实践性教学的重要内容，通过对减速器的装拆，搞清楚减速器各零件的名称和作用，各零件的装配顺序及定位，轴承间隙与轮齿啮合面调试，达到深入理解装配工作的技术能力。

在条件允许的情况下，应到生产企业进一步深入了解减速器各个零件的生产加工过程，到组装车间进行减速器的组装实训。图 9-18a 所示为一级圆柱齿轮减速器的安装图，由图 9-18b所示的结构组成可掌握减速器各零件的名称。

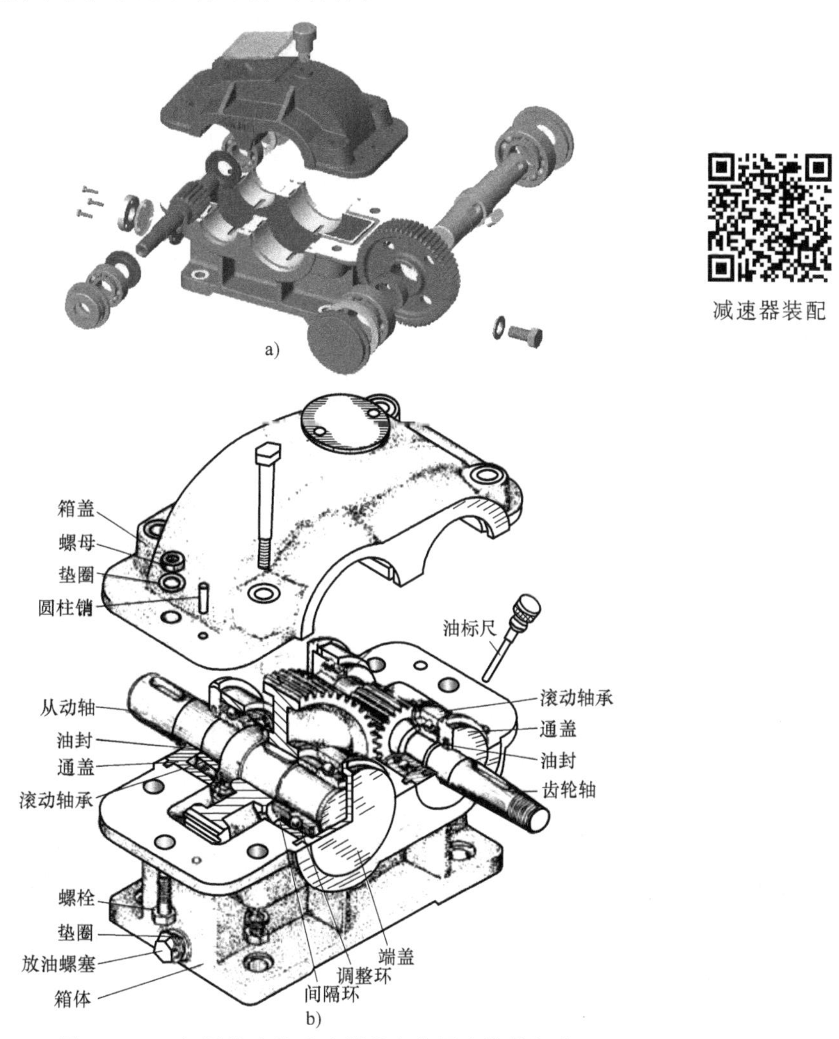

图 9-18　一级圆柱齿轮减速器的安装图和结构组成

一、装配图

一级圆柱齿轮减速器装配图如图 9-19 所示，内容包括主视图、俯视图、左视图、技术要求、标题栏和明细栏等，视图上零件编号与明细栏序号对应。

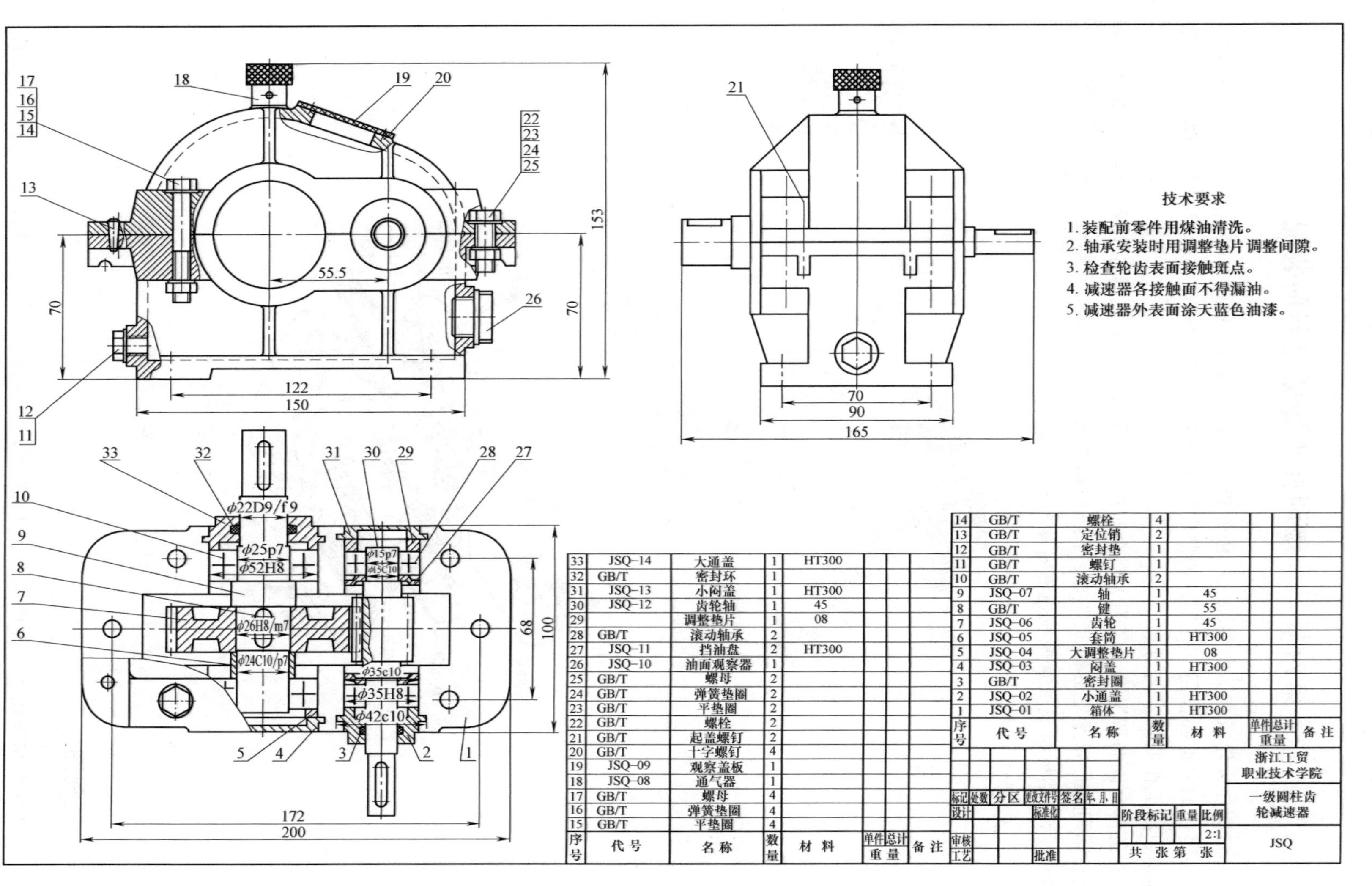

序号	代号	名称	数量	材料	单件重量	总计重量	备注
33	JSQ–14	大通盖	1	HT300			
32	GB/T	密封环	1				
31	JSQ–13	小闷盖	1	HT300			
30	JSQ–12	齿轮轴	1	45			
29		调整垫片	1	08			
28	GB/T	滚动轴承	2				
27	JSQ–11	挡油盘	2	HT300			
26	JSQ–10	油面观察器	1				
25	GB/T	螺母	2				
24	GB/T	弹簧垫圈	2				
23	GB/T	平垫圈	2				
22	GB/T	螺栓	2				
21	GB/T	起盖螺钉	2				
20	GB/T	十字螺钉	4				
19	JSQ–09	观察盖板	1				
18	JSQ–08	通气器	1				
17	GB/T	螺母	4				
16	GB/T	弹簧垫圈	4				
15	GB/T	平垫圈	4				

序号	代号	名称	数量	材料	单件重量	总计重量	备注
14	GB/T	螺栓	4				
13	GB/T	定位销	2				
12	GB/T	密封垫	1				
11	GB/T	螺钉	1				
10	GB/T	滚动轴承	2				
9	JSQ–07	轴	1	45			
8	GB/T	键	1	55			
7	JSQ–06	齿轮	1	45			
6	JSQ–05	套筒	1	HT300			
5	JSQ–04	大调整垫片	1	08			
4	JSQ–03	闷盖	1	HT300			
3	GB/T	密封圈	1				
2	JSQ–02	小通盖	1	HT300			
1	JSQ–01	箱体	1	HT300			

图 9-19　一级圆柱齿轮减速器装配图

1. 看懂装配图

通过看装配图可知该减速器为一级圆柱齿轮减速器。

（1）特性尺寸　两齿轮传动中心距为55.5mm。

（2）配合尺寸　主要零件箱体和从动齿轮轴轴承外圈的配合，轴承座孔为ϕ52H8，从动轴与轴承内圈配合，配合处从动轴为ϕ25p7；从动轴与从动齿轮配合为ϕ26H8/m7；主动齿轮轴与轴承内径配合，齿轮轴为ϕ15p7；主动齿轮轴轴承座与箱体配合，轴承座孔为ϕ35H8。

（3）装夹尺寸　地脚螺栓孔中心的定位尺寸为122mm、70mm。

（4）外形尺寸　减速器总长200mm、总宽165mm、总高153mm。

2. 分析减速器装配图

（1）检查装配图有无错误　提出错在何处，并提出改进措施。

（2）检查所有零件的编号是否齐全　零件有无遗漏，明细栏各通用零件规格是否符合标准要求。

（3）准备所有配件　箱体、箱盖、从动轴、从动齿轮、齿轮轴、定位套筒、放油螺塞、油标尺、视孔盖、通气螺钉各一个；闷盖、透盖、挡油环、A型平键、定位销各两个；滚动轴承四个；其他还有密封垫、密封圈、调整环、螺钉、螺栓、螺母、平垫圈、弹簧垫圈各若干个。

二、编写减速器装配工艺过程卡

1. 装配单元

减速器零件不多，属于独立的机械部件，通常采用工序集中的方式进行组装。装配时将产品划分成主动轴组和从动轴组两个套装单元，进行独立套装。齿轮与轴采用压力机压入装配，轴与滚动轴承采用温差法装配。套装好后再组装到箱体的轴承孔上，如图9-20所示。

图9-20　轴与齿轮及轴与滚动轴承的装配

2. 选择装配基准

装配时用来确定零件或部件在产品中的相对位置所采用的基准称为装配基准。在对减速器进行装配时，选择箱体为装配基准，把主动轴组的套件和从动轴组的套件安装在箱体上。

3. 编制工艺过程卡

组装时以箱体为减速器装配的安装基准件。一级圆柱齿轮减速器的装配工艺过程卡可通过图 9-21 所示装配示意图进行安排，见表 9-4。

表 9-4 一级圆柱齿轮减速器装配工艺过程卡

装配工艺过程卡			产品型号	JQ25	文件编号	04
			产品名称	一级圆柱齿轮减速器	共 页	第 页
工序号	工序名称	工序内容	装配部门	设备及工艺装备	辅助材料	工时定额
1	清洗	清洗并擦净各待装零件	装配			30min
2	压	齿轮与轴压装	装配	5t 压力机	植物油	30min
3	钳	滚动轴承与轴装配	装配	温控加热器专用工具	MP-3 润滑脂	20min
4	钳	安装闷盖、透盖与调整垫片	装配	桥式起重机	钳工工具	10min
5	钳	安装箱盖、配钻（铰）定位销孔	装配	桥式起重机、钻床	夹具	20min
6	钳	安装紧固螺栓	装配	专用扳手		10min
7	钳	安装视孔盖盖板、油面观察器和放油螺塞	装配	专用扳手	密封垫	15min
8	检	检查齿轮轮齿啮合接触斑点、间隙	检验			15min
9	检	检查轴的轴向窜动量及运动状况	检验			10min
10	整理	刷防锈漆				30min
11	总装					

										设计（日期）	校核（日期）	标准化（日期）	会签（日期）	审核（日期）
标记	处理	更改文件号	签字	日期	标记	处理	更改文件号	签字	日期	底图号				装订号

三、减速器装配作业

1. 键、销与轴上传动零件连接的装配

(1) 键连接的装配

1）减速器的齿轮与轴采用平键连接，键的工作面是两个侧面，装配时要求键在轴槽与轮毂槽中均应固定。

2）作业时以轴上键槽为基准，配锉平键的两侧面，使其与轴槽的配合有一定的过盈，

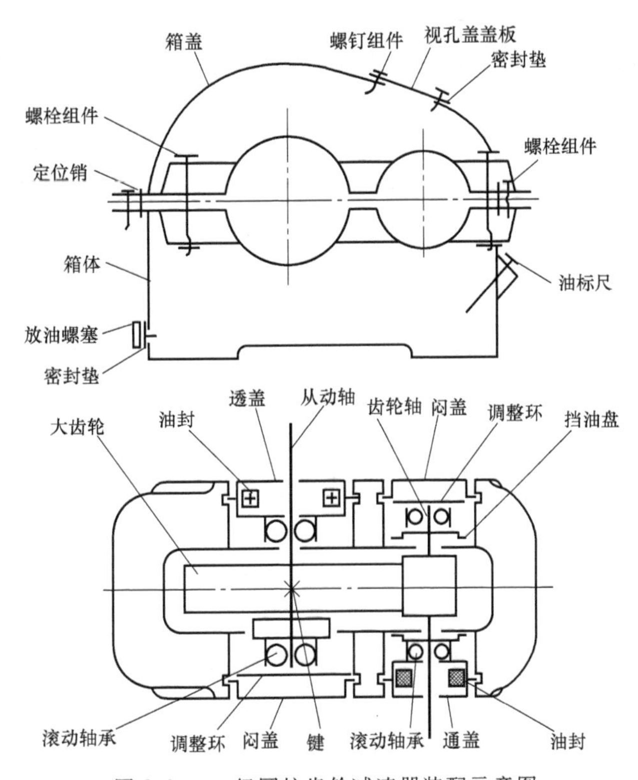

图 9-21 一级圆柱齿轮减速器装配示意图

同时配锉键长，使键长比轴槽长短 0.1mm，各边倒角，用铜棒将键敲入轴槽中，并使键的底面与槽底贴合。

3）装配轴上零件（齿轮、带轮、半联轴器等），轴与孔、键与轮毂槽一般采用过渡配合，平键顶面与轴上安装的轮毂槽底面必须留有一定的间隙，注意不要破坏轴与轴上零件原有的同轴度。

4）装配后不允许轴上零件与键有松动，以保证平稳地传递运动和转矩。

键与齿轮的连接如图 9-22 所示。

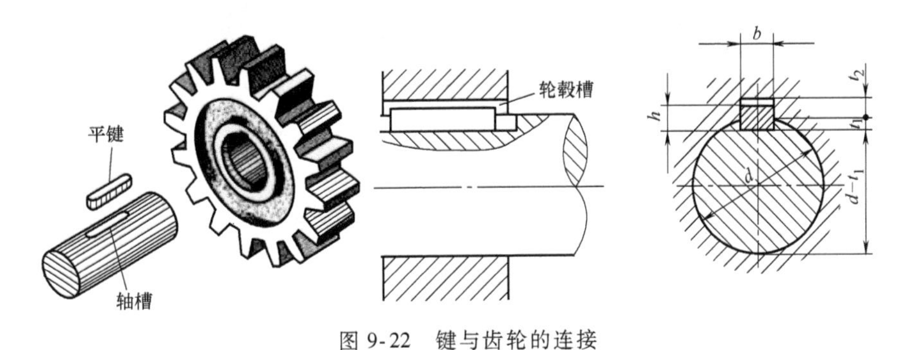

图 9-22 键与齿轮的连接

（2）销连接的装配

1）圆柱销连接时，销孔间的配合要求过盈。经拆卸失去过盈时，必须重新钻铰尺寸大一级的销孔，安装新的圆柱销。

2）锥销连接的锥销锥度为 1∶50，具有自锁作用，可保证连接件的定位精度。其定位精度主要取决于锥孔精度。用铰刀铰出的锥孔要求与锥销的接触面积大于 60%，并均匀分布。

圆柱销连接的安装如图 9-23a 所示，圆锥销连接的安装如图 9-23b 所示。拆卸销的工具采用下端有外螺纹的钢杆（图 9-23c）。拆卸销时，先把滑锤套在钢杆外面，下端外螺纹拧入销的一端（大端），然后用力向上推动滑锤，击打钢杆的上端凸起部分。

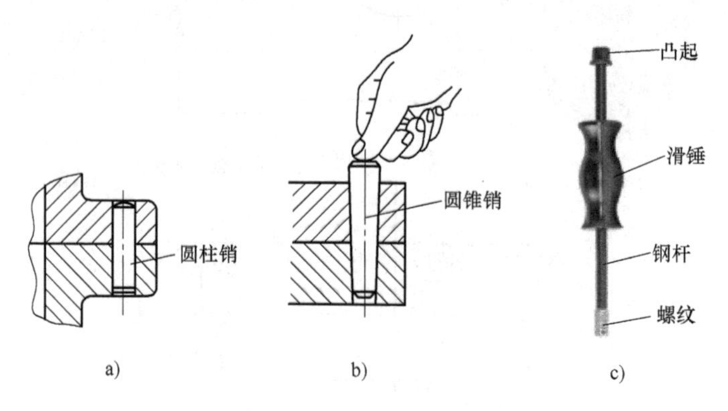

图 9-23　销连接的装配与拆卸工具

2. 滚动轴承的装拆

（1）滚动轴承的安装　滚动轴承的内圈与轴一般采用过盈配合，采用装配套筒与内圈接触安装，如图 9-24a 所示；外圈与轴承座孔（或箱体孔）一般采用较松的过渡配合或间隙很小的间隙配合，采用装配套筒与外圈接触安装，如图 9-24b 所示。

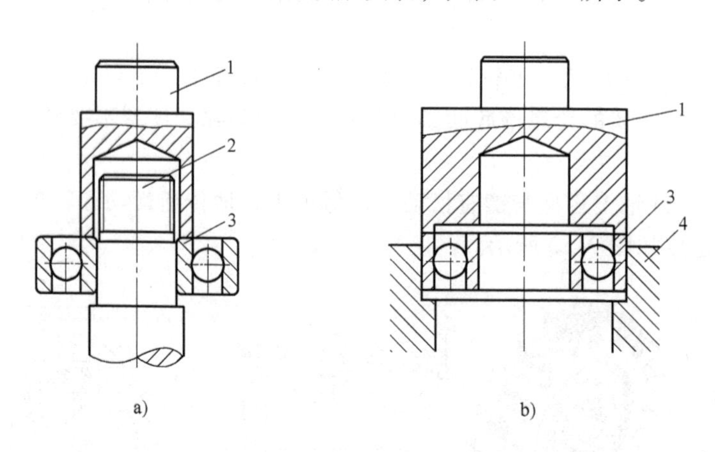

图 9-24　用装配套筒安装滚动轴承

1—装配套筒　2—轴　3—滚动轴承　4—轴承座

（2）滚动轴承的拆卸　轴承内圈与轴为过盈配合，外圈与轴承座孔为较松配合时，可将轴承与轴一起从箱体中拆出，然后用压力机或其他拆卸工具将轴承从轴上拆下。常见轴承的拆卸方法如下：

拆卸内圈最简单的方法是用压力机拔出，应让内圈承受拔力。大型轴承的内圈采用油压法拆卸。通过设置在轴上的油孔加以油压，易于拉拔。拆卸宽度大的轴承时则油压法与拉拔

卡具并用。拉拔卡具如图 9-25 所示。

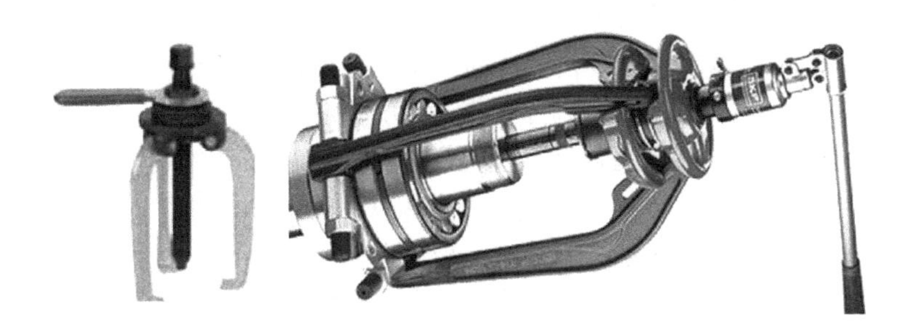

图 9-25　拆滚动轴承的拉拔卡具

四、减速器装配后的检查内容

1. 检查间隙应符合要求

减速器的间隙检查有箱盖与箱体接合面密封性检查、轴承透盖密封与轴或箱体的接触检查（图 9-26a）、轴承盖与箱体的密封接触检查（图 9-26b、c）及轴承盖与调整垫片调整检查（图 9-26b）。

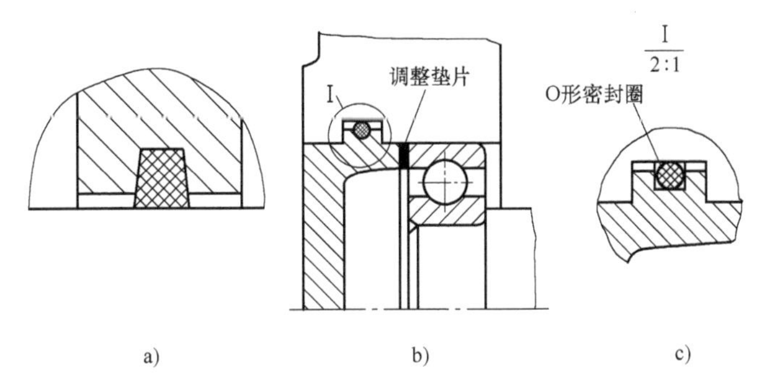

图 9-26　密封安装与轴承间隙调整检查

2. 检查齿面接触斑点应符合要求

检查齿面接触斑点采用涂色法，在齿面涂色后转动齿轮，检查齿面接触面积应符合要求。

3. 检查密封处应无漏油

检查油面高度是否合适，箱体与箱盖接合面、闷盖和透盖、放油螺塞、油面观察器等密封处应无漏油。

小　　结

本章介绍了特种加工方法，装配工具与设备，装配工作范围，装配的分类，装配的基本工作内容，装配精度及保证装配精度的方法，装配工艺规程制订与制订装配工艺规程的步骤，装配图与编写减速器装配工艺过程，减速器装配作业，减速器装配后检查的方法。

特种加工方法有电火花加工、电解加工、超声波加工、激光加工、电子束加工、离子束加工等。

装配工作范围有划线、锉削、钻（扩、铰）孔、矫正与弯曲、刮削、攻（套）螺纹、制作样板、锯削、錾削、铆接、焊接，机器的调试及设备的维修等。

划线工具包括：用于支承的工作平台（板）、方箱、V形铁、千斤顶、角铁及垫铁、划针（划规）和样冲；用于测量的钢直尺、直角尺、游标高度卡尺等量具。

刮研是用刮刀从工件表面上刮去极薄一层金属的手工操作。

矫正是指用来消除工件不应有的弯曲、扭转变形等缺陷的操作方法。

机械装配一般先将零件装成组件和部件，然后再装配成产品。

装配基本工作内容包括清洗、连接、调整、平衡、检验和试验。

装配精度包括尺寸精度、位置精度、相对运动精度和接触精度。

保证装配精度的方法有互换法、选配法、修配法和调整法等。

攻螺纹时底孔直径经验计算公式为

脆性材料：钻孔直径 $d_0=d-1.1P$

塑性材料：钻孔直径 $d_0=d-P$

套螺纹时圆杆直径经验计算公式为

圆杆直径 $=d-(0.13\sim0.2)P$

思考与练习

一、填空题

1. 装配工作常用工具包括锤子、________、锉刀、手锯、扁铲、划针等。

2. 划线过程包括准备工作、__________、工件定位等。

3. 矫正时常用的工具有平尺、________、水平仪等。

4. 钳工锉的横截面形状有矩形、正方形、__________、半圆形、三角形等。

5. 装配工艺文件主要有装配工艺过程卡、__________、检验卡和试车卡等。

6. 从部装图上可以了解部件的结构、装配顺序、____________、相对位置精度等技术要求。

7. 机械装配中，一般先将零件装成__________，然后再装配成产品。

8. 在一个基准零件上，装上若干部件、__________和零件就成为产品。

9. 装配精度一般包含尺寸精度、__________、相对运动精度和接触精度。

10. 常用的装配方法有互换法、__________、复合选配法和修配法等。

11. 激光的基本特征是强度高、________、相干性好和方向性好。

二、简答题

1. 什么是刮削？

2. 什么是完全互换法？

3. 装配工作的范围有哪些？

4. 常用的划线工具有哪些？

5. 试述装配工序的步骤。

6. 装配图应标注的尺寸有哪几类？

7. 什么是特种加工？

8. 什么是电火花加工？

9. 什么是激光加工？

三、选择题

1. 下列加工方法不属于材料去除法的是__________。

A. 切削加工方法　　B. 电火花加工　　C. 快速原型制造　　D. 超声波加工

2. 选配法不包括__________。

A. 直接选配法　　B. 分组选配法　　C. 复合选配法　　D. 不完全互换法

3. 完全互换装配法常用于__________生产装配中。

A. 单件　　B. 批量　　C. 大批　　D. 小批

四、计算题

1. 用丝锥攻深 50mm 的 M20 螺纹不通孔，求孔的内径和不通孔的深度各应为多少。

2. 套 M16 螺纹时，求应加工的圆杆直径为多少。

五、实训题

结合图 9-19，查找机械设计手册相关内容，补充完整图 9-19 中明细栏的标准件国标代号和规格尺寸。

参考文献

[1] 冯丰. 机械制造工艺与工装 [M]. 北京：机械工业出版社，2015.
[2] 苏建修. 机械制造基础 [M]. 2 版. 北京：机械工业出版社，2006.
[3] 徐宁. 机械制造基础 [M]. 北京：机械工业出版社，2012.
[4] 孙美霞. 机械制造基础 [M]. 长沙：国防科技大学出版社，2011.
[5] 葛汉林. 机械制造工艺与设备 [M]. 长沙：国防科技大学出版社，2011.
[6] 牛荣华. 机械加工方法与设备 [M]. 北京：人民邮电出版社，2009.
[7] 李名望. 机床夹具设计实例教程 [M]. 北京：化学工业出版社，2009.
[8] 任家隆. 机械制造基础 [M]. 北京：高等教育出版社，2009.
[9] 王丽英. 机械制造技术 [M]. 北京：中国计量出版社，2009.
[10] 李振杰. 机械制造技术 [M]. 北京：人民邮电出版社，2009.
[11] 徐文德. 机械制造工艺基础 [M]. 北京：科学出版社，2009.
[12] 张志光. 机械制造基础 [M]. 北京：清华大学出版社，2009.
[13] 吕天玉. 公差配合与技术测量 [M]. 大连：大连理工大学出版社，2008.
[14] 宋杰. 机械工程材料 [M]. 大连：大连理工大学出版社，2008.
[15] 王晓霞. 机械制造技术 [M]. 北京：科学出版社，2007.
[16] 朱淑萍. 机械加工工艺及装备 [M]. 2 版：机械工业出版社，2007.
[17] 房世荣. 工程材料与金属工艺学 [M]. 北京：机械工业出版社，1994.
[18] 张绪祥. 机械制造基础 [M]. 北京：高等教育出版社，2007.
[19] 常永坤. 金属材料与热处理 [M]. 济南：山东科学技术出版社，2006.
[20] 刘会霞. 金属工艺学 [M]. 北京：机械工业出版社，2001.